全局最优化

基于递归深度群体搜索的新方法

刘群锋 严 圆 著

清华大学出版社

北京

内 容 简 介

本书介绍全局优化算法的基本理论和研究进展,特别聚焦于最近几年提出的基于递归深度群体搜索的一类新方法,并详细介绍递归深度群体搜索技术在确定性全局优化和智能优化算法中的具体应用。在确定性全局优化中,以 DIRECT 算法为例,深入介绍了递归深度群体搜索的设计原则与技巧;在智能优化中,以粒子群优化算法为例,介绍了递归深度搜索和群体搜索的融合方法及性能提升技巧。

本书提供了全局优化算法从入门到精通的各种材料,包括基本概念、基本理论、算法设计原则与技巧、国际通用的测试函数库、主流的测试数据分析方法和技术。因此,本书适合于对全局优化算法有兴趣的高年级本科生、研究生、研究人员以及工程技术人员。

图书在版编目(CIP)数据

全局最优化: 基于递归深度群体搜索的新方法/刘群锋,严圆著.—北京: 清华大学出版社,2021.6
(2023.12 重印)
ISBN 978-7-302-58187-1

Ⅰ. ①全… Ⅱ. ①刘… ②严… Ⅲ. ①最优化算法–研究 Ⅳ. ①O242.23

中国版本图书馆 CIP 数据核字(2021)第 094804 号

责任编辑: 陈凯仁 朱红莲
封面设计: 傅瑞学
责任校对: 赵丽敏
责任印制: 沈 露

出版发行: 清华大学出版社
    网 址: https://www.tup.com.cn, https://www.wqxuetang.com
    地 址: 北京清华大学学研大厦 A 座   邮 编: 100084
    社 总 机: 010-83470000   邮 购: 010-62786544
    投稿与读者服务: 010-62776969,c-service@tup.tsinghua.edu.cn
    质 量 反 馈: 010-62772015,zhiliang@tup.tsinghua.edu.cn
印 装 者: 三河市龙大印装有限公司
经 销: 全国新华书店
开 本: 185mm×260mm 印 张: 14.25 插 页: 12 字 数: 347 千字
版 次: 2021 年 8 月第 1 版   印 次: 2023 年 12 月第 4 次印刷
定 价: 65.00 元

产品编号: 090667-01

序

Foreword

  全局最优化（global optimization）是相对于局部最优化（local optimization）来说的，它们共同构成了最优化问题的两种别有风味的不同领域。最优化问题指的是人们在认识和改造世界的过程中，在各种资源约束下，希望某个（些）目标函数达到最大或最小的技术。局部最优化满足于获得目标函数的局部最优解，即对解进行微小扰动不会让目标变得更好。而全局最优化希望寻找到目标函数的全局最优解，无论（在满足约束的情况下）对解怎么扰动，都不会让目标变得更好。显然，全局最优解才是人们希望得到的。然而，遗憾的是，人类至今没有找到方便有效的数学准则（全局最优性条件）来判别一个解是否是全局最优的，除非目标函数及约束条件具有特殊性质。

  为了解决一般目标函数的全局最优化问题，往往有两种不同的思路。一种思路是采用确定性的稠密搜索，即把几乎所有可能的解进行对比。显然，这类方法一般只适用于控制变量少的低维问题；另一种思路是模拟生物现象、自然现象和社会现象等，从中获取某种全局引导信息，并设计算法来尽可能接近全局最优解。这一类算法往往借助随机性来加强全局搜索能力。

  本书是作者近年来在全局最优化领域的研究成果的汇总和融通。在研究过程中，得到了国家自然科学基金面上项目（编号 61773119）、教育部人文社科青年基金（编号 13YJC630095）、广东省自然科学基金（编号 2015A030313648）、广东省普通高校国家级重点领域专项（编号 2019KZDZX1005）以及东莞理工学院高层次人才项目（合同编号 DGUT（Q）-GGB-2016005）的资助，在此一并感谢!

  本书主要围绕如何克服全局最优化算法的一个不良现象——渐近无效现象来展开。全局最优化的渐近无效现象指的是，算法可以快速地以不太高的精度接近全局最优解，却要花费越来越多的计算成本才能逐渐提高解的精度。本书系统地研究了递归深度群体搜索技术是如何解决这一现象的。该技术放弃了只在一个搜索空间中寻找全局最优解的传统做法，转而在搜索过程中根据历史信息，动态构建多层次的搜索空间，通过递归调用同一个全局最优化算法，在不同规模的搜索空间之间进行信息反馈和协同搜索，从而更高效地找到全局最优方案。

  本书共分 4 个部分，各部分可单独阅读。第 1 部分首先介绍全局最优化的问题和算法，然后介绍递归深度群体搜索技术。在后面两个部分，分别将该技术应用到了两类全局最优化算法中去。第 2 部分以一个确定性全局最优化算法（DIRECT 算法）为对象，详细介绍递归深度群体搜索策略怎样应用到 DIRECT 算法中，并大幅度提升了 DIRECT 算法的数值性能。第 3 部分介绍递归深度群体搜索策略在粒子群优化算法这一随机性全局最优化算法中的应用。第 4 部分是附录，介绍了适用于全局最优化算法设计和数值比较的一些通用的测试函数库和流行的数据分析方法，并介绍了递归深度群体搜索技术的一些数学渊源。

　　本书适合于对全局最优化问题感兴趣的研究人员和工程师阅读，也可作为数学、工程和管理等相关领域的研究生学习全局最优化算法的参考书。由于作者水平有限，欢迎广大读者提出对此书的看法与意见，更欢迎读者指出书中的纰漏与谬误，以携作者日后改进，甚谢！

编　者

2020 年 10 月

目 录

Contents

第 3 部分　递归深度群体搜索技术在智能优化算法中的应用

第 4 部分 附 录

第1部分

全局最优化问题、算法与递归深度群体搜索技术

第 1 章
全局最优化问题与算法简介

最优化（optimization），是大自然的选择，也是人类的不舍追求。例如，在物理世界中，孤立系统的均衡状态是一个熵最大的状态；在自然世界中，优胜劣汰是一个基本的法则；在人类世界中，个人的决策往往是效用最大化，而厂商的决策往往是利润最大化或成本最小化的，等等。这些例子表明，对最优化的研究具有重要的理论意义和实际应用价值。

然而，要想得到最优化问题的解 —— 最优方案，在多数情况下却并不容易。当一类问题很重要却又很难解决时，它必定会成为学术界的研究热点。最优化问题也不例外。目前，最优化问题吸引了来自数学、计算机、管理科学等许多学科的研究人员和工程技术人员的广泛关注。

本章主要介绍最优化问题的数学模型、基本概念和基本理论，特别介绍了全局最优化问题，简要介绍了主流的全局最优化算法。

1.1 最优化问题

鉴于最优化问题的重要性，数学家为这类问题建立了数学模型，并试图从理论上完全搞清楚怎样得到最优方案。

1.1.1 最优化模型

下面举两个优化模型的例子：物流运输模型和企业的利润最大化模型。

例 1.1 某物流公司负责一类商品在 m 个产地和 n 个销售地之间的运输。每个产地的供应量为 $a_i(i=1,2,\cdots,m)$，每个销售地的销售量为 $b_j(j=1,2,\cdots,n)$。假设从第 i 个产地到第 j 个销售地的单位运价为 $c_{ij}(i=1,2,\cdots,m;j=1,2,\cdots,n)$，且总供应量大于总销售量，要求找出成本最小的运输方案。

解 设 x_{ij} 表示从第 i 个产地到第 j 个销售地的运输量，则该运输问题的数学模型如下：

$$\min_x \quad \sum_{i=1}^m \sum_{j=1}^n c_{ij}x_{ij}$$

$$\text{s.t.} \quad \sum_{i=1}^m x_{ij} \geqslant b_j, \quad j=1,2,\cdots,n$$

$$\sum_{j=1}^n x_{ij} \leqslant a_i, \quad i=1,2,\cdots,m \tag{1.1}$$

$$x_{ij} \geqslant 0$$

例 1.2   在经济社会中，理性的生产者在成本一定的条件下追求企业利润的最大化。假设某企业使用 n 种资源（含劳动力和原材料）进行某类商品的生产，这些资源的数量组成向量 $x \in \mathbb{R}^n$。这些资源的购买成本为 $\omega(x)$，能够生产的商品数量 $y = g(x)$，其中 ω, g 分别是该企业的成本函数和生产函数。这些商品能够给企业产生的销售收入为 py，其中 p 为商品价格。在较短的决策时间内，该企业能够用来购买资源的资金 C 是一个常数。请问此时怎样安排各种资源的购买数量才能产生最大的利润？

解   其数学模型为

$$
\begin{aligned}
\max_{x \in \mathbb{R}^n} \quad & py - \omega(x) \\
\text{s.t.} \quad & \omega(x) \leqslant C \\
& x \geqslant 0
\end{aligned}
\tag{1.2}
$$

从以上最优化问题的例子中，我们提炼出最优化问题的一般模型

$$
\begin{aligned}
\min_{x} \quad & f(x) \\
\text{s.t.} \quad & x \in \Omega \subseteq \mathbb{R}^n
\end{aligned}
\tag{1.3}
$$

其中，n 元函数 $f(x)$ 称为**目标函数**，x 称为**决策变量**（是个 n 维向量）。Ω 称为**可行域**，可行域中的点称为该问题的**可行解**。如果 $\Omega = \mathbb{R}^n$，称该问题为**无约束最优化问题**，否则称为**约束最优化问题**。如果需要寻求最大化一个目标函数，只要在该目标函数前加一个负号，即可转化为最小化问题。因此，本书中的最优化问题除非特别指出一般指最小化问题。

由于可行域是约束条件的交集，上述模型又可进一步把约束表述为

$$
\min_{x \in \mathbb{R}^n} f(x) \quad \text{s.t.} \begin{cases} c_i(x) = 0, & i \in \mathcal{E} \\ c_j(x) \geqslant 0, & j \in \mathcal{I} \end{cases}
\tag{1.4}
$$

其中，$c_i(x)$ 和 $c_j(x)$ 分别为等式的约束函数和不等式约束函数。如果目标函数和约束函数都是线性函数，得到的最优化模型是一个线性规划模型，除此之外的最优化模型称为非线性规划模型。目前，线性规划模型已经有成熟而高效的求解方法 [1-2]，本书关注的是非线性规划模型。

1.1.2   最优化问题的基本理论

要求解最优化问题，首先要定义什么是最优化问题的解。

定义 1.1   如果存在 $\varepsilon > 0$，使得

$$
f(\bar{x}) \leqslant f(x), \ \forall x \in B(\bar{x}, \varepsilon) \subset \Omega
$$

其中，

$$
B(\bar{x}, \varepsilon) = \left\{ x \mid \|x - \bar{x}\| < \varepsilon \right\}
\tag{1.5}
$$

则称 $\bar{x}$ 为问题（1.3）的局部最优解。如果存在 $x^* \in \Omega$，使得

$$
f(x^*) \leqslant f(x), \ \forall x \in \Omega
$$

则称 x^* 为问题（1.3）的全局最优解。

简而言之，最优化问题的解是其全局最优解 —— 在可行域内没有别的位置的目标函数值比它的更小（如图 1.1所示的 B 点）。然而，由于下面将要提到的一些原因，很难保证找到全局最优解。此时，寻找局部最优解（在可行域的某个局部没有别的更好位置）成为一个不错的替代方案，比如寻找图 1.1中的 A，C 点。特别地，局部最优解拥有很好的理论搜索引导（见定理 1.2），所以，局部最优化成为数学规划领域的主要研究内容。但是，在工程技术和经济管理等领域，人们仍然孜孜不倦地努力寻找全局最优解。

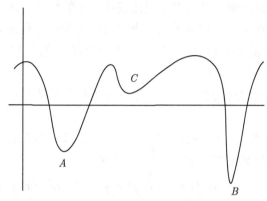

图 1.1　局部最优解（A，B，C）和全局最优解（B）

下面主要简介最优解的存在性、无约束最优解的必要和充分条件，更多理论结果请参考文献 [3]-[6]。

（1）最优解存在吗？

最优化问题（1.3）并不总是存在最优解! 最优解的存在性需要考虑目标函数和可行域双方的特征。下面的"定理 1.1"（Weierstrass 定理）表明在一定条件下，最优解总是存在的[6]。

定理 1.1　紧集上的连续函数必定存在最大值和最小值。

紧集指的是有界闭集。该定理的 1 维版本为"闭区间上的连续函数必定存在最大值和最小值"。Weierstrass 定理的两个条件不是很强，大多数常见问题的目标函数可以认为满足一定的连续性，而可行域也可以满足一定的有界性和闭性（从而满足一定的紧性）。因此，Weierstrass 定理为最优化问题的理论研究、算法设计和应用等提供了基本的运作平台。

（2）无约束最优解（unconstrained optimal solution）的必要条件

早在微积分刚刚诞生的年代，伟大的"业余数学王子"费马（Pierre de Format）就用函数的微分来刻画函数的几何性质。下面的"定理 1.2"（费马定理）描述了最优化问题（1.3）如果存在一个最优解 x^*，那么 x^* 必须满足著名的一阶必要条件[3-4]。

定理 1.2　如果 x^* 是最优化问题（1.3）的一个局部最优解，且目标函数 $f(x)$ 在该点可微，那么必有一阶梯度 $\nabla f(x^*) = \left(\dfrac{\partial f(x^*)}{\partial x_1}, \cdots, \dfrac{\partial f(x^*)}{\partial x_n} \right)^{\mathrm{T}} = \mathbf{0}$。

首先要注意的是，一阶必要条件只描述了**局部**性质：目标函数在该点的邻域内没有变大或变小的动力（这种点称为驻点）! 所以该条件成为局部最优化方法的重要基础，是判断算法是否收敛的重要准则。

另一方面，一阶必要条件要求目标函数至少在 $\boldsymbol{x}^*$ 是可微的，如果目标函数无法保证可微性，一阶必要条件将不存在。不幸的是，我们并不知道 $\boldsymbol{x}^*$ 的具体位置，因此，仅仅要求目标函数在一点可微是不够的。一般来说，为了利用一阶必要条件，至少要求目标函数在可行域的一个子区域上满足可微性。这就比 Weierstrass 定理的要求更高了。

结合 Weierstrass 定理和费马定理，**如果可行域是紧集，且目标函数在可行域内可微，那么必定存在最小值和最大值，且可以通过比较驻点处的函数值来得到。** 由于驻点的数量往往是很少的，所以在理论上，这种方法是求解最优解的一种有效方法。在大学低年级的《高等数学》课程或高中的类似知识点中，求函数最值和极值的练习题一般都用这类方法。

（3）无约束最优解的充分条件

前面讨论了无约束最优解的必要条件，下面讨论什么样的条件能够保证一个点成为无约束最优解。

定理 1.3 假设存在 $\varepsilon > 0$，使得 $B(\boldsymbol{x}^*, \varepsilon) \subset \Omega$，且目标函数 $f(\boldsymbol{x})$ 在 $B(\boldsymbol{x}^*, \varepsilon)$ 二阶连续可微。如果满足一阶梯度 $\nabla f(\boldsymbol{x}^*) = \boldsymbol{0}$，二阶梯度

$$\nabla^2 f(\boldsymbol{x}^*) = \begin{bmatrix} \dfrac{\partial^2 f(\boldsymbol{x}^*)}{\partial x_1^2} & \dfrac{\partial^2 f(\boldsymbol{x}^*)}{\partial x_1 \partial x_2} & \cdots & \dfrac{\partial^2 f(\boldsymbol{x}^*)}{\partial x_1 \partial x_n} \\[2mm] \dfrac{\partial^2 f(\boldsymbol{x}^*)}{\partial x_2 \partial x_1} & \dfrac{\partial^2 f(\boldsymbol{x}^*)}{\partial x_2^2} & \cdots & \dfrac{\partial^2 f(\boldsymbol{x}^*)}{\partial x_2 \partial x_n} \\[2mm] \vdots & \vdots & \cdots & \vdots \\[2mm] \dfrac{\partial^2 f(\boldsymbol{x}^*)}{\partial x_n \partial x_1} & \dfrac{\partial^2 f(\boldsymbol{x}^*)}{\partial x_n \partial x_2} & \cdots & \dfrac{\partial^2 f(\boldsymbol{x}^*)}{\partial x_n^2} \end{bmatrix} > 0$$

那么 $\boldsymbol{x}^*$ 是最优化问题（1.3）的一个严格局部最优解，即存在 $B(\boldsymbol{x}^*, \varepsilon)$ 内的某个邻域，在该邻域内的任意 x 都满足 $f(\boldsymbol{x}) > f(\boldsymbol{x}^*)$。

对一般的非线性函数，要验证二阶充分条件是不容易的。然而，有一类特殊而重要的函数——凸函数，它的二阶充分条件根本就不需要验证，因为我们有下列结论[3,4,6]。

定理 1.4 如果函数 f 是凸函数，那么其任意的局部最优解都是全局最优解。进一步，如果 f 是可微的，那么 f 的任意驻点都是全局最小点。

遗憾的是，对大多数的最优化问题，目标函数都不是凸的。因此无法指望通过求解局部最优解来直接得到全局最优解。

1.1.3 最优化算法简介

最优化算法是用于求解最优化问题的数值方法，是数值最优化的具体体现。本节首先介绍数值最优化的必要性，然后介绍最优化算法的分类和基本框架。

（1）数值最优化的必要性

前面介绍过，如果目标函数满足可微性，一般可以通过求函数的驻点，然后比较驻点的函数值来确定最优解。然而，在实际的优化问题求解中，这一方法却往往难以奏效。

一方面,实际问题中的目标函数很多来自于数值仿真,不一定能写出明确的解析式;或者,虽然目标函数有明确的解析式,却不一定可微 [7]。从而,无法直接应用费马定理来求函数的驻点。另一方面,即便目标函数可微,要解出驻点却也不是那么容易。这相当于求解如下的多元非线性方程组

$$\nabla f(\boldsymbol{x}) = \boldsymbol{0} \tag{1.6}$$

或者

$$\begin{cases} \dfrac{\partial f(\boldsymbol{x})}{\partial x_1} = 0 \\[2mm] \dfrac{\partial f(\boldsymbol{x})}{\partial x_2} = 0 \\[2mm] \quad\vdots \\[2mm] \dfrac{\partial f(\boldsymbol{x})}{\partial x_n} = 0 \end{cases} \tag{1.7}$$

求解多元非线性方程组是一个非常困难的任务,通常我们只能寻求计算机来数值求解。因此,最优化问题通常也只能开发算法利用计算机来近似求解。

(2) 最优化算法的分类

最优化问题与最优化算法的关系可以类比成疾病与药物的关系。医生给病人看病时要根据不同的疾病来开相应的药物进行治疗,类似地,我们也要根据最优化问题的不同类型来设计或应用相应的最优化算法来求解。根据最优化问题的目标函数、决策变量和约束条件的不同性质以及对最优解的不同追求,下面列出一些常用的分类。

- 全局最优化与局部最优化:前者以尽可能逼近全局最优解为主要目标,实践中往往从自然、社会、物理等现象中寻找启发,来获得全局搜索方向的引导信息,但目前仍缺乏良好的理论支撑;后者更强调严谨的理论支持与引导,确保至少寻找到局部最优解。
- 线性规划与非线性规划:目标函数与约束函数都是线性函数的最优化问题称为线性规划,否则就称为非线性规划。
- 凸优化与非凸优化:如果目标函数是凸函数且可行域是凸集,称为凸优化或凸规划;反之称为非凸优化。
- 离散优化与连续优化:决策变量只能取离散值的称为离散优化,又称为组合优化;决策变量只能连续取值的,称为连续优化;既有连续决策变量又有离散变量的,称为混合优化。
- 单目标优化与多目标优化:如果目标函数只有 1 个,称为单目标优化;目标函数超过 1 个的,称为多目标优化。

注意,上述分类既适用于问题,也适用于算法。比如,全局最优化与局部最优化的区分,既指的是全局最优化问题与局部最优化问题的区分,也包含了全局最优化算法与局部最优化算法的区分。

（3）最优化算法的基本框架

根据最优化算法的不同分类，其算法框架有所不同。这里只给出单目标连续最优化算法的基本框架。

单目标优化可以分为两类：一类采用单点迭代形式，另一类采用种群演化形式。

算法 1.1 (单点迭代优化算法)　初始化: 给定初始点 $x_0 \in \mathbb{R}^n$，令 $k = 0$。

当停止条件不成立，执行以下循环:

- **确定搜索方向**: 确定一个能够使目标函数值产生下降的方向 d_k;
- **确定搜索步长**: 确定在 d_k 方向上的搜索步长 λ;
- **产生下一个迭代点**: $x_{k+1} = x_k + \lambda d_k$，令 $k = k + 1$。

算法 1.1 又叫下降算法，因为搜索方向要求能够使得目标函数值下降。事实上，这一要求可以适当放松，比如允许在若干次迭代中有一次的函数值上升。后者称为非单调算法。

算法 1.2 (种群演化优化算法)　初始化: 给定初始种群 $X_0 \in \mathbb{R}^{s \times n}$，令 $k = 0$。

当停止条件不成立，执行以下循环:

- **确定文化函数**: 在信息共享的基础上，结合先验或启发性的知识，确定种群社会的文化函数 $C(\cdot)$;
- **确定繁衍函数**: 模拟生物本能，确定种群繁衍函数 $M(\cdot)$;
- **产生下一代种群**: 产生一批新个体 $C \circ M(X_k)$;并从所有个体中选择出一定数量的个体，组成下一代种群 $X_{k+1} \leftarrow X_k \bigoplus C \circ M(X_k)$。

算法 1.2 以种群协同演化的方式显著有别于算法 1.1。初始种群以矩阵形式存储，有 s 个个体，每个个体是一个 n 维向量。通常每一代种群个体数不变。在新一代种群中，既可以包含上一代种群的某些个体，也包含很多新个体。怎么产生新个体是算法的关键，往往有两大力量影响新个体的产生：一种力量模拟生物繁衍的本能，采用交叉（交配）、重组、变异等方式产生新个体；另一种力量来自信息共享产生的文化影响，它能深刻改变生物繁衍的方式。$C \circ M(X_k)$ 表示在这两种力量的影响下产生的新个体集合；而 $X_{k+1} \leftarrow X_k \bigoplus C \circ M(X_k)$ 表示从上一代种群和新产生的个体中，挑选一定数量个体，组成下一代种群。

1.2　全局最优化问题

根据定义 1.1，全局最优化问题试图得到目标函数在整个可行域内的最优解。如果整个可行域内只有一个局部最优解，同时它也是全局最优解，那么全局优化与局部优化是等价的。当目标函数是凸函数且可行域是凸集（即凸优化）时，就会出现这种情况。

命题 1.1　在凸优化问题中，全局最优化与局部最优化等价。

根据命题 1.1，可以用成熟的局部最优化算法来求解全局最优解，从而凸优化的全局最优解是比较容易得到的。对凸优化理论与算法感兴趣的读者请参阅经典文献 [8]。

本书所谈的全局最优化问题一般指的是非凸优化前提下寻找全局最优解的问题。根据定义 1.1，由于搜索区域的扩大，全局最优化问题显然要比相同情况下的局部最优化问题更困难。但是，全局最优化问题的困难，更重要的是来自理论与数值上的如下两大困境。

1.2.1　全局最优化问题的理论困境：全局最优性条件的缺失

前面说过，最优化问题有理论上的必要条件和充分条件。然而这些条件都用到了梯度信息，而梯度的本质是极限，需要在极限点附近才有效。因此，基于梯度信息的最优化问题的必要条件或充分条件常被用来设计算法以获得局部最优解，但却无法直接用来获得全局最优解。我们把这一结论总结成下面的命题。

命题 1.2　如果采用了梯度来表述最优化问题的必要条件或充分条件，则这类条件适合于用来求解局部最优解，却一般不能直接用于求解全局最优解，除非这是一个凸优化问题。

对于一般的非凸优化问题，鉴于目前已知的最优化问题的必要条件或充分条件都与梯度信息有关，所以并没有合适的全局最优性条件可用于帮助设计全局最优化算法。换句话说，即使算法找到了全局最优解，一般来说它也无法知道这一点，除非全局最优解是先验知识（比如人为构造的）或者算法采用了稠密搜索。

定义 1.2　如果最优化算法搜索得到的点集 $\{x_k\}_{k=1}^{+\infty}$ 是整个可行域 Ω 的稠密子集，则称该算法采用了稠密搜索。也就是说，对于可行域中的任意点 $x \in \Omega$，点集 $\{x_k\}_{k=1}^{+\infty}$ 中都至少有一个点 x_i 无限逼近 x，即

$$\|x - x_i\| < \varepsilon, \quad \forall \varepsilon > 0$$

理论上，稠密搜索是验证全局最优性的一种有效方法。然而，实践中这一方法因为计算成本太高而难以落实。即便如此，在低维优化问题上，基于稠密搜索的全局最优化算法（如 DIRECT 算法[9]）仍然得到了大量的应用。在有些文献（包括本书的某些章节）中，稠密搜索有时也被称为完全搜索（complete search），但两者不完全相同。后者理论上指的是搜索到可行域的每一个点，这在连续优化场合是不可能也没有必要的，只需要搜索到稠密子集就足够了；在组合优化的场合，两者含义等价。

结合以上讨论，有以下结论。

命题 1.3　对于一般的非凸优化问题，没有合适的全局最优性条件。也就是说，除了稠密搜索外，没有合适的数学条件可用于判断某个点是不是全局最优解。

如何应对全局最优性条件的缺失呢？据笔者所知，尚没有理论证明全局最优性条件是不存在的。因此，仍可以期待在某个新的数学视角下或某个天才数学家的努力下能推导出合适且可行性强的全局最优性条件。另一方面，正如西方的谚语"上帝关闭一扇窗的同时必定打开另一扇窗"所说，全局最优性数学条件的缺失，迫使研究人员从自然现象、社会现象、生物进化等众多领域中去寻找灵感，通过模拟和仿生等启发式的方式来获取全局最优解的引导信息。近几十年来，研究人员已开发出大量的演化优化算法和启发式优化算法[10-13]。

1.2.2　全局最优化问题的数值困境：计算复杂度的挑战

（1）算法的计算复杂度

算法的计算复杂度是算法计算时间的重要度量指标，它指的是随着输入变量的增长，算法的计算量（一般用四则运算的计算次数来度量）以什么样的相对规模增长，特别关注当

输入变量个数充分大（甚至无穷大）时的相对数量级。比如，当采用高斯消元法来求解具有 n 个未知数的线性方程组时，需要计算 $\frac{n^3}{3} + n^2 - \frac{n}{3}$ 次乘除法以及 $\frac{n^3}{3} + \frac{n^2}{2} - \frac{5n}{6}$ 次加减法，由于计算 1 次乘除法需要的 CPU 时间远超 1 次加减法所需要的 CPU 时间，因此可以忽略加减法的计算时间，其计算复杂度为 $O(n^3)$。这表明高斯消元法的计算量是 n^3 的常数倍。比如，当线性方程组的未知数的个数 n 是原来的 10 倍时，高斯消元法的计算量是原来的 1000 倍这一数量级。在计算复杂度领域，"O"所代表的常数是可以很大的。然而，由于计算复杂度更关注 n 充分大（甚至无穷大）时的数量级，所以常数无论多大都相对没那么重要。

在计算复杂度这个领域中，一个非常重要的关注点是它的形式是不是"多项式"的。比如 $O(n^a)$ 对于任何常数 a 都是多项式复杂度，而 $O(n\log n)$ 比 $O(n^2)$ 小，也常被认为是多项式复杂度。然而 $O(2^n), O(n!)$ 就不是多项式复杂度。一般认为，多项式复杂度是人类能够接受的最高等级的复杂度，所以，带来非多项式复杂度的算法往往被认为是不可接受的。

（2）P、NP、NP-complete 和 NP-hard

在人类探究计算复杂度的过程中，发现可以根据算法复杂度对问题进行分类。最基本而重要的两个类是 P 类问题和 NP 类问题：如果一个问题可以找到一个能在多项式时间内解决它的算法，那么这个问题就属于 P 类问题；如果可以在多项式时间内验证一个解，那么这个问题就属于 NP 类问题[14]。很显然，只有能够在多项式时间内验证一个解，才有可能在多项式时间内求解该问题，因此 P 类问题必定是 NP 类问题。然而，NP 类问题是否是 P 类问题尚不清楚。在信息科学与计算科学中，一个著名的问题就是"P 类问题是否等于 NP 类问题"？

更多的人相信"P≠NP"，因为有 NP-complete 类问题的存在。NP-complete 类问题是 NP 类问题中的一个超级子类，NP 类中的任何一个问题都可以在多项式时间内归约为（reducible）NP-complete 类中的问题。问题 A 可归约为问题 B，指的是可以用 B 的解法来求解 A 问题。比如，一元一次方程 $kx + m = 0$ 就可归约为一元二次方程 $ax^2 + bx + c = 0$，只需要取二次项的系数为 0，后者的解法就变成了前者的解法。显然"可归约"是可传递的，且归约后的问题往往具有更高的计算复杂度。也就是说，NP-complete 类问题是 NP 类问题中计算复杂度最高的。NP-complete 类问题中的任何一个如果可以存在多项式时间算法，那么就有 NP=P。不过，这似乎令人难以置信。

NP-hard 类问题跟 NP-complete 类有点类似，NP 类中的任何问题都可以在多项式时间内归约为 NP-hard 类问题。它们的区别是，NP-complete 是 NP 的子类，而 NP-hard 不是。因为 NP-complete 类问题可以归约为 NP-hard 类问题，结果就导致 NP-hard 类问题比 NP-complete 类问题更困难。图 1.2 描述了 P、NP、NP-complete 和 NP-hard 四类问题（基于 NP≠P 这一假设）的相互关系。

（3）全局最优化问题可能是 NP-hard 问题

前面我们已经看到了，NP-hard 类问题是计算复杂度最高的一类问题。非常不幸的是，本书研究的问题——非凸优化的全局最优化问题——可能是一类 NP-hard 问题，至少某些

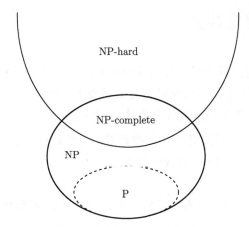

图 1.2　基于计算复杂度的四类问题的关系（基于 NP≠P）

特定的全局最优化问题已经被证明是 NP-hard 问题了[15-17]。

比如，在文献 [15] 中列出了 12 大类 150 小类的全局最优化问题，它们都是 NP-hard 问题。以下两个结果来自文献 [17]。

命题 1.4　任何具有如下形式的目标函数的全局最优化问题是一个 NP-hard 问题，

$$f(\boldsymbol{x}) = a + b \sum_{i=1}^{n} \left(\frac{x_i - \alpha}{\beta - \alpha} \right)^2 \left(\frac{x_i - \beta}{\beta - \alpha} \right)^2 + \left[\sum_{i=1}^{n} s_i \left(\frac{x_i - \alpha}{\beta - \alpha} \right) - s \right]^2 \tag{1.8}$$

其中，a, b, α, β 是实数；$x_i \in [\alpha, \beta]$；s_i, s 是整数，$i = 1, 2, \cdots, n$。

更进一步，有以下结论。

命题 1.5　定义在单位单纯形上的函数 $f(\boldsymbol{x})$，如果满足以下两个条件，则其全局最优化问题是一个 NP-hard 问题。

- $f(\boldsymbol{x})$ 单调递增；
- $f(\boldsymbol{x})$ 满足正齐次性，即对任何正数 a，有 $f(a\boldsymbol{x}) = af(\boldsymbol{x})$。

1.2.3　全局最优化问题的数值困境：问题维数的诅咒

维数的诅咒（curse of dimensionality）出现在很多领域，只要在高维数据中出现了低维情形下没有的困境，就可以说出现了维数的诅咒。随着最优化问题的决策变量个数越来越多，最优化问题的计算复杂度可能呈指数式上升，这一现象被称为最优化问题中的维数诅咒。

在非凸优化领域，随着维数的增加，局部最优解的数量可能呈几何级数增加，这大大增加了算法被拖入局部陷阱的可能性，阻碍了对全局最优解的快速定位，从而导致了全局最优化问题的计算复杂度的显著增加。维数诅咒对于全局最优化问题的影响远远超出局部最优化问题，因为后者只需要找到任何一个局部最优解就行，而前者需要找到众多局部最优解中最好的那个。

1.3 全局最优化算法简介

鉴于全局最优化问题在科学和工程领域的重要性，大量的研究人员和工程技术人员致力于设计或改进全局最优化算法。根据以上对全局最优化的理论困境和数值困境的探讨，全局最优化算法一般具有以下与局部最优化算法不同的特点：

- 全局最优化算法往往只能通过稠密搜索来确定性地或依概率地收敛到全局最优解；
- 经常通过模拟自然物理现象或生物的自组织、自适应和自学习行为来进行全局寻优；
- 重视在全局搜索和局部搜索之间的平衡，前者多采用群体搜索，后者可以是个体搜索；
- 通常以给定计算成本作为算法的停止条件，常用的有给定函数值计算次数或算法迭代次数。

结合以上特点，下面分别从确定性和随机性两个角度介绍全局最优化算法。再次强调我们的关注点在非凸优化领域，如线性规划等全局最优化方法不在讨论之列。

1.3.1 确定性全局优化算法

确定性全局优化算法不采用随机数，且在理论上能保证找到全局最优解。其大致理念是，通过采用某种"选择-分割"机制对搜索空间不断地分割，使得搜索空间变得越来越小，从而在极限情形下逼近问题的全局最优解。也就是说，如果计算成本足够多，搜索得到的点集是可行域的稠密子集。因此，这是一类稠密搜索方法。这里只简单介绍分支定界类算法[18-19]和 DIRECT 算法[9]，其他此类算法请查阅文献 [20]-[21]。

（1）分支定界类算法

分支定界（branch and bound，BB）是求解全局最优化问题的一种很好理念和范式，结合具体问题可以得到不同的具体算法。传统分支定界算法在旅行商问题（traveling salesman problem，TSP）等组合优化领域有一些经典应用[18,19,22]；αBB 算法是其在连续领域的优秀变种，能处理一般的二次连续可微函数的全局最优问题[19]。

在离散情形下，分支定界算法通过不断的"分支"（branching）将可行解的集合分成很多小的集合，一般采用树形结构不断从根节点伸展开来。如果一直做这个步骤直到所有叶子节点，就成了枚举法。分支定界范式的高明之处在于，把树形结构伸展过程中找到的最好结果记录下来，并用于指导后续的分支过程。如果某个节点的可能最好结果比已找到的最好结果差，那么从这一节点开始的所有分支都不需要真正伸展开（即被"剪支"了）。这一策略比单纯的枚举法有效很多，使得一些计算量巨大的问题有了更多的求解可能性。

在连续情形下，αBB 算法采用类似的分支策略将可行域分解成越来越多的小区域。而定界策略则充分利用了目标函数的优良性质，一方面用局部优化算法求解原问题得到一个解，并把它作为全局最优解的上界；另一方面，用如下凸松弛函数在各个小区域的最小值作为全局最优解的下界。如果下界大于上界，则抛弃该下界所在的小区域。

$$L(\boldsymbol{x}) = f(\boldsymbol{x}) + \sum_{i=1}^{n} \alpha_i (L_i - x_i)(U_i - x_i) \tag{1.9}$$

其中，$\{\boldsymbol{x} \in \mathbb{R}^n : \boldsymbol{L} \leqslant \boldsymbol{x} \leqslant \boldsymbol{U}\}$ 为可行域（是一个超矩形）；$f(\boldsymbol{x})$ 为原始目标函数。当 α_i 都足够大时，$L(\boldsymbol{x})$ 是凸函数，从而容易得到其全局最小值。

算法 1.3 (分支定界类算法)　*初始化*: 获得一个近似解，并将之作为最优解的上界；若找不到，用一个充分大的数作为上界。

当停止条件不成立，执行以下循环:

- **分支**: 将当前节点（或区域）分成两个或多个子节点（或子区域）；
- **定界**: 对每个分支进行下界估计；
- **剪支**: 如果某分支的下界估计超过上界，将这一分支剪除；
- **更新上界**。

算法 1.3 描述了分支定界类算法的大致框架。总体上，无论离散情形还是连续情形，分支定界类算法通过设计合适的数据结构使得分支过程能够实现；另一方面寻找每个分支的下界，如果下界高于已找到的最好解，则实施剪支。在分支定界算法的实施过程中，上界系列是单调非增的，而下界系列是单调非减的（被剪支的除外），这两个系列最终使得算法收敛到全局最优解。由于分支定界类算法的大量成功应用，目前分支定界算法仍是处理 NP-hard 问题的常用策略之一。

（2）DIRECT 算法

DIRECT 算法起源于 Lipschitz 优化[9]，适用于求解有界约束的全局最优化问题。通过将有界可行域细分成越来越多的超矩形，DIRECT 算法可以保证搜索得到的超矩形中心点集是可行域的稠密子集，即这是一个稠密搜索算法。算法 1.4 描述了 DIRECT 算法的大致框架，其核心是重复"选择超矩形-分割超矩形"这一操作。被选择进行下一步分割的超矩形称为潜最优超矩形（potential optimal hyperrectangles，POH），其定义是算法的关键。

算法 1.4 (DIRECT 算法)　*初始化*: 将有界搜索区域标准化为超立方体，计算其中心点的函数值。

当停止条件不成立，执行以下循环:

- **选择**: 选择潜在最优超矩形；
- **分割**: 对每个潜在最优超矩形进行分割；
- **更新最好函数值**。

DIRECT 算法适用于处理连续函数的全局最优化问题，相比 αBB 算法，其对目标函数的要求低很多，且仍能保证收敛到全局最优解。当然，DIRECT 算法属于一种稠密搜索算法，一般只适用于控制变量较少的低维优化问题。鉴于 DIRECT 算法良好的理论性质，特别是对目标函数的要求很低，受到很多工程技术人员的喜欢。本书下一部分主要围绕 DIRECT 算法展开，将会探讨它的理论改进和算法性能提升。

1.3.2 随机性全局最优化算法

随机性全局最优化算法的理论支撑一般不如确定性全局最优化算法，它通过引入随机数，提升全局搜索能力和逃出局部陷阱的能力。这类方法如果想得到理论收敛性，一般只能通过证明搜索得到的点集或其子列依概率收敛到全局最优解（即随机稠密搜索）。不过，多数方法似乎并不能也不很愿意去做到这一点。它们往往通过模仿自然现象、生物进化现象中的自组织、自适应和自学习行为，来启发式地获取全局最优的引导信息，因而常被称为启发式算法、演化算法等。当然，在经历了大量此类算法的提出和广泛而有效的应用之后，越来越多的研究人员开始关注算法有效性的理论支撑。

本节主要介绍多次重启类算法[23]、遗传算法[24]、粒子群优化算法[12]、文化基因算法和文化算法[25-26]。

（1）多次重启类算法

多次重启（multistart）策略，指的是给局部最优化算法予多个不同的初始点，每个初始点可以找到一个局部最优解，通过比较这些局部最优解来试图获得全局最优解。考虑到局部最优化具有一些成熟高效的算法，因此，这个想法是很自然的。本书把它理解成一个启发式想法，加上算法在产生初始点的时候往往会用到随机数，故把这类算法放在这一节。

商业软件 MATLAB 的全局最优化工具箱中采用了两种此类算法：第一种叫 Multistart，该算法先产生若干（比如 50）个初始点，然后分别进行局部搜索，从得到的局部最优解中返回最好的解作为全局最优解的近似[23]；第二种叫 Globalsearch，该算法从第一个初始点的局部搜索产生一些尝试点，从中过滤出若干个（比如 50）点作为初始点，分别进行局部搜索，从得到的局部最优解中返回最好的解作为全局最优解的近似。算法 1.5 描述了其大致框架。

算法 1.5 (多次重启类算法)　*初始化: 给定初始点总数 K，根据需要给定一个初始点 $x_0 \in \mathbb{R}^n$。*

- **产生初始点集**: *产生 K 个均匀分布的初始点；或者从 x_0 的局部搜索中产生尝试点，并过滤出 $K-1$ 个其他初始点；*
- **局部搜索**: *对每个初始点，独立地进行局部搜索；*
- *从 K 个局部最优解中，返回最好的解作为全局最优解的近似。*

（2）遗传算法

遗传算法（genetic algorithm，GA）在 20 世纪 70 年代被提出[24]，是第一个重要的演化优化算法，为后续大量的演化计算方法奠定了概念基础和算法框架。通过在微观层面上引入交叉、变异等遗传操作，在宏观层面上引入种群进化和自然选择，遗传算法成功模拟了生物的进化。该算法的大致框架见算法 1.6。注意在演化计算中，目标函数值往往称为适应值。

算法 1.6 (遗传算法)　*初始化: 给定初始种群 $X_0 \subset \mathbb{R}^{s \times n}$, 计算每个个体的适应值, 令 $k = 0$。*

当停止条件不成立, 执行以下循环:

- **选择父代个体**: 根据一定的规则选择父代个体, 组成集合 $F \subset X_k$;
- **遗传操作**: 对 F 内的个体进行交叉、变异等遗传操作, 产生新个体的集合 F';
- **产生下一代种群**: 从所有个体中选择出一定数量的个体, 组成下一代种群 $X_{k+1} \leftarrow X_k \bigoplus F'$, 并计算每个个体的适应值。

从遗传算法的提出到现在, 大量的算法改进和各类应用不断涌现。算法理论结果也得到了良好的发展, 从早期的模式定理（schema theorem）到后续的更多收敛结果[24]。这些使得遗传算法至今仍是最主流的演化算法之一。

（3）粒子群优化算法

粒子群优化（particle swarm optimization, PSO）算法提出于 1995 年[12,27], 是群体智能（swarm intelligence）优化算法的典型代表。该算法继承了遗传算法的种群演化策略, 但没有直接采用交叉、变异等遗传操作和自然选择功能, 而是模拟了鸟类和鱼类的集体觅食行为。

在粒子群优化算法中, 种群对应鸟群或鱼群, 个体对应着一只鸟或一条鱼, 一般称为粒子。每个个体只有位置 x 和速度 v 两个属性, 并设定每个个体具有记忆能力, 能记住自己曾经达到过的最好位置。同时, 赋予每个个体一定的信息处理功能, 使之能够认知临近个体中的最好（拥有临近个体中最好的历史位置）个体并学习其经验。粒子群优化算法的一大特征是用两个动态方程描述了对鸟类（鱼类）觅食的上述模拟过程。这一点对于 PSO 算法的理论分析带来了很大的便利[28]。

$$v_{ij}(k+1) = \omega v_{ij}(k) + C_1(p_{ij}(k) - x_{ij}(k)) + C_2(g_{ij}(k) - x_{ij}(k)) \tag{1.10a}$$

$$x_{ij}(k+1) = x_{ij}(k) + v_{ij}(k+1) \tag{1.10b}$$

在上面的动态方程中, i 代表第 i 个个体, j 表示问题的第 j 维, k 表示第 k 次迭代或进化; $C_1 \sim U(0, \phi_1), C_2 \sim U(0, \phi_2)$ 是服从均匀分布的随机数, 且这两个随机数对于不同的 i, j, k 独立生成; $\boldsymbol{p}_i, \boldsymbol{g}_i$ 两个向量是第 i 个个体的个体最优位置和邻域最优位置, 代表了该个体曾经达到过的最好位置和它所在邻域 N_i 的最好位置, 它们分别定义如下:

$$\boldsymbol{p}_i = \arg\min_{t \leqslant k} f(x_i(t)), \quad \boldsymbol{g}_i = \arg\min_{s \in N_i} f(\boldsymbol{p}_s) \tag{1.11}$$

粒子群优化算法的大致框架见算法 1.7。

算法 1.7 (粒子群优化算法)　*初始化: 给定初始种群, 计算每个个体的适应值。*

当停止条件不成立, 执行以下循环:

- **信息处理**: 根据式（1.11）更新每个个体的个体最优位置和邻域最优位置;
- **位置和速度更新**: 根据动态方程更新每个个体的位置与速度;
- **评估适应值**: 计算每个个体当前位置的适应值。

ϕ_1, ϕ_2 与 ω 一起成为 PSO 算法的三大参数，在速度更新方程中分别决定了三种力量的强度：第一种是速度惯性，第二种是对个体最优经验的学习，第三种是对邻域最优经验的学习。因此，它们分别被称为惯性权重系数、自我认知因子和社会学习因子。关于这三大参数如何选择以及如何影响算法的稳定性，请参阅文献 [28] 或第 9 章。

PSO 算法中，每个个体的邻域取决于算法的拓扑结构，后者在种群最优经验的分享中起着重要作用。PSO 算法允许采用任意形式的拓扑结构，但常用的有完全图拓扑（星形拓扑）、环形拓扑、正则拓扑等，如图 1.3所示。星形拓扑允许社会最优经验以最快的速度传播到每个个体，适合于单模问题；而在环形拓扑中社会最优经验传播速度最慢；这两种拓扑是正则拓扑的两个极端特例，正则拓扑是它们的一般化，允许每个粒子有 K 个粒子相连，$K = 2$ 对应着环形拓扑，K 取粒子数减 1 时对应着星形拓扑。关于正则拓扑下的粒子数与度数的最优选择，请参阅文献 [29] 或第 10 章。

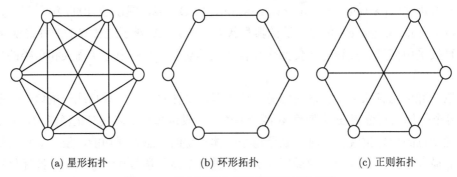

(a) 星形拓扑   (b) 环形拓扑   (c) 正则拓扑

图 1.3　粒子群优化算法常用的三种拓扑

粒子群优化算法的两大创始人一个是教授和工程师，一个是社会心理学家。因此，该算法融合了自然科学和社会科学的众多要素，受到各领域研究人员和工程人员的喜欢。目前，粒子群优化算法仍是群体智能领域最主流的算法之一。

（4）文化基因算法与文化算法

文化基因算法（Memetic Algorithms）是由 Pablo Moscato 于 1989 年提出的，类似于遗传算法模拟生物演化，文化基因算法试图模拟文化演化[25]。文化基因素算法的另一个重要特征是，以种群为基础的全局搜索与个体的局部搜索的结合，在局部搜索中力争采用与问题有关的先验知识。算法 1.8描述了文化基因算法的大致框架。

算法 1.8 (文化基因算法)　*初始化：给定初始种群。*
当停止条件不成立，执行以下循环：

- **种群全局搜索**：在种群层面上实施全局搜索；
- **个体局部搜索**：对个体实施局部寻优；
- 更新种群。

借用 Pablo Moscato 在文献 [25] 中的最后一句话来解读文化基因算法："Instead they are a framework to exploit all previous knowledge about the problem, combining methods to improve their performance。"也就是说，文化基因算法与知识驱动或数据驱动的演化算法类似，它们都试图从搜索数据中发现规律，用以引导后续的搜索行为。目前，文化基因算法已经超越种群全局搜索与个体局部搜索结合的传统范式，进入了知识驱动的多任务、迁移式的学习与优化领域 [30-31]。知识驱动的文化基因算法跟后面的文化算法有类似之处。

文化算法提出于 20 世纪 90 年代初，聚焦于在生物演化之上的文化演化，并强调文化演化的速度远远超过生物演化[26,32]。在常规的生物种群之外，文化算法引进一个信仰空间（brief space）的概念，用于表示生物种群在演化过程中获取的知识。这些知识反哺用于引导种群演化过程，使之能更快地收敛到全局最优解。在每次迭代中，对信仰空间的史新一般由最好的个体来实施。算法 1.9描述了文化算法的大致框架。

> **算法 1.9** (文化算法)　*初始化：给定初始种群，建立初始信仰空间。*
> *当停止条件不成立，执行以下循环：*
> - **种群演化**：*结合信仰空间的知识和生物遗传特性，对种群进行演化；*
> - **文化演化**：*评估每个个体的适应值，并更新信仰空间。*

在文化算法中，对"文化"或"信仰"的定义可以有很多，不同的定义方式产生不同的文化算法。同时，信仰空间与生物种群之间的信息交互也是算法的关键。总体上，文化算法提出的"种群演化之上还有文化演化"这一理念非常符合本书的深度搜索思想，应该是演化计算未来的重要方向之一。不过，在这个领域仍有很多理论问题和应用技术需要完善。

第 2 章
递归深度群体搜索技术

本书的主要研究对象是全局最优化算法，特别关注如何克服它们的一个不良性质——渐近无效（asymptotic inefficiency）现象。本章首先指出什么是渐近无效现象，然后提出一类解决这个现象的新技术——递归深度群体搜索（recursive deep and swarm search，RD&SS）技术。第 2，3 部分将 RD&SS 技术分别应用到确定性和随机性全局最优化算法中去。

2.1 全局最优化的渐近无效现象

本节首先用一个实例说明什么是全局最优化的渐近无效现象，然后从数值和理论两个角度论证这一现象的普遍性。

2.1.1 渐近无效的一个实例

一般来说，全局最优化算法往往具有较强的全局搜索能力，在算法的早期就能快速发现一些潜在包含最优解的区域，从而使其函数值快速下降到接近最小函数值的附近。然而，在后续的搜索中，随着精度要求越来越高，所需的计算成本也越来越高。

表 2.1 描述了 MATLAB 内置的基因算法求解 2 维 Ackley 函数的最小化问题时，满足如下条件所需要的函数值计算次数

$$f(\boldsymbol{x}) < \text{error} \tag{2.1}$$

其中，error 是精度要求；$f(\boldsymbol{x})$ 是如下的 Ackley 函数 $(n = 2)$。

$$f(\boldsymbol{x}) = -20\exp\left(-0.2\sqrt{\frac{1}{n}\sum_{i=1}^{n}x_i^2}\right) - \exp\left(\frac{1}{n}\sum_{i=1}^{n}\cos(2\pi x_i)\right) + 20 + \exp(1), \tag{2.2}$$

$$x_1 \in [-15, 30], \quad x_2 \in [-15, 30]$$

表 2.1 中 "—" 表示在 10000000 次函数值计算次数内，满足精度条件的式（2.1）的解没有找到。其图像如图 2.1 所示，该函数在原点处取到最小值 0。

表 2.1　基因算法求解 2 维 Ackley 问题所需要的函数值计算次数

error	10^{-1}	10^{-2}	10^{-3}	10^{-4}	10^{-5}	10^{-6}	10^{-7}	10^{-8}	10^{-9}
GA	989	1494	1844	2392	11810	197848	650169	4796543	—

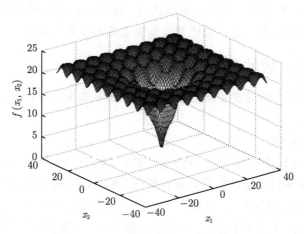

图 2.1   2 维 Ackley 函数图像（后附彩图）

从表 2.1可以看到，当精度高到一定程度后，所需计算成本往往会快速增长。这一不良现象在本书中称为全局最优化的渐近无效现象，其定义如下。

定义 2.1   在算法 A 求解如下的全局最优化问题时，

$$\min_{\boldsymbol{x}\in\varOmega\subseteq\mathbb{R}^n} f(\boldsymbol{x}) \tag{2.3}$$

用 C_k 表示找到满足如下精度要求的解所需要的计算成本

$$f(\boldsymbol{x}) - f_{\min} \leqslant a^{-k}, \quad k = 1, 2, \cdots \tag{2.4}$$

其中，a 是正的常数；$f_{\min}$ 是 $f(\boldsymbol{x})$ 的全局最小值。如果 $\{C_k\}_{k=1}^{+\infty}$ 存在子列 $\{C_j\}_{j=1}^{+\infty} \subset \{C_k\}_{k=1}^{+\infty}$ 满足

$$C_{j+1} - C_j > C_j - C_{j-1}, \quad \forall j = 2, 3, \cdots \tag{2.5}$$

则称算法 A 在求解全局最优化问题（2.3）时出现渐近无效现象。

注 2.1   定义 2.1中的全局最优化模型（2.3）是连续的，但该定义可以直接推广到组合优化问题。

注 2.2   定义 2.1中解的误差（2.4）用的是绝对误差，但该定义对于相对误差同样适用。

注 2.3   定义 2.1中的条件（2.5）表明，序列 $\{C_k\}_{k=1}^{+\infty}$ 及其子列 $\{C_j\}_{j=1}^{+\infty}$ 有以下特点：
- 子列会出现连续的跃升，跃升的准确含义由不等式（2.5）定义；
- 序列本身则可能出现间断或连续的跃升，且两次间断式跃升之间增长相对平缓，即不等式（2.5）不满足。

在实际数值测试中，不可能有无穷多的计算成本，因此，序列及其子列都是有限的、尾部截断的。此时，如果上述两个特点都满足，就是判断渐近无效现象出现的重要依据。

在判断渐近无效现象时，最常用的计算成本是函数值的计算次数。比如，从表 2.1可以得到计算成本的一个子列 $\{989, 2392, 11810, 197848, 650169, 4796543, \cdots\}$，且序列与子列

都满足注 2.3 的两条判断依据。因此,可以认为 MATLAB 内置的基因算法在求解 Ackley 函数时发生了渐近无效现象。这一数值表现也确实是不令人满意的。

2.1.2 渐近无效的普遍性

本节先给出渐近无效现象的更多数值实例,然后从理论上进行分析,说明这类现象具有一定的普遍性。

(1)更多的数值实例

表 2.2 描述了多个算法求解 2 维 Ackley 函数时,满足精度要求(2.1)所需要的函数值计算次数。这些算法包括确定性的模式搜索算法 PS(pattern search,来自 MATLAB 内置命令),Nelder-Mead 单纯形法 NMS(来自于 Higham 的代码[33]),MCS 算法[34];也包括随机性算法,比如,差分演化 DE[35],基于目标空间的头脑风暴算法 BSO[13],标准粒子群优化算法 PSO[36]。

表 2.2 算法求解 2 维 Ackley 问题所需要的函数值计算次数

error	10^{-1}	10^{-3}	10^{-5}	10^{-7}	10^{-9}	10^{-11}	10^{-13}	10^{-15}	10^{-17}
PS	28	28	28	28	28	28	28	28	—
NMS	34	61	86	117	145	165	201	226	—
MCS	338	350	580	668	688	6172	6172	6172	—
DE	817	1496	2134	2799	3709	4306	4723	5661	—
BSO	1082	491444	5068233	5082385	5092967	5106438	5117039	5129774	—
PSO	2215	5048	9513	12313	16504	19499	23441	25641	—

从表 2.2 中可以发现,所有算法都出现了渐近无效现象。比如,各算法可以取如下子列,则各序列及其子列都满足注 2.3 中的两条判断标准。

- PS: $\{28, C_{17}, \cdots\}$;
- NMS: $\{34, 226, C_{17}, \cdots\}$;
- MCS: $\{338, 6172, C_{17}, \cdots\}$;
- DE: $\{817, 5661, C_{17}, \cdots\}$;
- BSO: $\{1082, 491444, 5068233, C_{17}, \cdots\}$;
- PSO: $\{2215, 5048, 9513, 25641, C_{17}, \cdots\}$。

其中,C_{17} 表示精度 error $= 10^{-17}$ 时所需要的函数值计算次数(超过 1 千万次)。这些数值结果表明,渐近无效现象是非常普遍的。

(2)理论分析

前面已经看到了全局最优化中渐近无效现象是比较常见的,下面从理论分析角度来论证这一现象具有的普遍性。

本节的理论分析主要围绕计算成本序列 $\{C_k\}_{k=1}^{+\infty}$ 及其子列 $\{C_j\}_{j=1}^{+\infty}$ 的比较。在介绍这些内容之前,首先给出 3 个引理。

引理 2.1　计算成本序列 $\{C_k\}_{k=1}^{+\infty}$ 及其子列 $\{C_j\}_{j=1}^{+\infty}$ 都是单调非降的。

引理 2.1 是显然成立的。

引理 2.2　若子列 $\{C_j\}_{j=1}^{+\infty}$ 有极限为 a，则计算成本序列 $\{C_k\}_{k=1}^{+\infty}$ 也以 a 为其极限。

证明　子列 $\{C_j\}_{j=1}^{+\infty}$ 有极限为 a 表明，对任意的 $\varepsilon > 0$，存在正整数 J，使得对任意的正整数 $j > J$，有

$$|C_j - a| < \varepsilon$$

取 $K = J + 1$，则对于任意的 $k > K$，根据引理 2.1，必定存在 j 使得 $C_J \leqslant C_K \leqslant C_j \leqslant C_k \leqslant C_{j+1}$ 且 C_j, C_{j+1} 来自子列而 C_k 来自序列本身，从而有

$$-\varepsilon < C_j - a \leqslant C_k - a \leqslant C_{j+1} - a < \varepsilon$$

即

$$|C_k - a| < \varepsilon$$

所以得证。　　　　　　　　　　　　　　　　　　　　　　　　　　　　　□

引理 2.3　若子列 $\{C_j\}_{j=1}^{+\infty}$ 呈线性增长，则计算成本序列 $\{C_k\}_{k=1}^{+\infty}$ 近似线性增长，且斜率相同。

证明　子列 $\{C_j\}_{j=1}^{+\infty}$ 呈线性增长表明 C_j 与 j 是一条直线关系，且斜率为正（根据引理 2.1）。序列 $\{C_k\}_{k=1}^{+\infty}$ 中的任意一个点，要么在这条直线上，要么被直线上两个相邻的点所限制，有

$$C_j \leqslant C_k \leqslant C_{j+1}, \quad \forall C_k \in \{C_k\}_{k=1}^{\infty}; \quad \exists C_j, C_{j+1} \in \{C_j\}_{k=1}^{\infty}$$

从几何上，这意味着系列 $\{C_k\}_{k=1}^{+\infty}$ 上的点围绕着子列 $\{C_j\}_{j=1}^{+\infty}$ 所在的直线有一定的扰动，但不会偏离很远。所以，计算成本序列 $\{C_k\}_{k=1}^{+\infty}$ 近似线性增长，且斜率相同。　　　□

定理 2.1　在全局最优化的数值求解中，要么出现渐近无效现象，要么计算成本序列 $\{C_k\}_{k=1}^{+\infty}$ 呈近似线性增长或收敛到一个常数。

证明　从条件（2.5）出发，即子列相邻两次计算成本的比较出发。设

$$C_{j+1} - C_j = Q(C_j - C_{j-1}) \tag{2.6}$$

根据引理 2.1，Q 必定是正数。当 $Q > 1$ 时，对应着渐近无效现象发生，而 $0 < Q \leqslant 1$ 对应着渐近无效现象没有发生。

由于（2.6）是一个齐次的常系数差分方程，容易求出它的通解为

$$C_j = \begin{cases} C_1 + \dfrac{Q^{j-1} - 1}{Q - 1}(C_2 - C_1), & Q \neq 1 \\ C_1 + (j-1)(C_2 - C_1), & Q = 1 \end{cases} \tag{2.7}$$

从通解（2.7）可以看出如下结论：

- 当 $0 < Q < 1$ 时，计算成本子列增长越来越缓慢，最后收敛于常数 $\dfrac{C_2 - QC_1}{1 - Q}$。根据引理 2.2，计算成本序列也收敛于该常数。

- 当 $Q = 1$ 时，计算成本子列对精度要求呈线性增长，根据引理 2.3，计算成本序列呈近似线性增长，且斜率也是 $C_2 - C_1$。
- 当 $Q > 1$ 时，计算成本子列连续跃升，且跃升幅度越来越大，最终计算成本趋于无穷大。这意味着整个计算成本序列可能出现连续的或间断的跃升；且两次间断式跃升之间计算成本增长相对缓慢。这些性质正是渐近无效现象的内涵（见定义 2.1）。

结合以上三条结论，在全局最优化的数值求解中，要么出现渐近无效现象，要么计算成本序列 $\{C_k\}_{k=1}^{+\infty}$ 呈近似线性增长或收敛到一个常数。 □

定理 2.1 与注 2.4 的关系，类似于渐近无效现象的定义 2.1 以及用于实际判断的注 2.3 的关系。

注 2.4 在实际的数值测试中，由于只能观测到有限计算成本的情形，当精度比较高时，有以下相应结论。

- 当 $0 < Q < 1$ 时，计算成本序列增长趋于缓慢，计算成本接近某个常数。
- 当 $Q = 1$ 时，计算成本序列呈近似线性增长。
- 当 $Q > 1$ 时，计算成本序列可能出现连续的或间断的跃升；且两次间断式跃升之间计算成本增长相对缓慢，即出现渐近无效现象。

在实际数值测试中，计算成本随精度变化趋于一个常数的情形比较少见，一种可能的情况是找到了真正的全局最优解。计算成本呈近似线性增长的情形也不多见，在表 2.2 中，PS 和 NMS 算法的计算成本在精度 error $= 10^{-1}, 10^{-3}, \cdots, 10^{-15}$ 时几乎呈线性增长。但遗憾的是，在 error $= 10^{-17}$ 时出现了急剧的成本跃升。第三种情形是比较常见的，这一点从表 2.1 和表 2.2 也可以看出。

在本节的最后，回顾第 1 章所述的两个结论：一个是全局最优化问题可能是 NP-hard 问题，另一个是 NP-hard 类问题是四类（P 类、NP 类、NP-complete 类和 NP-hard 类）问题中计算复杂度最高的。这两个结论表明，NP-hard 类全局最优化问题难以在多项式时间内快速求解。因此可归纳为以下的命题。

命题 2.1 若全局优化问题（2.3）是 NP-hard 问题，则所有的全局最优化算法求解该问题时都可能出现渐近无效现象。

总结以上理论分析，定理 2.1 和命题 2.1 都表明，在全局最优化的数值求解中渐近无效现象是比较常见的。当然，全局最优化问题以及所采用的全局最优化算法都会影响渐近无效现象的出现。哪些优化问题更容易出现这类现象？哪些优化问题与算法的组合更不容易出现这类现象？等等，仍有许多理论问题需要进一步探究。

2.2 递归深度群体搜索技术

前一节表明了，在全局最优化的数值求解中，渐近无效现象是比较普遍的。面对这一现象，一个很自然的问题是，渐近无效现象是可以消除的吗？如果不能消除，它是可以缓解的吗？怎样实现？

本节首先指出渐近无效现象类似于数值代数中的"光滑模"现象，并简介"光滑模"现象是怎样被递归深度技术成功消除的。受这一成功的启发，提出一类面向全局最优化的递归深度群体搜索（RD&SS）技术，并介绍它的实现方法和技术特色。在本节的最后，介绍RD&SS 技术是怎样应用到本书的后续内容中的。

2.2.1　递归深度的技术渊源：数值代数中的多重网格法

数值代数研究怎样数值求解各类代数方程（组），线性方程组的求解是其中的一个重要内容。线性方程组 $\boldsymbol{Ax} = \boldsymbol{b}$ 在科学与工程问题中大量出现。比如，在大型水上舰艇的船体设计中，需要求解复杂的流体动力学微分方程。一般来说，这类方程难以得到解析解，只能寻求数值解。此时需要用虚拟网格覆盖整个船体外侧（图 2.2 是一个类似示意图），每个网格点对应一个未知数，通过求解一个（超）大规模的线性方程组来确定网格点的位置。

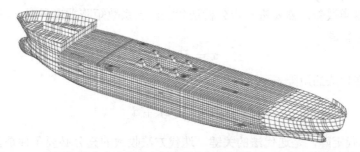

图 2.2　用于离散化产生线性方程组的船体网格模型示意图（后附彩图）

本小节介绍在这类线性方程组的求解实践中，遇到过的"光滑模"现象；以及通过研究"光滑模"的本质，怎样设计出多重网格法来消除"光滑模"现象。

（1）"光滑模"现象

为简单起见，设网格的步长是均匀的，长度为 h，此时得到的线性方程组为

$$\boldsymbol{A}^h \boldsymbol{x}^h = \boldsymbol{b}^h \tag{2.8}$$

当采用的步长不同时，得到的线性方程组也是不一样的，比如步长加倍时，

$$\boldsymbol{A}^{2h} \boldsymbol{x}^{2h} = \boldsymbol{b}^{2h} \tag{2.9}$$

上述方程组的未知数个数就比方程组（2.8）少很多（在规则网格中大约少一半）。

线性方程组的数值求解可以用直接法（如高斯消元法），也可以用迭代法（如 Jacobi 迭代法等）。在大规模的线性方程组求解中，迭代法具有计算复杂度上的优势。比如，高斯消元法的计算复杂度为 $O(n^3)$，Jacobi 迭代法的计算复杂度为 $O(n^2 \log n)$，Gauss-Seidal 迭代法的计算复杂度是 Jacobi 迭代法的一半，共轭梯度法的复杂度为 $O(n^{1.5} \log n)$。

然而，在早期的求解实践中发现，迭代法可以将部分误差快速消除，却总有一部分残差难以消除。迭代 k 次后，误差定义为

$$\boldsymbol{e}_k = \boldsymbol{x} - \boldsymbol{x}_k \tag{2.10}$$

其中，$\boldsymbol{x}$ 为线性方程组的真实解；$\boldsymbol{x}_k$ 为近似解。图 2.3 描述了用 Jacobi 迭代法求解 1 维 Poission 方程离散化得到的线性方程组时，最大误差分量（即 $\|\boldsymbol{e}\|_\infty$）的下降趋势。从图中可以很清楚地看到，有一部分误差很难消除。

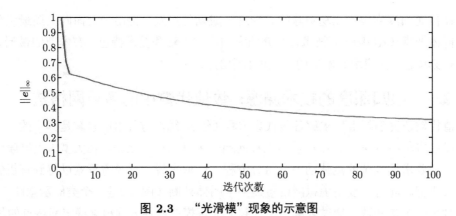

图 2.3　"光滑模"现象的示意图

为了消除这类残差，需要进一步分析迭代法。当系数矩阵非奇异时，总可以将线性方程组 $\boldsymbol{A}x = \boldsymbol{b}$ 分解成

$$x = \boldsymbol{B}x + \boldsymbol{d} \tag{2.11}$$

从而可以得到迭代法的矩阵表示，

$$x_{k+1} = \boldsymbol{B}x_k + \boldsymbol{d} \tag{2.12}$$

其中 $\boldsymbol{B}$ 称为迭代矩阵，是迭代法的关键。迭代方法收敛的充分必要条件是其谱半径

$$\rho(\boldsymbol{B}) = \max\{|\lambda_i| \, \boldsymbol{B}\boldsymbol{\omega}_i = \lambda_i \boldsymbol{\omega}_i\} < 1 \tag{2.13}$$

其中，$\lambda, \boldsymbol{\omega}$ 分别为迭代矩阵 $\boldsymbol{B}$ 的特征值及对应的特征向量；$\rho(\boldsymbol{B})$ 被称为该迭代方法的渐近收敛因子[37]。结合式（2.10）、式（2.11）和式（2.12）可得迭代 k 次后的误差为

$$\boldsymbol{e}_k = \boldsymbol{B}^k \boldsymbol{e}_0 \tag{2.14}$$

更进一步，把 $\boldsymbol{e}_0$ 用 $\boldsymbol{B}$ 的线性无关特征向量表示 $\boldsymbol{e}_0 = \sum_i a_i \boldsymbol{\omega}_i$，然后可得

$$\boldsymbol{e}_k = \sum_i a_i \lambda_i^k \boldsymbol{\omega}_i \tag{2.15}$$

其中，a_i 为系数。

正是从表达式（2.15）发现，误差比较容易消除的部分是小的 $|\lambda_i|$ 对应的特征向量，反之 $|\lambda_i|$ 越大，对应的特征向量越难以消除。由于在傅里叶分析中，特征向量又叫做傅里叶模。而且，$|\lambda_i|$ 越小对应的特征向量越振荡，越大对应的特征向量越光滑。因此，求解这类线性方程组时，难以消除的误差也被称之为"光滑模"，类似由图 2.3描述的现象就被称为"光滑模"现象。

（2）"光滑模"的粗化与多重网格

"光滑模"的粗化是走向多水平、多尺度的多重网格法的关键思想。

前面已说明，"光滑模"的实质是迭代矩阵的特征向量，且其对应的特征值（模）比较大。因此，要想消除"光滑模"，需要将迭代矩阵的最大特征值变小，即减小谱半径。求解（椭圆形）偏微分方程离散化得到的线性方程组时，经典迭代方法有 Jacobi 迭代法、Gauss-Seidal 迭代法、SOR 迭代法等，它们的迭代矩阵的谱半径分别有如下结论[37]，

$$\rho(\boldsymbol{B}_{\mathrm{J}}) = 1 - O(h^2), \quad \rho(\boldsymbol{B}_{\mathrm{G-S}}) = 1 - O(h^2), \quad \rho(\boldsymbol{B}_{\mathrm{SOR}}) = 1 - O(h) \qquad (2.16)$$

这表明它们都与步长负相关。因此，增加步长可以有效降低谱半径，从而更快速地消除光滑误差。

根据以上分析，两重网格法采用了"细网格–粗网格–细网格"的循环求解策略，充分利用粗网格更容易消除光滑误差的特性，在粗、细两层网格上进行信息交互，显著提升了总体求解效率[38-39]。算法 2.1描述了两重网格法的大致框架。其中，一般有 $H = 2h$，即粗网格步长是细网格的 2 倍。

算法 2.1 (两重网格法)　*初始化：给定细网格。*
当停止条件不成立，执行以下循环：
- *细网格求解（前光滑）：在细网格上用经典迭代法求解原问题 $\boldsymbol{A}^h \boldsymbol{x}^h = \boldsymbol{b}^h$，迭代少数几次；*
- *粗网格求解：在粗网格上精确求解子问题 $\boldsymbol{A}^H \boldsymbol{e}^H = \boldsymbol{r}^H$；*
- *细网格求解（后光滑）：在细网格上用经典迭代法求解原问题 $\boldsymbol{A}^h \boldsymbol{x}^h = \boldsymbol{b}^h$，迭代少数几次；*

在算法 2.1中，子问题是残差方程，而不是粗网格上离散化得到的线性方程组 $\boldsymbol{A}^H \boldsymbol{x}^H = \boldsymbol{b}^H$。其中的残差定义为（迭代 k 次后）

$$\boldsymbol{r}_k = \boldsymbol{b} - \boldsymbol{A}\boldsymbol{x}_k$$

由于

$$\boldsymbol{A}\boldsymbol{e}_k = \boldsymbol{A}(\boldsymbol{x} - \boldsymbol{x}_k) = \boldsymbol{b} - \boldsymbol{A}\boldsymbol{x}_k = \boldsymbol{r}_k$$

所以原方程组 $\boldsymbol{A}\boldsymbol{x} = \boldsymbol{b}$ 与残差方程组 $\boldsymbol{A}\boldsymbol{e} = \boldsymbol{r}$ 等价。加上后者可以直接用零为初值，且不需要重新离散化，因此比用原方程组更有优势[39]。

注意到原方程组 $\boldsymbol{A}\boldsymbol{x} = \boldsymbol{b}$ 与残差方程组 $\boldsymbol{A}\boldsymbol{e} = \boldsymbol{r}$ 有完全相同的结构，因此可以用两重网格法本身来求解粗网格子问题，这一思路打开了多重网格法的大门[39-40]。算法 2.2描述了多重网格法的大致框架。

算法 2.2 (多重网格法 MG（L）)　*初始化：令 $l = L$ 为细网格标号。*
当停止条件不成立，执行以下循环：
- *细网格求解（前光滑）：在细网格上用经典迭代法求解原问题 $\boldsymbol{A}^l \boldsymbol{x}^l = \boldsymbol{b}^l$，迭代少数几次；*
- *粗网格求解：当 $l = 1$ 时，在粗网格上精确求解子问题 $\boldsymbol{A}^0 \boldsymbol{e}^0 = \boldsymbol{r}^0$；否则，令 $L = L - 1$，用多重网格法 MG（L）求解子问题 $\boldsymbol{A}^{l-1} \boldsymbol{e}^{l-1} = \boldsymbol{r}^{l-1}$；*
- *细网格求解（后光滑）：在细网格上用经典迭代法求解原问题 $\boldsymbol{A}^l \boldsymbol{x}^l = \boldsymbol{b}^l$，迭代少数几次。*

从算法 2.2可以看出，多重网格法 MG（L）是两重网格法（算法 2.1）的递归调用，而当 $L=1$ 时，MG（L）退化为两重网格法。图 2.4描述了多重网格法（$L=3$）的两种常用结构，图 (a) 对应着算法 2.2，图 (b) 对应着算法 2.3。在图中，最上边的水平线代表第 L 层网格，每下降一条层数减 1，直到最下边代表第 0 层（最粗层）；从上往下的箭头表示前光滑以及信息从细网格到粗网格的传递（限制），从下往上的箭头表示后光滑以及信息从粗网格到细网格的传递（延拓）。

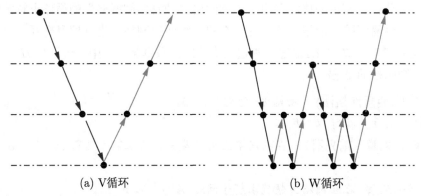

(a) V循环   (b) W循环

图 2.4   多重网格法的两种常用结构：V 循环和 W 循环

算法 2.3 (多重网格法 MGW（L）)   初始化：令 $l=L$ 为细网格标号。
当停止条件不成立，执行以下循环：

- **细网格求解（前光滑）**：在细网格上用经典迭代法求解原问题 $A^l x^l = b^l$，迭代少数几次；

- **粗网格求解**：当 $l=1$ 时，在粗网格上精确求解子问题 $A^0 e^0 = r^0$；否则，令 $L=L-1$，调用用多重网格法 MGW（L）两次来求解子问题 $A^{l-1} e^{l-1} = r^{l-1}$；

- **细网格求解（后光滑）**：在细网格上用经典迭代法求解原问题 $A^l x^l = b^l$，迭代少数几次。

在算法 2.1、算法 2.2和算法 2.3中，没有详细阐述原问题和子问题的构造，特别是不同网格之间的信息传递方法，这取决于多重网格法的类型。多重网格法经历了从几何多重网格到代数多重网格的发展。20 世纪 60 年代开发出来的几何多重网格法是需要用到网格的几何特性，来离散化原问题和子问题以及在不同网格之间进行信息传递的[38,40]。而 20 世纪 90 年代发展出来的代数多重网格法则放弃了具体的几何信息，完全依赖矩阵及代数信息来实现这些操作[39,41]。由于"网格"的概念已经深入人心，所以代数多网格仍在算法名称上保留了"网格"这一几何概念。

总之，本节介绍的多重网格法呈现了一种"深度"计算技术，通过引进多水平、多尺度的问题求解及信息交互，显著超越了单一水平、单一尺度上的问题求解效率。另一方面，这一"递归深度"技术不同于其他的"深度"计算技术，如不同于目前流行的深度学习中的"深度"技术。本节介绍的"深度"计算技术是通过递归方式实现的，即不同水平、不同尺度上的问题具有相同的结构，从而可以调用算法自身来获得更高的深度。

2.2.2 全局最优化中的群体搜索技术

本节介绍全局最优化的数值求解中通常采用的群体搜索技术，主要关注群体搜索对单点迭代的优势，以及群体搜索技术的常用实现方式。

（1）从单点迭代到群体搜索的理由

数值最优化的传统范式是如下的单点迭代：

$$\boldsymbol{x}_{k+1} = \boldsymbol{x}_k + \lambda \boldsymbol{d}_k \tag{2.17}$$

其中，$\boldsymbol{d}_k$ 称为搜索方向；λ 称为搜索步长。给定初始迭代点 $\boldsymbol{x}_0$，上述计算范式就可以得到一个迭代点列 $\{\boldsymbol{x}_k\}$。研究这个点列能否收敛到最优解，以及什么样的搜索方向和步长能够保证收敛性就成了数值最优化——特别是局部优化——的重要研究内容。根据极值点的一阶最优性条件（见定理 1.2），设计出具有一定下降性质的搜索方向，然后配合合适的步长，收敛性就可以基本得到保障，这些构成了局部优化算法的基本研究框架。然而，这一单点迭代范式在全局最优化领域却很少用到，主要原因有三。

首先，全局最优化缺乏合适的数学最优性条件，难以明确界定单一的有效搜索方向，这使得单点迭代的效率很低。这一点是全局最优化显著不同于局部最优化的根源。数学最优性条件是一个理论指引，没有它，算法设计与分析就没有了直接的抓手。此时，如果继续沿用单点迭代范式，搜索将陷入局部最优或漫无目的。换句话说，简单的单点迭代范式在全局最优化领域是一个低效的搜索方式。

其次，群体搜索中的信息共享产生了"$1+1>2$"的效果，提升了种群搜索能力。群体搜索范式同时执行了多个个体的搜索，各有方向、步长和到达位置，这些经验信息在群体内部形成了一个数据集，对该数据集的挖掘可以产生对于目标函数的有效认知，从而指导后续的搜索行为。这种基于信息共享的学习机制可以理解为是对数学最优性条件的群体模拟，从而在一定程度上弥补了理论指引的缺乏。

最后，群体搜索的范式使得模拟生物种群的演化成为了可能，为演化计算和群体智能等技术提供了实现基础。大多数物种的演化都依赖于种群集体的力量，它们集体觅食、生活、战斗和繁殖。虽然个体之间在食物的占有上存在一定的竞争，但是，集体的力量可以帮助找到更多的食物，帮助每个个体获得更好的生存条件。群体搜索范式非常适合于模拟这类基于种群的自适应、自组织和自学习行为，为演化计算和群体智能等新的全局最优化技术提供了实现基础。

总之，群体搜索已经成为全局最优化的主流范式，对应地，单点迭代是局部最优化的主流范式。数值最优化这两个子领域的范式区分是深刻的，既有理论原因，也有应用背景的要求。

（2）群体搜索的实现

本小节主要介绍群体搜索范式下的一些技术细节，特别是群体初始化、群体搜索模式、信息共享特征和搜索停止条件。注意，在群体搜索范式下，经常混用群体与种群、点与个体这两组概念。大致来说，群体的概念更宽泛，在生物激发的场合，也称之为种群；群体是个体的集合，在数据结构上，个体就是一些向量或几何意义上的点。

（3）群体初始化

在全局最优化的群体搜索范式中，群体的初始化一般有三种方式。第一种方式也是最常用的方式，是以一定的概率分布产生个体，比如在搜索区域均匀分布的个体。第二种方式是根据用户给定的一个或少数几个初始个体，然后在搜索的早期产生其他个体。前一种方式的例子非常多，第二种方式的例子有 MATLAB 中的全局搜索（GlobalSearch）技术[23]。这两种方式的群体规模（个体的数量）通常都比较稳定，至少不会有无穷多。第三种方式的群体规模理论上可以有无穷多，且往往呈现出由少变多的趋势。比如，DIRECT 算法[9]自主产生第一个个体，然后个体数量不断增加，随着计算成本的提高，理论上可以达到无穷多个体。

（4）群体搜索模式

群体初始化完成后，后续的搜索模式有很多，本书把它们分为三类：规则式、演化式和启发式。

规则式群体搜索指的是按照明确的（可以是确定性的，也可以是随机的）规则进行群体搜索。比如，DIRECT 算法[9]、分支定界算法等基于分割式开展搜索的算法都属于这一类。另外，基于蒙特卡罗等随机搜索的算法也都属于这一类。规则式群体搜索的一大特点是，这类算法拥有良好的收敛性等理论支撑，它们在本质上都属于（确定性或随机性的）稠密搜索算法。

演化式群体搜索指的是通过模拟生物种群的演化来进行搜索的一大类算法。比如，遗传算法[11]、粒子群优化算法[12]、蚁群优化算法[10]，等等。这类算法的收敛性支撑一般较弱。它们的一大特点是从生物演化等自然现象中寻找灵感，它们都是仿生类算法。

类似于演化式群体搜索，启发式群体搜索的理论支撑也比较弱，但它们可以跳出自然现象，向更宽泛的各种可能现象中寻找"优化特性"，开展启发式搜索。甚至可以对启发本身进行启发，称之为元启发。比如，基于演化算法的各类混合式（hybrid）算法都可以成为启发式算法。

以上三种群体搜索模式并没有绝对的界限，甚至它们之间可以相互转化。比如，一些启发式算法刚开始提出来时，完全是"启发"的，没有任何理论依据。但是随着研究的深入，在获得了足够的收敛性等理论支撑后，就转化为规则式群体搜索算法。规则式和演化式算法加入了一些启发式元素后，可能就成为启发式算法。

（5）信息共享特征

群体搜索技术的关键是信息共享，而信息共享的主要特征是去中心化。也就是说，群体中的各个个体是平等的，不存在哪个个体拥有中心指导地位。值得注意的是，个体地位的去中心化并不意味着没有具有吸引力或指导力的优势个体，而是说每个个体都可能成为优势个体，而且优势个体随时都可能失去优势地位，这些都不影响群体的运作。

在群体智能和演化计算中，信息共享的去中心化特征非常明显。比如，粒子群优化中的个体（粒子）被几何拓扑连接在一起，每个个体跟它邻域内的所有个体进行信息共享，然而没有哪个个体具有中心地位[12]。在蚁群优化中，蚂蚁们通过一种叫做信息素的介质进行信息共享，每个蚂蚁平等的释放信息素，信息素浓度越高的路径越能吸引新的蚂蚁，就这样的简单正反馈机制实现了去中心化的环境中的优化调度[10]。

在一些启发式算法中，可能会人为构造出具有明显优势地位的个体，以引导更好的局部搜索。但在全局搜索层面上，个体的地位仍然是平等的，这一点甚至受到了群体多样性原则的保护——个体越平等群体的多样性就越好。在局部搜索中，优势个体也不是固定的，理论上每个个体都可能成为优势个体，当前的优势个体也随时可能失去优势地位。因此，这些并没有影响去中心化的本质特征。

在规则式群体搜索中，信息共享体现在所有个体将自己的信息交给规则，供规则使用。比如在 DIRECT 算法或分支定界算法的每次迭代中，所有个体都平等的接受规则的"筛选"。被选中的个体进一步地被分割，以及接受是否"剪支"的检验。

总之，基于无中心的平等个体的群体搜索是目前的主流，这类群体的运作是最稳定的，非常适合于大规模群体的搜索行为。

（6）搜索停止准则

由于缺乏合适的数学最优性条件，群体搜索一般没有办法知道是否找到了全局最优解（哪怕真的找到了）。所以，群体搜索的停止准则有两类。第一类是给定的计算成本用光了就停止。在全局最优化领域，因为目标函数值的计算往往是最费时间的，因此，最常用的计算成本度量是函数值计算次数。

第二类是试图去猜测最优性是否已经满足，满足了就停止。猜测的方法包括：目标函数值长期停滞了，最好的个体几乎不动了，数值梯度接近零了，等等。这些猜测要么模拟局部最优化的最优性条件，要么看算法的某些重要指标是否长期停滞。对于某些特别的全局最优化问题，这些猜测有一定的指导意义，但并不完全适用于一般的全局最优化问题。

2.2.3　递归深度群体搜索的实现方法

本节将递归深度技术应用到全局最优化领域，提出递归深度群体搜索（RD&SS）技术。在此之前，首先介绍递归深度技术为什么可以应用到全局最优化领域？然后谈如何应用。

（1）"光滑模"与渐近无效现象

递归深度技术为什么可以应用到全局最优化领域？原因是"光滑模"现象与渐近无效现象具有雷同之处，而采用递归深度技术的多重网格法可以有效消除"光滑模"现象。因此，将递归深度技术应用到全局最优化领域，或许可以消除渐近无效现象。

2.1 节叙述了全局最优化的渐近无效现象具有一定的普遍性。一方面，这一现象肯定了全局最优化算法的效率：它们通常可以快速找到潜在含有最优解的区域；另一方面，这一现象又表明了全局最优化算法的无奈：为了得到精度更高的解，需要的计算成本往往呈指数式增长。2.2 节介绍的"光滑模"现象表明，经典迭代方法可以快速消除非光滑模对应的误差，但需要越来越多的大量计算成本才能缓慢消除"光滑模"误差。这两类现象的相似性不言而喻,从表 2.2 和图 2.3 的数值结果也可以得到证据支撑。

2.2 节详细介绍了通过采用递归深度技术的多重网格法可以粗化"光滑模",并进而在多重网格的信息交互中消除"光滑模"。这就很自然地引导人们将递归深度技术应用到全局最优化领域,力图去消除渐近无效现象。考虑到群体搜索技术是全局最优化的主流,本书主要介绍基于群体搜索的递归深度技术。下面首先给出递归深度群体搜索的技术框架,然后介绍实现的可能性及其技巧,最后给出新提出的这一技术的主要特色。

(2)递归深度群体搜索的技术框架

参照两重网格法(即算法 2.1)的框架,可以得到两水平群体搜索(即算法 2.4)的框架。注意到此时并没有递归调用算法本身,只有两个水平上的群体搜索。

算法 2.4 (两水平群体搜索算法) *初始化: 给定初始群体。*

当停止条件不成立, 执行以下循环:

- **群体搜索(前优化)**: 在原始的搜索区域上用群体搜索求解原始最优化问题, 迭代少数几次;
- **子群搜索**: 采用子群搜索求解原始最优化问题的子问题;
- **群体搜索(后优化)**: 在原始的搜索区域上用群体搜索求解原始最优化问题, 迭代少数几次。

两重网格法(即算法 2.1)的关键思想是,将"光滑模"投影到更粗的网格可以更快速地消除它。这要求构造粗网格以及粗网格上的子问题。在算法 2.4 中,直接继承了两水平的计算框架,但不再提网格这一概念;同时,需要构造"粗水平"上的子问题,并仍使用群体搜索技术求解它。考虑到信息交互的便利,这里采用了子群搜索策略,即"粗水平"上的搜索群体是"细水平"搜索群体的子群,这样做对后续的信息交互和群体更新非常便利。需要注意的是,算法 2.4 中"粗水平"搜索无法对子问题进行精确求解,这一点不同于两重网格法 2.1。

算法 2.5 (递归深度群体搜索算法 RDSS(L)) *初始化: 令 $l = L$。*

当停止条件不成立, 执行以下循环:

- **群体搜索(前优化)**: 在第 l 层搜索区域上用群体搜索求解原始最优化问题, 迭代少数几次;
- **子群搜索**: 当 $l = 1$ 时, 采用子群搜索求解原始最优化问题的子问题; 否则, 令 $L = L - 1$, 用 RDSS(L) 求解原始最优化问题的子问题;
- **群体搜索(后优化)**: 在第 l 层搜索区域上用群体搜索求解原始最优化问题, 迭代少数几次。

通过递归调用两水平算法,就可以得到类似于多重网格法的 RDSS(L) 和 RDSS-W (L),分别对应着 V 循环和 W 循环的递归深度群体搜索算法,见算法 2.5 和算法 2.6。两者的循环过程及其区别可参考图 2.4,从上往下的箭头表示前优化以及信息从细水平群体到粗水平子群的传递(限制),从下往上的箭头表示后优化以及信息从粗网格子群到细网格群体的传递(延拓)。

算法 2.6（递归深度群体搜索算法 RDSS-W（L））　　初始化：令 $l = L$。
当停止条件不成立，执行以下循环：

- **群体搜索（前优化）**：在第 l 层搜索区域上用群体搜索求解原始最优化问题，迭代少数几次；
- **子群搜索**：当 $l = 1$ 时，采用子群搜索求解原始最优化问题的子问题；否则，令 $L = L - 1$，调用 RDSS（L）两次来求解原始最优化问题的子问题；
- **群体搜索（后优化）**：在第 l 层搜索区域上用群体搜索求解原始最优化问题，迭代少数几次。

　　总体上，递归深度群体搜索算法 RDSS（L）与多重网格法 MG（L）的理念一致，都希望用多水平、多尺度的问题求解及信息交互来加速算法收敛，因此算法框架也类似。它们的主要区别在于实现细节显著不同。从方程求解问题变为最优化问题，子问题的构造和信息交互方式等都发生了变化。后续探讨这些技术细节的实现可能性及相关技巧。

　　（3）子问题构造

　　"光滑模"现象针对的是线性方程组 $Ax = b$ 的误差，多重网格法的核心思想在于发现了粗网格子问题的求解能更好地消除误差。渐近无效现象针对的是对全局最优化问题的解的精度提高，本质上也是误差。因此，将递归深度技术应用到全局最优化有如下的理论前提。

　　命题 2.2　　递归深度技术应用到全局最优化的一个重要理论前提是，子问题的求解应能够快速找到精度更高的近似解。

　　命题 2.2 对于粗水平子问题的构造提出一些基本要求，即能否更好地提高解的精度？如果可以，对子问题的构造有什么限制性条件？

　　子问题的构造并不容易，一种可能的做法是直接用原问题作为子问题。此时，可以把子群搜索看成一个有效的局部算法，它可以在当前最好解的附近进行局部勘探，以找到精度更好的解。这种可能性显然是非常高的，且可以使得递归深度技术应用到全局最优化的理论前提满足。这一结论可以归纳为下面的定理。

　　定理 2.2　　如果子问题跟原问题完全一致，子群搜索具有良好的局部寻优能力，则子问题的求解是可以更好地提高精度的。

　　定理 2.2 打开了一扇窗，使得递归深度技术可以按照算法 2.4、算法 2.5 和算法 2.6 的框架，顺畅地应用到全局最优化中去。同时，该定理也给出了子问题的构造方式——直接取为原问题，以及明确了子群搜索的角色定位——有效的局部搜索算法。该定理是本书第 2、3 部分的算法设计的重要理论基础。

　　当然，除了定理 2.2 给出的构造方式外，肯定存在其他的子问题构造方式，同样能满足命题 2.2 的要求。这些方式可以进一步丰富递归深度群体搜索技术的发展与应用，这也是本书抛砖引玉的价值之一。

　　（4）信息交互

　　信息交互指的是原始最优化问题的求解信息怎样传递到子问题的求解中，以及子问题求解结束后怎样返回相关信息。这里涉及两类信息的传递：一类用于定义子问题，一类用于求解子问题。如果应用定理 2.2，则第一类信息就不需要进行传递。

用于求解子问题的信息传递往往跟求解算法有关。本书主要关注群体搜索类算法，求解子问题的算法也是群体搜索类的，且要求后一个群体是前一个群体的子集。这一要求至少有两个好处：一方面充分利用已有的搜索结果，另一方面非常有利于信息交互。在这一要求下，只需要定义子群选择策略就可以将群体的相关信息传递给子群；当子群搜索完成后，只需要用更新后的子群代替原来的子群就可以完成群体的信息更新。

于是，在群体搜索策略下，信息交互问题就转化为子群构造的策略问题。研究人员或工程技术人员可以根据不同的具体问题和实际需要，围绕有效发现子问题更高精度的解这一目标，设计出不同的子群构造方法，产生不同的信息交互。

（5）迭代次数控制

在算法 2.4、算法 2.5 和算法 2.6 中，在前优化、后优化和子群搜索中，都有迭代次数需要设定。一般来说，迭代次数都是很少的，且往往前优化与后优化的迭代次数相同，而子群搜索的迭代次数更少。

具体到不同类型的问题和不同的群体搜索算法，这些迭代次数可以作为参数进行优化或自适应。由于可调整的值不多，自适应优化原则上是可以实现的。但不管怎样，这些参数的灵敏度分析都是必需的。从大量的数值结果来看，这些参数总体上比较稳健。

（6）技术特色

前面介绍了递归深度群体搜索技术的原理和实现方法，下面介绍该技术的主要特色。

首先，通过对算法自身的递归调用，RDSS 技术实现了相同成本下的精度改进，从而可以有效缓解全局最优化的渐近无效现象。

其次，RDSS 技术融合了多水平、多尺度的群体搜索行为，大大丰富了群体搜索类算法的算法设计与应用。

最后，RDSS 技术实现了在同一算法框架下全局搜索和局部搜索的深度融合。具体来说，RDSS 技术实现了不借用其他局部算法，又切实加强了局部搜索能力。

2.3 本书后续内容安排

第 2 部分包含 4 章，主要围绕递归深度群体搜索技术在 DIRECT 算法中的应用[42-44]，但也对以 DIRECT 算法为代表的确定性全局最优化算法的分析与改进做了系列介绍[45-46]。DIRECT 算法是一个确定性全局最优化算法，属于稠密搜索类算法。第 3 章首先对 DIRECT 算法做了一个理论上的改进，使之对目标函数的线性变换不再敏感，数值性能更加稳健。第 4~6 章介绍递归深度群体搜索技术在 DIRECT 算法上的具体应用，并讨论了递归深度技术与深度学习中的深度技术的联系和区别[47]。

第 3 部分也包含 4 章，初衷是围绕深度递归群体搜索技术在粒子群优化算法中的应用。粒子群优化算法是一个随机性全局最优化算法，属于群体智能类算法。但是，在第 7~9 章介绍了很多对粒子群优化算法本身的一些介绍和理论研究，包括粒子群优化算法的稳定性研究（第 8 章）[28] 和拓扑优化与拓扑选择研究（第 9 章）[29]。然后在第 10 章介绍了深度递归群体搜索技术在粒子群优化算法中的具体应用。本部分的内容有助于深入了解粒子群优化算法以及更一般的群体智能优化算法。

　　本书最后提供了两个附录。附录 A 来自作者对于多重网格法的一篇研究论文[48]，它是作者研究 RDSS 技术的心路源泉，供有兴趣的读者单独阅读。附录 B 介绍了本书用到的用于全局最优化算法数值比较的测试函数库和数据分析方法。

第2部分

递归深度群体搜索技术在确定性全局最优化算法中的应用

第 3 章
稳健DIRECT算法

DIRECT（dividing rectangle）算法是一个确定性全局最优化算法，主要用于求解有界约束的全局最优化问题[9,49]

$$\min_{l \leqslant x \leqslant u} f(x) \tag{3.1}$$

其中，$l = (l_1, \cdots, l_n)^{\mathrm{T}}, u = (u_1, \cdots, u_n)^{\mathrm{T}}$ 是两个常数向量。由于 DIRECT 思路自然而简单且通过完全搜索（complete search）能确保得到全局最优解，因此吸引了广泛的关注[34,43,50-51]。当然，因为完全搜索需要大量的计算成本，所以 DIRECT 算法只是求解小规模优化问题的重要方法。一般来说，DIRECT 能有效求解的问题的维数 n 一般不超过 $20^{[52]}$。

本章首先介绍原始 DIRECT 算法及一些基本变化，然后指出 DIRECT 算法对目标函数的线性校正非常敏感，并给出能消除这一敏感性的稳健 DIRECT 算法[45]。

3.1 DIRECT 算法

DIRECT 算法于 1993 年被提出[9]，它同时采用所有可能的 Lipschitz 常数来求解 Lipschitz 优化问题，从而能够同时进行全局搜索和局部搜索。这被认为是 DIRECT 算法最重要的特点[9]。

3.1.1 Lipschitz 优化与 Lipschitz 常数

传统的 Lipschitz 优化方法直接利用 Lipschitz 常数来把搜索区域分割得越来越小，从而得到全局最优解。下面以如下 1 维 Lipschitz 优化问题来解释传统方法是怎么进行操作的。

$$\min_{x \in [a,b] \subset \mathbb{R}} f(x) \tag{3.2}$$

根据 Lipschitz 常数的定义，有

$$|f(x) - f(x')| \leqslant L|x - x'|, \quad \forall x, x' \in [a, b] \tag{3.3}$$

其中 L 为函数 $f(x)$ 的 Lipschitz 常数。于是对任何 $x \in [a, b]$ 有

$$f(x) \geqslant f(a) - L(x - a) \tag{3.4a}$$

$$f(x) \geqslant f(b) + L(x - b) \tag{3.4b}$$

这两个不等式构成了 $f(x)$ 在区间 $[a,b]$ 上的下界，边界由两条斜率分别为 $L, -L$ 的直线组成，如图 3.1所示。在这两条直线的交点

$$x_1 = \frac{a+b}{2} - \frac{f(b) - f(a)}{2L} \tag{3.5}$$

此处取得最小下界为

$$\frac{f(b) + f(a)}{2} - \frac{L(b-a)}{2} \tag{3.6}$$

为了便于说明，引进下面的定义。

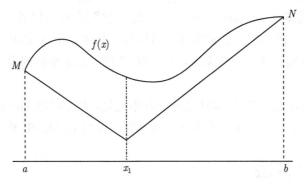

图 3.1　计算区间 $[a,b]$ 内的下界，抽样 x_1，把区间分割成两个区间

定义 3.1 (抽样（sampling）)　选择一个点 x 并计算它的目标函数值 $f(x)$ 称为抽样 x。

x_1 把区间 $[a,b]$ 分割成两个区间 $[a,x_1], [x_1,b]$。计算 x_1 处的函数值（即抽样 x_1），然后分别在这两个区间上用 Lipschitz 常数对函数进行下界逼近，得到图 3.2。此时得到两个下界，选择较小下界对应的左区间，抽样 x_2，并继续分割得到图 3.3。在图 3.3中有 3 个下界，选择最小下界对应的区间（右边区间），抽样 x_3 并继续分割。重复"计算下界—选择区间—抽样（计算最小下界对应的函数值）"的步骤，可以把区间 $[a,b]$ 分割成越来越小的小区间组，并以充分小的误差逼近全局最优解。

注意到，最小下界所在的区间将被进一步分割。观察最小下界的计算式（3.6）可以发现，区间端点的函数值越小越可能被选中，区间越大也越可能被选中。前者意味着对函数值低的好区域的局部搜索，而后者是对大的未探索区域的全局搜索。Lipschitz 常数 L 在其中起着重要的权衡作用，L 越大全局搜索的权重越大，L 越小则全局搜索的权重越小。

由于 Lipschitz 常数一般较大，因此传统方法过多强调了全局搜索，从而导致了低的收敛速度。同时，由于在初始计算时需要计算端点的函数值，上述方法不适合推广到更高维情形。下面介绍 DIRECT 算法是如何避免这两个问题的。

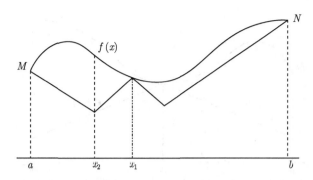

图 3.2　分别计算 x_1 两边区间的下界，选择较小下界对应的左区间，抽样 x_2

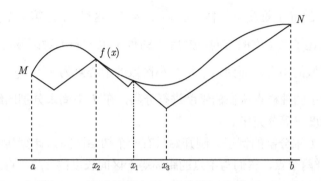

图 3.3　分别计算 x_2 两边区间的下界，选择最小下界对应的右区间，抽样 x_3

3.1.2　抽样与分割

为了避免像传统 Lipschitz 优化方法那样需要计算区间端点（高维时是区域顶点）的函数值，DIRECT 选择抽样计算区间中点的函数值，这种策略推广到高维时不太会增加函数值的计算量。同时，修改下界逼近公式（3.4）为如下形式

$$f(x) \geqslant f(c) - L(x-c), \quad x \geqslant c \tag{3.7a}$$

$$f(x) \geqslant f(c) + L(x-c), \quad x \leqslant c \tag{3.7b}$$

其中，c 为区间中点，如图 3.4所示。此时，在端点处得到最小下界为

$$f(c) - \frac{L(b-a)}{2} \tag{3.8}$$

注意到正如式（3.6）所起的功能一样，这一下界仍然是局部搜索（用小的 $f(c)$ 描述）和全局搜索$\left(\text{用大的 } \dfrac{b-a}{2} \text{ 描述}\right)$的一种权衡，权衡系数为 Lipschitz 常数。

为了保证后续所有抽样都在区间的中点（或区域中心），DIRECT 引进了一种特殊的抽样-分割技术。具体来说，记区域的最长边为 δ，记 I 为拥有最长边的维度集合。以中心

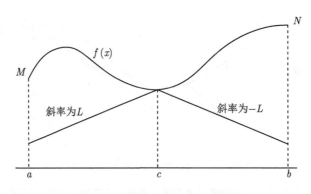

图 3.4　计算区间 $[a, b]$ 上的下界

点 c 为中心，在 I 的每 1 维度上抽样 $c \pm \dfrac{\delta e_i}{3}, i \in I$。这里 e_i 是第 i 个元素为 1，其他元素为 0 的向量，描述了第 i 维的方向。然后 I 的每 1 维方向上对区域进行三等分，此时 c 自然成为中间小区域的中心，而两边的两个小区域的中心点为 $c \pm \dfrac{\delta e_i}{3}$。当有多个维数时，优先选择函数值最小的抽样点所在的维度进行分割，在 I 中尚未分割的维度中，重复这一操作直至将所有维度三等分完毕。

　　图 3.5 显示了 1 维分割的例子。刚开始只有一个初始区间，计算其中点的函数值（即图（a））。然后抽样两个点，它们与中点的距离等于区间长度的 1/3。将区间三等分，此时中点和两个抽样点恰好成为 3 个小区间的中点（即图（b））。根据这 3 个点的函数值，选择最小函数值对应的右边小区间做进一步的抽样和分割，得到图（c）。下一步需要确定进一步分割的区间，然后重复抽样—分割的步骤。

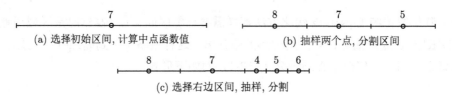

图 3.5　DIRECT 的 1 维分割示意图

圆点为抽样的点；旁边的数字为其函数值

　　图 3.6 显示了一个 2 维分割的例子[9]。在初始迭代中，选择整个区域（被标准化为正方形），抽样中点及每个维度上各两个点。比较得到的函数值，优先分割最小函数值（2）所在的维度（纵轴方向），将正方形在纵轴方向三等分。然后沿着横轴方向将中间的长方形三等分。这样就完成了第一次迭代，共抽样 5 个点，产生 5 个小区域。

　　第二个迭代开始时，选择最下边的长方形做进一步的分割（理由见 3.1.3 节）。沿着最长边所在的维度（只有横轴方向）抽样两个点，将长方形三等分。到第三个迭代开始时，有 7 个小区域，选择"好"的小区域做进一步的分割。重复这一过程直到满足停止条件。

　　以上步骤可归纳为算法 3.1。

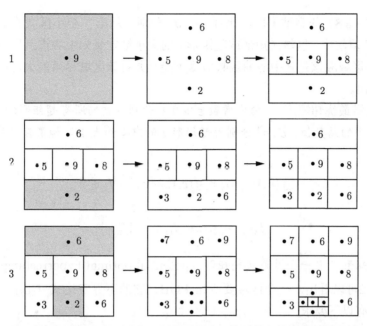

图 3.6　**DIRECT** 的 **2** 维分割示意图（抽样出黑点，旁边的数字是其函数值）（后附彩图）

算法 **3.1**（DIRECT 算法）　*初始化*: 将可行域标准化为单位超立方体（unit hypercube），记中心点为 c_0，记 $f_{\min} = f(c_0)$。

当停止条件不成立，执行以下循环：

- **选择**: 选择需要分割的区域（详见定义 3.2）；
- 对每一个选好的区域执行以下操作：
- **抽样**: 确定最大边长 δ 及最大边长所在的维度，记这些维度的集合为 I。对每个 $i \in I$，计算函数值 $f\left(c \pm \dfrac{\delta}{3}e_i\right)$，其中 c 为该区域的中心点，e_i 为第 i 个维度上的单位坐标向量；
- **分割**: 确定 $f\left(c \pm \dfrac{\delta}{3}e_i\right)$，$i \in I$ 中函数值最小者所在的维度（记为 i_0），在该维度的方向上将区域三等分，令 $I = I - \{i_0\}$；继续这一操作，直到 $I = \varnothing$。
- **更新** $f_{\min}$。

3.1.3　区域选择

那么什么样的区域是 "好" 的，需要在下一次迭代进一步分割呢? 理论上，好的区域是潜在地包含全局最优解的区域。然而，通常没有什么办法可以确保某个区域一定包含全局最优解。于是，类似于 3.1.1 节介绍的方法，DIRECT 算法选择 "好" 的区域的标准是有低的下界

$$f(c_j) - L\sigma_j \tag{3.9}$$

式（3.9）是式（3.8）的高维推广，此时，c_j, σ_j 分别表示第 j 个小区域的中心和大小。在原始 DIRECT 算法中，区域（矩形或超矩形）的大小被定义为中心点到顶点的距离。也就是说，"好"的区域应该是其中心的函数值尽可能小并且该区域尽可能大，它们的严格界定由定义 3.2 给出。

定义 3.2 (潜最优超矩形)　　给定常数 $\varepsilon > 0$ 和分割得到的所有超矩形的标号集合 $\mathbb{S}$，记 $f_{\min}$ 为当前最小的函数值，c_i, σ_i 分别为超矩形 i 的中心和大小。如果存在某个常数 $\gamma > 0$ 使得

$$f(c_j) - \gamma\sigma_j \leqslant f(c_i) - \gamma\sigma_i, \quad \forall i \in \mathbb{S} \tag{3.10a}$$

$$f(c_j) - \gamma\sigma_j \leqslant f_{\min} - \varepsilon|f_{\min}| \tag{3.10b}$$

成立，则称超矩形 j 是一个潜最优超矩形（potential optimal hyperrectangle，POH）。

从定义 3.2 可以看出，一个区域要成为 POH，它的下界表达式 $f(c_j) - \gamma\sigma_j$ 必须足够小。具体来说有以下要求：

- 在具有相同大小的超矩形中，只有中心点的函数值最小的超矩形才可能成为 POH；
- 在中心点的函数值相同的超矩形中，只有最大的超矩形才可能成为 POH。

在满足以上条件的同时，式（3.10b）还要求 $f(c_j) - \gamma\sigma_j$ 必须比目前找到的最小的函数值小，此处参数 ε 控制至少要小多大的量。

有一个重要事实需要指出，在定义 3.2 中，常数 γ 不再是 Lipschitz 常数，而是任何正数。也就是说，DIRECT 采用了从 0 到无穷大的所有可能的 Lipschitz 常数来选择"好的"区域，并对它们同时进行分割。这是对 3.1.1 节介绍的传统方法的重要突破。这一策略一方面可以避免去计算 Lipschitz 常数 L（通常很困难），另一方面也使得 DIRECT 算法可以在同一框架下同时进行局部搜索和全局搜索 —— 这被视为是 DIRECT 算法的最大特点[9,49]。这也使得 DIRECT 算法成为群体搜索算法之一。

下面介绍一个很好的图形工具来更深入地理解定义 3.2。在 DIRECT 算法中，分割得到的小区域都是矩形或超矩形。在选择 POH 时，只有这些区域的大小 σ 和中心点的函数值 $f(c)$ 起作用。如果把它们放在一个平面直角坐标系中，那么 DIRECT 算法分割得到的区域可以用平面上的点集来表示 —— 每个点代表一个小区域，其横坐标表示区域大小，而纵坐标表示中心点的函数值。图 3.7 显示了一个例子[45]。由于这种图给出了分割得到的所有小区域的重要信息，因此，本书称之为 DIRECT 算法的分割状态坐标图。

借助分割状态坐标图，定义 3.2 中的第一个条件（3.10a）——大小相同的超矩形中，只有函数值最小的才能成为 POH；而函数值相同的超矩形中，只有大小最大的才能成为 POH —— 等价于在图 3.7 中找出平面点集的右下闭凸包点（这些点的连线构成了右下闭凸包）。而第二个条件则排除了闭凸包点中左下角的某些点——这些区域很小同时中心点的函数值也很小。比如，在图 3.7 中，线段上的三个圆点就是 POH。而由于条件（3.10b）的作用，函数值最小、大小也最小的左下角超矩形没有成为 POH。

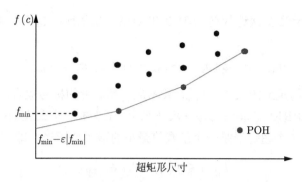

图 3.7 DIRECT 算法选择 POH 的图形方法（后附彩图）

3.1.4 DIRECT 算法的全局收敛性

在证明 DIRECT 算法的全局收敛性之前，先给出一个具体的例子来说明 DIRECT 的数值性能。图 3.8是用 DIRECT 算法求解式（3.11）的 Branin 函数的最小值时得到的分割状态图，一共有 290 个超矩形。

$$f(x) = \left(x_2 - \frac{5.1x_1^2}{4\pi^2} + \frac{5x_1}{\pi} - 6\right)^2 + 10\left(1 - \frac{1}{8\pi}\right)\cos x_1 + 10, \tag{3.11}$$

$$-5 \leqslant x_1 \leqslant 10, 0 \leqslant x_2 \leqslant 15$$

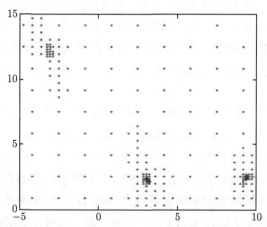

图 3.8 DIRECT 算法抽样的点，测试函数为 Branin 函数，函数值计算次数为 290 次（后附彩图）

从图 3.8 中可以看出，抽样点形成了 3 个密集区域，恰好与 Branin 函数的 3 个全局最优解的位置相一致。这说明 DIRECT 算法能有效地找到最优解所在的吸收盆（basin of attraction），如果分割过程一直进行下去，有理由相信，能找到距离全局最优解越来越接近的点。关于 DIRECT 算法抽样得到的点能够在最优解附近局部聚集（local clustering）的证明可参见文献 [53]。

下面正式给出 DIRECT 算法对连续函数的收敛性证明，这些证明以及对更一般函数的收敛性证明可进一步参考文献 [9] 及文献 [53]-[55]。

首先，设 $\mathbb{S}_k$ 表示第 k 次迭代前 DIRECT 算法产生的所有超矩形的集合，并引进以下记号

$$\sigma_{\max} = \max_{j \in \mathbb{S}_k} \sigma_j, \quad S_{\max} = \{i \in \mathbb{S}_k | \sigma_i = \sigma_{\max}\}$$

即 $\sigma_{\max}$ 表示最大的超矩形的大小，$S_{\max}$ 表示最大超矩形的标号集合。

引理 3.1   在 DIRECT 算法的每一次迭代中，至少有一个最大的超矩形会成为 POH。

证明   假设第 j 个超矩形是一个函数值最小的最大超矩形，即 $j \in S_{\max}$，且

$$f(c_j) \leqslant f(c_i), \quad \forall i \in S_{\max} \tag{3.12}$$

如果令

$$\gamma = \max\left\{ \max_{i \in \mathbb{S} - S_{\max}} \frac{f(c_j) - f(c_i)}{\sigma_j - \sigma_i}, \frac{f(c_j) - f_{\min} + \varepsilon|f_{\min}|}{\sigma_j} \right\} + 1 \tag{3.13}$$

那么有

$$f(c_j) - \gamma \sigma_j \leqslant f(c_i) - \gamma \sigma_i, \quad \forall i \in \mathbb{S} \tag{3.14}$$

$$f(c_j) - \gamma \sigma_j \leqslant f_{\min} - \varepsilon|f_{\min}| \tag{3.15}$$

即满足定义 3.2 的两个条件，所以超矩形 j 是 POH。   □

引理 3.2   DIRECT 算法产生的任何一个超矩形迟早都会成为 POH。

证明   对任意的超矩形 $j \in S_k$，设其大小为 σ_j，并记 $\bar{S}_k = \{i \in S_k | \sigma_i > \sigma_j\}$ 为比超矩形 j 更大的超矩形的集合。显然 $\bar{S}_k$ 是一个有限集合。根据引理 3.1，在每次迭代中，集合 $\bar{S}_k$ 中至少有一个超矩形成为 POH 并被分割。由于这个被分割的超矩形的大小必定变小，所以每经过一次迭代，$\bar{S}_k$ 中的元素个数或者至少减少一个或者元素个数不减少但是至少一个超矩形的大小减少。这个过程一致持续下去，经过有限次迭代后，$\bar{S}_k$ 中将不再有超矩形。此时超矩形 j 就是最大的超矩形（之一）了，从而在有限次迭代内必将成为 POH。   □

引理 3.3   DIRECT 算法产生的超矩形的中心点在可行域 Ω 中稠密，即对任意 $\delta > 0$ 和 $x \in \Omega$，存在充分大的 k 和 $y \in \mathbb{S}_k$，使得 $|x - y| < \delta$。

证明   用反证法。设存在某个 $\delta > 0$ 和某个点 $x \in \Omega$，对于任意的 k 和 $y \in S_k$，都有 $|x - y| > \delta$。这说明，DIRECT 算法产生的超矩形的中心点都在以 x 为中心、δ 为半径的邻域 $B(x, \delta)$ 之外。不妨假设超矩形 j 是包含邻域 $B(x, \delta)$ 的最小的超矩形，那么根据引理 3.2，超矩形 j 将在某一个迭代成为 POH 并被分割。如果分割后的某个超矩形被包含在邻域 $B(x, \delta)$ 内，则产生了矛盾。如果分割后的每个超矩形仍然在邻域 $B(x, \delta)$ 外，假设超矩形 j_1 是包含邻域 $B(x, \delta)$ 的最小超矩形。重复以上分析，在有限次迭代内必有一个超矩形被包含在邻域 $B(x, \delta)$ 内。因此总能得到矛盾。所以 DIRECT 算法产生的超矩形的中心点在可行域中稠密。   □

定理 3.1   设目标函数 $f(x)$ 在最优解 x^* 的某个邻域内连续，则对于任意的 $\delta > 0$，DIRECT 算法能抽样到某个点 y 使得 $|f(y) - f(x)| < \delta$。

证明   根据引理 3.3，DIRECT 算法抽样的点在可行域内稠密，从而也在最优解 x^* 的邻域内稠密，因此根据目标函数的连续性结论显然成立。   □

3.1.5　DIRECT 算法的代码获取

到目前为止，我们已经介绍完了 DIRECT 算法，并证明了其全局收敛性。由于 DIRECT 算法思路简单，且能保证全局收敛性，因此得到了广泛关注，并被纳入 TOMLAB 等商业优化软件[56-57]。在 TOMLAB 中有多个关于 DIRECT 算法的命令，如 glbsolve 或 glbDIRECT 等。读者也可以从 C.T.Kelley 的个人主页（http://www4.ncsu.edu/~ctk/Finkel_Direct/）上下载到非商业化 DIRECT 算法代码。DIRECT 代码的用户手册请参考文献 [58]。

3.2　DIRECT 算法的一些变化

DIRECT 算法提出后，经历了很多的发展，本节只简单探讨对原始 DIRECT 算法的某些算法细节的直接改进，这些算法细节包括超矩形大小的定义方式、分割方法以及参数 ε 的作用等。更多改进及应用请参阅文献 [59]。

3.2.1　区域大小

在原始 DIRECT 算法中，超矩形的大小定义为中心点到顶点的距离——超矩形的对角线的一半，即

$$\sigma = \frac{1}{2}\sqrt{\sum_{j=1}^{n} l_j^2} \tag{3.16}$$

其中 l_j 是超矩形在第 j 维上的边长。

在文献 [53] 和文献 [60] 中，作者提出用下面的方式来定义超矩形的大小

$$\sigma = \max_{1 \leqslant i \leqslant n} l_i \tag{3.17}$$

对比这两种定义可以说，第 1 种是用 2-范数而第 2 种是用 ∞ 范数来定义超矩形的大小。后一种定义使得超矩形的（按照大小）分组更少，从而更少的超矩形成为 POH（参考图 3.7）。从这个意义上，后一种定义使得 DIRECT 算法更偏向局部搜索，得到的算法被称为是 DIRECT-l（这里的 l 是 local 的意思）。文献 [53] 和文献 [60] 中的数值结果表明，DIRECT-l 算法比原始 DIRECT 算法要好一些。

3.2.2　分割方式

在原始 DIRECT 算法中，每一步迭代中的所有 POH 都会被分割。然而这被认为使得 DIRECT 算法太过偏向于全局搜索。在文献 [53] 和文献 [60] 提出的 DIRECT-l 算法中，在每一步迭代的所有 POH 中，只有一个 POH 会被分割。这样做的好处是，新分割的超矩形信息可能使得某些 POH 不再成为 POH，从而可以避免在远离局部最优解的地方的搜索。然而这样做的缺点是，不知道该优先分割哪一个 POH。如果采用随机或任意的方法分割，也许会将某些不好的 POH 优先分割。从它们给出的数值结果看，DIRECT-l 算法有一定的优势。

3.2.3 动态平衡参数

ε 是 DIRECT 算法中唯一的参数，由于 $\varepsilon > 0$ 的存在，在分割状态坐标图中，闭凸包与纵轴的交点不是 $f_{\min}$ 而是 $f_{\min} - \varepsilon|f_{\min}|$。我们已经知道，这可以使得某些函数值小的小矩形可能无法成为 POH。

ε 的这一作用的含义是多方面的：首先，在算法的初期，超矩形不会太小，分组也较少，ε 的这一作用一般只会影响左下角的一个或很少的超矩形成为 POH，这可以避免算法过早进入局部搜索。但是，在算法的中后期，分割出来的超矩形已经很多且分组也很多时，根据局部聚集（local clustering）性质[53]，此时很多点聚集在局部最优解附近。ε 的这一作用使得 DIRECT 不去细分局部最优解附近的点（它们可能无法成为 POH）而是继续在外缘地带分割，这样做可能会产生浪费。

鉴于此，文献 [55] 建议让 ε 动态变化：算法初期让 ε 较大，中后期则让 ε 尽可能变小。但这样做需要引进新的参数，比如，迭代多少次才算是进入算法中后期？一个解决方法是使得 ε 自适应变化。

3.3 DIRECT 算法对目标函数线性校正的敏感性

由于 DIRECT 算法的思路简单，又具有全局收敛性，因此，它得到了广泛的关注，被不断地改进和应用[34,50,57,60-65]，并被一些流行的优化软件（如 TOMLAB[56]）采用。同时，在最近报告的一次大规模数值测试[66] 中，以 DIRECT 为基础的两个全局最优化算法（MCS 算法[34] 和 TOMLAB/GLCCLUSTER 算法[56]）在 22 个主流的无导数优化算法中表现很好。

本节指出 DIRECT 算法的一个重要理论缺陷：对目标函数的线性校正（linear scaling）的敏感性。目标函数的线性校正指的是将目标函数乘以一个正的常数再加上某个常数，也就是目标函数的仿射变换。具体来说，如果用 DIRECT 算法去求解下面两个问题

$$\min_{l \leqslant x \leqslant u} f(x) \tag{3.18}$$

和

$$\min_{l \leqslant x \leqslant u} af(x) + b \tag{3.19}$$

将得到不同的解，其中 $a > 0, b$ 是常数。因为这两个问题在理论上具有完全相同的最优解，所以 DIRECT 算法的这种表现是不令人满意的。根据文献 [67]-[68] 的定义，如果某个优化算法应用到这两个问题中得到的迭代系列是完全相同的，则也称这个算法是强齐次算法。DIRECT 算法对目标函数线性校正的敏感性表明它不是一个强齐次优化算法。

3.3.1 敏感性的理论证据

文献 [68] 给出过 DIRECT 算法对 1 维问题不满足强齐次性的例子。文献 [69] 给出了 DIRECT 算法对目标函数的加性校正（additive scaling，即 $a = 1$ 的线性校正）的敏感性，文献 [45] 把这一发现推广到一般的线性校正。下面的定理描述了这种敏感性[45,69]。

定理 3.2　假设目标函数 $f : \mathbb{R}^n \to \mathbb{R}$ 是 Lipschitz 连续的，L 是 Lipschitz 常数。记 DIRECT 算法产生的超矩形的集合为 $\mathbb{S}$，$R \in \mathbb{S}$ 是一个满足以下条件的特殊超矩形：

- R 是最小的超矩形，即对于任意 $T \in \mathbb{S}$ 有 $\sigma(R) \leqslant \sigma(T)$；
- R 是函数值最小的超矩形且其函数值非零。

设 $f^* = \min\limits_{x \in \Omega} f(x)$，则当

$$|f^*| > \frac{L\sqrt{n}}{\varepsilon(\sqrt{1 + 8/n} - 1)} \tag{3.20}$$

成立时，R 不可能成为 POH 直到所有比它大的超矩形都被分割的比它更小。

证明　根据定义 3.2，超矩形 R 要成为 POH 必须要存在 γ 满足

$$\gamma \leqslant \frac{f(c_T) - f(c_R)}{\sigma(T) - \sigma(R)}, \quad \sigma(T) > \sigma(R), \ T \in \mathbb{S} \tag{3.21a}$$

$$\gamma \geqslant \frac{\varepsilon|f(c_R)|}{\sigma(R)} \tag{3.21b}$$

其中 c_R, c_T 分别是超矩形 R, T 的中心点。

不妨设 R 的边长为 3^{-l}，那么比 R 大的最小的 T 应该有 $n-1$ 条边长度为 3^{-l}，另一条边长度为 3^{-l+1}。故有

$$\sigma(T) - \sigma(R) \geqslant \frac{1}{2}\sqrt{(n-1)(3^{-l})^2 + (3^{-l+1})^2} - \frac{1}{2}\sqrt{n(3^{-l})^2}$$
$$= \frac{3^{-l}}{2}\left(\sqrt{n+8} - \sqrt{n}\right)$$

注意到可行域 Ω 被标准化成单位超立方体后其对角线长为 $\sqrt{n}$。因此 f 的 Lipchitz 连续性表明

$$f(c_T) - f(c) \leqslant L\sqrt{n}$$

根据式（3.21a）可得

$$\gamma \leqslant \frac{f(c_T) - f(c_R)}{\sigma(T) - \sigma(R)} \leqslant \frac{L\sqrt{n}}{3^{-l}\left(\sqrt{n+8} - \sqrt{n}\right)/2} \tag{3.22}$$

另一方面，从式（3.21b）可得

$$\gamma \geqslant \frac{\varepsilon|f(\boldsymbol{c}_R)|}{3^{-l}\sqrt{n}/2} \tag{3.23}$$

结合式（3.22）和式（3.23），如果

$$|f(c_R)| > \frac{L\sqrt{n}}{\varepsilon(\sqrt{1 + 8/n} - 1)} \tag{3.24}$$

成立，那么不存在 γ 使得式（3.21a）和式（3.21b）都成立。

假设 $f^* > 0$，那么 $f(c_R) \geqslant f^*$ 总成立，因此式（3.20）表明式（3.24）成立。

假设 $f^* < 0$，因为 f 在 Ω 内 Lipschitz 连续，从而也连续。引理 3.3 表明，DIRECT 算法抽样得到的点在 Ω 内稠密。从而必定存在 c，使得

$$f^* < f(c) < -\frac{L\sqrt{n}}{\varepsilon(\sqrt{1+8/n}-1)}$$

成立，所以式（3.24）仍成立。 □

以上定理表明，目标函数值对于一个好的区域（具有最好函数值的最小超矩形）能否成为 POH 有重要影响。而目标函数经过线性校正后函数值是可以任意大的，也就是说，条件（3.20）是很容易满足的。所以，目标函数的线性校正很容易影响 DIRECT 算法的数值表现。

3.3.2 敏感性的数值证据

在式（3.18）中令 $a = 10, b = -10^7$ 并取目标函数为 Branin 函数，可得到 DIRECT 的分割状态图 3.9。在图 3.8和图 3.9中，计算成本是相同的（都是 290 个函数值计算次数），但图 3.9显示出来的聚集状态明显不如图 3.8。对比两幅图可明显看出，线性校正影响了 DIRECT 算法的数值表现。

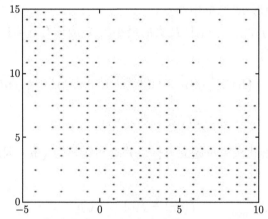

图 3.9　DIRECT 算法抽样的点，测试函数为线性校正的 Branin 函数（$a = 10, b = -10^7$），函数值计算次数为 290 次。对比图 3.8可以发现，目标函数的线性校正对 DIRECT 算法的数值表现影响很大（后附彩图）

类似的数值实验还表明，b 的绝对值越大，这种影响越严重。这一点从上一小节的定理也能得到支撑：b 的绝对值越大，条件（3.20）越容易满足，从而越早出现这种数值无效行为。

3.4　稳健 DIRECT 算法

幸运的是，文献 [45] 提出了一个简单的方案来消除这种影响，并由此得到一类稳健 DIRECT 算法（也即是强齐次的 DIRECT 算法）。

3.4.1　对潜最优区域的重新定义

具体来说，只需要把选择 POH 的定义 3.2 修改为定义 3.3 即可。

定义 3.3　给定常数 $\varepsilon > 0$ 和所有超矩形的标号集合 S，记 $f_{\min}$ 为当前最小的函数值，c_i, σ_i 分别为超矩形 i 的中心和大小。如果存在某个常数 $\gamma > 0$，使得

$$f(c_j) - \gamma\sigma_j \leqslant f(c_i) - \gamma\sigma_i, \quad \forall i \in S \tag{3.25a}$$

$$f(c_j) - \gamma\sigma_j \leqslant f_{\min} - \varepsilon|f_{\min} - f_{cc}| \tag{3.25b}$$

成立，则称超矩形 j 是一个潜最优超矩形，其中 f_{cc} 是 DIRECT 算法已抽样到的函数值的任意凸组合。

注意到，定义 3.3 与定义 3.2 的差别只是在第二个不等式条件上。也就是说，是条件（3.10b）使得 DIRECT 算法不是强齐次的。只要用条件（3.25b）取代条件（3.10b）就能保证强齐次性。条件（3.25b）中的 f_{cc} 可以有很多选择，比如把 DIRECT 算法已抽样到的函数值进行简单的平均，或者取某一部分函数值进行简单的平均，或者只是取其中的最大（小）值，又或者取其中位数等都是可以的。下面特别给出此类强齐次 DIRECT 算法中的两个：

- DIRECT-median：取 f_{cc} 为所有函数值的中位数，来自文献 [69]。
- DIRECT-a：取 f_{cc} 为中间 50% 的函数值的简单平均，来自文献 [45]。

初步的数值结果表明，后者（文献 [69]）稍微好于前者（文献 [45]）。

3.4.2　稳健性的证明

下面以 DIRECT-a 算法为例，证明其稳健性（强齐次性）。其他稳健 DIRECT 算法的证明完全类似。

定理 3.3　如果采用 DIRECT-a 算法去求解问题（3.18）和问题（3.19），那么将得到完全相同的结果。

证明　在初始化阶段，Ω 被标准化为单位超立方体，问题（3.19）的目标函数仍然是问题（3.18）的线性校正（仿射变换）。令 $S_1^{(k)}$ 和 $P_1^{(k)}$ 分别为 DIRECT-a 求解问题（3.18）经过 k 次迭代后得到的超矩形的集合和 POH 的集合；而 $S_2^{(k)}$ 和 $P_2^{(k)}$ 分别为 DIRECT-a 求解问题（3.19）经过 k 次迭代后得到的超矩形的集合和 POH 的集合。

在第一次迭代中，显然有 $S_1^{(0)} = S_2^{(0)}$（因为两个集合都只有一个元素，即初始的单位超立方体）。因此，$P_1^{(0)} = P_2^{(0)}$。由于目标函数不影响抽样过程，DIRECT-a 对两个问题会抽样出相同的 $2n$ 个点（$c_1 \pm e_i/3, i = 1, 2, \cdots, n$），从而对这两个问题来说，这些点的函数值具有相同的排序关系。所以，经过分割过程，会得到 $S_1^{(1)} = S_2^{(1)}$。下面证明 $P_1^{(1)} = P_2^{(1)}$ 成立。

根据定义 3.3，如果超矩形 j 是 $S_1^{(1)}$ 中的一个 POH，那么存在 $\gamma > 0$ 使得下面的式子成立：

$$f(c_j) - \gamma\sigma_j \leqslant f(c_i) - \gamma\sigma_i, \quad \forall i \in S_1^{(1)} \tag{3.26a}$$

$$f(c_j) - \gamma\sigma_j \leqslant f_{\min} - \varepsilon|f_{\min} - f_{cc}| \tag{3.26b}$$

令 $\gamma' = a\gamma$，那么下面的式子也成立：

$$(af(c_j) + b) - \gamma'\sigma_j \leqslant (af(c_i) + b) - \gamma'\sigma_i, \quad \forall i \in S_1^{(1)} \tag{3.27a}$$

$$(af(\mathbf{c}_j) + b) - \gamma'\sigma_j \leqslant (af_{\min} + b) - \varepsilon|(af_{\min} + b) - (af_{cc} + b)| \tag{3.27b}$$

因为 $S_2^{(1)} = S_1^{(1)}$，式（3.27a）和式（3.27b）意味着超矩形 j 也是 $S_2^{(1)}$ 中的一个 POH。因此有 $P_1^{(1)} \subseteq P_2^{(1)}$。

另一方面，如果超矩形 j 是 $S_2^{(1)}$ 中的一个 POH，那么存在 $\mu > 0$，使得

$$(af(c_j) + b) - \mu\sigma_j \leqslant (af(c_i) + b) - \mu\sigma_i, \quad \forall i \in S_2^{(1)} \tag{3.28a}$$

$$(af(\mathbf{c}_j) + b) - \mu\sigma_j \leqslant (af_{\min} + b) - \varepsilon|(af_{\min} + b) - (af_{cc} + b)| \tag{3.28b}$$

令 $\mu' = \mu/a$，那么，下面的式子也成立

$$f(c_j) - \mu'\sigma_j \leqslant f(c_i) - \mu'\sigma_i, \quad \forall i \in S_2^{(1)} \tag{3.29a}$$

$$f(c_j) - \mu\sigma_j \leqslant f_{\min} - \varepsilon|f_{\min} - f_{cc}| \tag{3.29b}$$

因为 $S_1^{(1)} = S_2^{(1)}$，式（3.29a）和式（3.29b）表明超矩形 j 也是 $S_1^{(1)}$ 中的一个 POH。因此有 $P_2^{(1)} \subseteq P_1^{(1)}$。这样就证明了 $P_1^{(1)} = P_2^{(1)}$。

类似地，对任意 $k = 1, 2, \cdots$，可以证明 $S_1^{(k)} = S_2^{(k)}$，以及 $P_1^{(k)} = P_2^{(k)}$。也就是说，DIRECT-a 算法求解问题（3.18）和问题（3.19）时，总是得到相同的迭代系列。 $\square$

类似地，我们可以证明修正的 DIRECT-median 算法同样也不受目标函数的线性校正的干扰，但是原始 DIRECT 算法对目标函数的大部分线性校正都敏感。可是，DIRECT 算法对目标算法的乘性校正并不敏感。我们将这些结果总结为以下的推论。

推论 3.1 如果我们用 DIRECT 算法求解问题（3.18）和问题（3.19），那么我们将会得到不同的收敛结果。但是，我们用 DIRECT 求解 $b = 0$ 时的问题（3.18）和问题（3.19），那么我们将会得到两个相同的收敛结果。

推论 3.2 如果我们用文献 [69] 中的 DIRECT-median 算法求解问题（3.18）和问题（3.19），我们将会得到相同的收敛结果。

3.5 数值实验

本节展示一些数据实验来检验我们的理论结果。特别地，本节将对比 DIRECT-a 算法及以下算法：

- DIRECT: 文献 [9] 中的原始 DIRECT 算法；
- glbDIRECT: 包含在商业 TOMLAB 包中的 DIRECT 算法的一个实现[9,57]；
- DIRECT-median: 文献 [69] 中的一种修正 DIRECT 算法。

在我们的实验中，使用的是 Finkel 博士用 MATLAB 编写的 DIRECT 算法代码，可以在下列网址中下载：

$$\text{http://www4.ncsu.edu/}{\sim}\text{ctk/Finkel\_Direct/,}$$

相关的使用说明可见文献 [58]。商业 TOMLAB 软件包含数个 DIRECT 算法的实现[56-57]。根据一位匿名的审稿人的建议，我们将 DIRECT-a 和 glbDIRECT 算法进行比较，后者的测试结果来自于这位匿名审稿人。

测试问题是文献 [9]、[57]、[60]、[69] 中使用的 Jones 测试集。Jones 测试集包含 9 个测试问题，表 3.1列出了这些问题的一些关键特性，更多细节信息参见文献 [53]。注意，在表 3.1中局部极小点数包括全局极小点数。

表 3.1　Jones 测试函数集的一些关键特征

函数	缩写	问题维度	局部极小点数	全局极小点数
Shekel 5	S5	4	5	1
Shekel 7	S7	4	7	1
Schkel 10	S10	4	10	1
Hartman 3	H3	3	4	1
Hartman 6	H6	6	4	1
Branin RCOS	BR	2	3	3
Goldstein and Price	GP	2	4	1
Six-Hump Camel	C6	2	6	2
2D Shubert	SHU	2	760	18

我们比较了每个算法达到收敛所需的函数计算次数。收敛定义为满足

$$\frac{f_{\min} - f_{\text{global}}}{|f_{\text{global}}|} < 10^{-4} \tag{3.30}$$

其中的 f_{global} 是已知的全局最小值，$f_{\min}$ 是每个算法获得的最佳函数值。

为了比较算法在线性校正后目标函数的表现，将 Jones 测试集中的函数按照式（3.19）进行线性变换，其中 $a = 10, b = 10^5$。对于变换过的问题，受文献 [69] 启发，收敛定义调整为

$$\frac{f_{\min} - f_{\text{global}}}{|f_{\text{global}} - b|} < 10^{-4} \tag{3.31}$$

表 3.2中给出了数值结果。对于 Jones 测试集中的每一个问题，测试了四种情形: 未变换情形（$a = 1, b = 0$），纯加性变换（$a = 1, b = 10^5$），纯乘性变换（$a = 10, b = 0$）和线性变换（$a = 10, b = 10^5$）。在表 3.2中提供了两个 DIRECT 算法的结果，$\varepsilon = 10^{-4}$ 对应原始 DIRECT 算法，$\varepsilon = 0$ 对应一种特殊的情形。因为 glbDIRECT（$\varepsilon = 10^{-4}$）有类似于 DIRECT（$\varepsilon = 10^{-4}$）的结果，我们提供了 glbDIRECT（$\varepsilon = 10^{-8}$）的结果。如果知道校正的程度的话，ε 除以这个程度参数是一个很好的选择。因此，在最后一行中展示了 glbDIRECT 算法（$\varepsilon = 10^{-4}/b$）的结果。注意如果 $b = 0$，$\varepsilon = 10^{-4}/b$ 意味着 $\varepsilon = 10^{-4}$。

表 3.2　在 Jones 测试函数集上的数值比较结果

问题	DIRECT ($\varepsilon = 10^{-4}$)	DIRECT ($\varepsilon = 0$)	DIRECT-median	DIRECT-a	glbDIRECT ($\varepsilon = 10^{-8}$)	glbDIRECT ($\varepsilon = 10^{-4}/b$)
S5(1,0)	155	179	155	155	153	153
S5(1,10^5)	fail	187	155	155	153	153
S5(10,0)	155	179	155	155	153	153
S5(10,10^5)	fail	187	155	155	153	153
S7(1,0)	145	145	145	145	143	143
S7(1,10^5)	fail	145	145	145	143	143
S7(10,0)	145	145	145	145	143	143
S7(10,10^5)	fail	145	145	145	143	143
S10(1,0)	145	145	145	145	143	143
S10(1,10^5)	fail	145	145	145	143	143
S10(10,0)	145	145	145	145	143	143
S10(10,10^5)	fail	145	145	145	143	143
H3(1,0)	199	199	199	199	178	178
H3(1,10^5)	fail	199	199	199	220	178
H3(10,0)	199	199	199	199	178	178
H3(10,10^5)	157867	199	199	199	178	178
H6(1,0)	571	571	571	571	529	529
H6(1,10^5)	fail	fail	571	571	567	529
H6(10,0)	571	571	571	571	529	529
H6(10,10^5)	fail	571	571	571	529	529
BR(1,0)	195	195	259	259	181	181
BR(1,10^5)	fail	195	259	259	235	209
BR(10,0)	195	195	259	259	181	181
BR(10,10^5)	46249	195	259	259	209	181
GP(1,0)	191	191	191	191	167	167
GP(1,10^5)	16135	16135	191	191	167	167
GP(10,0)	191	191	191	191	167	167
GP(10,10^5)	2573	191	191	191	167	167
C6(1,0)	145*	125*	145*	145	146	146
C6(1,10^5)	135969	fail	145*	145	266	266
C6(10,0)	145	125	145	145	146	146
C6(10,10^5)	2731	125	145	145	266	266
SHU(1,0)	2967	fail	3663	3323	7278	3274
SHU(1,10^5)	57093	fail	3663	3323	4402	5398
SHU(10,0)	2967	fail	3663	3323	7278	3274
SHU(10,10^5)	1223	fail	3663	3323	5398	6398

在表 3.2中，"fail"表示在 200000 次函数值计算中不满足收敛条件。另外，表 3.2中有 4 个数字带有"∗"这个符号，提示这些数字和文献 [9]、[69] 中的结果不一致，在文献 [9]、[69] 中，展示的结果都是 285。

在表 3.2中，可以看到原始 DIRECT 算法在 10 个问题中不能收敛。如果令 DIRECT 中的 $\varepsilon = 0$，那么表现会比原始 DIRECT 中的好，但是仍然在 6 个问题中不能收敛。比较原始 DIRECT 算法和 DIRECT（$\varepsilon = 0$）的数据结果，可以发现这两个算法不会被 f 的乘性校正所影响，但是对加性校正敏感。这些结果论证了本文的推论 3.1。

另一方面，表 3.2表明了修正的 DIRECT-median 算法和 DIRECT-a 算法可以高效地求解这些问题。而且，无论是哪一种变换，数值结果都一致。这表明 DIRECT-median 和 DIRECT-a 算法都不被 f 的线性变换所影响，这印证了定理 3.3。表格 3.2也表明了 DIRECT-a 算法比 DIRECT-median 算法表现要更好一些。

表 3.2的结果也表明，如果令 $\varepsilon = 10^{-8}$ 或者 $\varepsilon = 10^{-4}/b$，glbDIRECT 算法也可以收敛。虽然 DIRECT-a 和 DIRECT-median 看上去比 glbDIRECT 稳健，但是除了 C6 和 Shubert 问题，glbDIRECT 算法的大多数结果都比 DIRECT-a 和 DIRECT-median 要好。

最后，我们讨论各算法在 Shubert 问题上的数值表现。因为 f 的乘性变换并不影响所有这些算法，因此保持 $a = 10$ 但是增大 b，数值结果在表 3.3中列出。从表 3.3中可以看到，DIRECT-a 和 DIRECT-median 算法都不被 f 的线性变换所影响，但是当 b 增大时 DIRECT 算法达到收敛需要更多的函数值计算次数。但是表 3.3同时也表明，如果谨慎地选择 ε，glbDIRECT 也可以很快速地收敛。而且，当 b 不大时，DIRECT-a 和 DIRECT-median 性能不如 glbDIRECT。

表 3.3　求解 $10 \times f(x) + b$ 需要的函数值计算次数，这里 $f(x)$ 是 Shubert 函数

	$b = 10$	$b = 10^2$	$b = 10^3$	$b = 10^4$	$b = 10^5$	$b = 10^6$	$b = 10^7$
DIRECT	1031	2991	3475	1827	1223	57093	$> 9.4 \times 10^5$
DIRECT-median	3663	3663	3663	3663	3663	3663	3663
DIRECT-a	3323	3323	3323	3323	3323	3323	3323
glbDIRECT($\varepsilon = 10^{-4}$)	3274	3310	3970	1862	1202	NaN	NaN
glbDIRECT($\varepsilon = 10^{-5}$)	4546	4594	5034	3166	1834	1202	NaN
glbDIRECT($\varepsilon = 10^{-6}$)	5534	5554	6002	4434	3130	1834	1202
glbDIRECT($\varepsilon = 10^{-7}$)	6458	6506	6874	5450	4402	3130	1834
glbDIRECT($\varepsilon = 10^{-8}$)	7278	7310	7658	6454	5398	4402	3130
glbDIRECT($\varepsilon = 10^{-2}/b$)	1938	3310	5034	4434	4402	4402	4402
glbDIRECT($\varepsilon = 10^{-3}/b$)	3274	4594	6002	5450	5398	5398	5398
glbDIRECT($\varepsilon = 10^{-4}/b$)	4546	5554	6874	6454	6398	6398	6398

第 4 章
基于递归深度群体搜索的稳健DIRECT算法

在前面的稳健 DIRECT 算法的基础上,本章首先介绍一个两水平稳健 DIRECT 算法——RDIRECT-b 算法[42],然后通过递归调用得到一个多水平稳健 DIRECT 算法——MrDIRECT 算法[43]。它们分别是具有两层和三层搜索框架的"深度搜索"全局最优化算法。

提出本章算法的本意是试图消除或缓解 DIRECT 算法的"渐近无效"行为: DIRECT 算法用少量的计算成本即能搜索到局部最优解(含全局最优解)的吸收域(abstractive region),但需要大量的计算成本才能非常接近或达到最优解。大量数值实验表明,DIRECT 算法具有这种不好的行为性质。而且,该性质是全局最优化算法的一个普遍性质[42]。正因为此,本书提出的"深度搜索"策略不仅可以应用到 DIRECT 算法中,也可以用在其他的全局最优化算法中。

本章首先围绕 DIRECT 算法的渐近无效性,给出新的数值例子;然后,详细介绍从多重网格算法的成功实践提炼出可能解决渐近无效行为的深度搜索思想,最后给出数值实验结果。

4.1 DIRECT 算法的渐近无效行为

全局最优化算法的渐近无效性可以从一个测试函数的结果看出,也可以从多个测试函数的综合结果看出。但是,前者往往更直观,也更容易看出深度搜索策略的效果。由于每个测试函数出现渐近无效行为的时点有差异,多个测试函数的综合结果会出现混合,从而更不容易看出深度搜索策略的效果。第 2 章给出了多个算法在一个测试函数中的例子,本节继续选择从一个测试函数的数值结果来度量 DIRECT 算法的渐近无效性。

文献 [55] 用下面的函数来度量 DIRECT 算法逼近全局最优解的速度,可以很好地描述 DIRECT 算法的"渐近无效"行为:

$$f(\boldsymbol{x}) = \|\boldsymbol{x}\|_1 + 7, \quad \boldsymbol{x} \in [-1, 1]^2 \tag{4.1}$$

该函数在原点处具有全局最优解,DIRECT 算法可以在第一次迭代中就找到它。但是,由于没有合适的全局停止条件,算法会继续"抽样—分割"直到耗尽计算成本预算。因此,该问题很适合于比较不同算法搜索最好区域的性能。这一性能与 DIRECT 算法的终止有关,所以显得十分重要。对任何实际问题,全局最小值通常是未知的,而 DIRECT 算法通常需要找到一个尽可能小的函数值的位置,并且包含已找到的最好函数值的未搜索区域不应该太大[55]。更准确地说，DIRECT 算法需要找到一个至少是第 8 层的强最优超矩形，它的边长相当于 $\frac{1}{3^8} \approx 1.5 \times 10^{-4}$。

4.1.1　强最优超矩形

由于 DIRECT 算法对每个 POH 的最长边进行三等分，因此，其分割得到的超矩形的任意边长都可以写成 $3^{-l}, l = 0, 1, 2, \cdots$ 的形式，且任意两条边长之比不会大于 3[55]。这表明，任　超矩形或者边长全部相等（此时为超立方体），或者只有两种不同长度的边长且这两种长度之比为 3。而强最优超矩形是最小的超立方体，且要求其中心点的函数值最小。

定义　4.1　中心点的函数值最小且大小也最小的超立方体称为一个强最优超矩形 (strongly optimal hyperrectangle, SOH)。进一步，边长为 $3^{-l}(l = 0, 1, 2, \cdots)$ 的 SOH 称为第 l 层 SOH。

首先指出，SOH 是存在的。比如，在第一次迭代发生前，整个搜索区域被标准化成一个超立方体，它就是第 0 层 SOH。另外，在一个好的解（比如全局最优解）被找到后，SOH 会经常出现。比如，假设现在已经找到了全局最优解，它出现在一个大小不是最小的超矩形（不一定是超立方）的中心，那么根据引理 3.1，这个超矩形会在有限多个迭代内成为 POH，并被分割成一个超立方。如果这个超立方的大小仍不是最小的，则在有限多个迭代内，它会再次成为 POH，并被分割成更小的超立方。因此，SOH 是存在的。

类似地，可以表明 SOH 是按照顺序被找到的，也就是说在第 $(k+1)$ 层 SOH 被找到之前一定会找到至少一个第 k 层的 SOH[55]。4.1.2 节的内容将证明 DIRECT 算法在寻找 SOH 方面会呈现出渐近无效性，从而 SOH 可以很好地用来描述 DIRECT 算法的渐近无效现象。

4.1.2　渐近无效性的证据与分析

下面的定理表明，除非 SOH 的所有邻居都足够小，否则它不一定是一个 POH[55]，从而不会被快速地进一步分割。

定理 4.1　记 S^N 为 DIRECT 算法迭代 N 次后得到的超矩形集合。设 $S \in S^N$ 是 S^N 中大小最小的边长为 3^{-l} 的超立方体，其中心的函数值 $f(c)$ 也是目前最小的。则当

$$l > \log_3 \left(\frac{\gamma(\sqrt{n^2 + 8n} + n)}{8\varepsilon|f(c)|} \right) + 1 \tag{4.2}$$

时，S 并不会成为一个 POH，除非它周围的所有超矩形都跟它一样小。

定理 4.1表明，当 l 超过一定的临界值时，DIRECT 算法并不会把一个具有最小函数值的最小超立方体 S 当作 POH 去分割。相反，DIRECT 算法先把 S 的周围分割成足够小（与 S 一样小）时才去分割 S，而这就要花费大量的成本，且随着 l 的增加成本越来越大。可以说，此时 DIRECT 算法进入了渐近无效的状态。文献 [55] 指出 SOH 提供了一个考查 DIRECT 算法效率的指标，在相同的成本内分割的 SOH 越多，算法的效率越高。

表 4.1第二行的数据描述了原始 DIRECT 算法求解问题（4.1）时对最优解的逼近速度。从表 4.1中可以看到，当 $l \leqslant 7$ 时，数据基本呈线性变化，算法只用了 273 个函数值计算次数就可以找到第 7 层 SOH，一个精度约为 $3^{-7} \approx 5 \times 10^{-4}$ 的解。对许多应用来说，这个精度是不够的。不幸的是，要找到 $l \geqslant 8$ 层的 SOH，难度越来越大。比如，要花超过 5 万函数值计算次数才能达到 $3^{-10} \approx 2 \times 10^{-5}$ 的精度。这些数据清楚地表明 DIRECT 算法存在严重的"渐近无效"性。

表 4.1　　找到问题（4.1）的第 l 层 SOH 所需要的函数值计算次数

l	1	2	3	4	5	6	7	8	9	10	11	12	13
DIRECT	9	33	65	97	121	193	273	2225	9817	52369	374049	—	—

注："—"表示超过 85 万。

下面简要讨论 DIRECT 算法的渐近无效现象的可能原因，更详细的分析将在第 5 章展开。

本质上，DIRECT 算法的渐近无效性可能来自于算法本身无法确定全局最优解：一方面不知道依据什么去寻找全局最优解，另一方面也缺乏理论依据或理论条件去认定一个解是否是全局最优解。DIRECT 算法同时开展局部搜索和全局搜索来分割搜索区域，通过稠密搜索的方式来寻找全局最优解，其确定 POH 的方式本质上是启发式的。因此，即使全局最优解已经找到了，DIRECT 算法也无法确认。它会继续去稠密搜索整个搜索空间，而这个过程大大降低了算法的收敛速度。

第 2 章的分析表明，渐近无效性在全局最优化领域是普遍存在的，对一般的全局最优化问题来说，本质上只能缓解而无法完全消除。对于某些特定类型的全局最优化问题，如果能找到准确的数学结果并据此开发出有效的算法，完全消除渐近无效性才有可能。这一点正如多重网格法早期一般用于处理椭圆形偏微分方程离散化得到的线性方程组，其他类型的问题则效果不明显。本书提出的深度搜索策略主要着眼于缓解渐近无效性，并试图大大推迟渐近无效行为的出现时间。如果在算法找到足够精度的解以后才出现渐近无效行为，那么对于用户来说，相当于算法没有渐近无效性了！

4.2　引进两水平深度搜索策略

深度搜索策略的基本思想是：避免在一个搜索空间中不断搜索，而是在渐近无效行为出现之前转到另一个更粗糙的空间中去搜索，然后将得到的结果返回到原来的搜索空间以改进原有搜索结果，并期望改进后的搜索结果能推迟渐近无效行为的出现。在粗糙空间中搜索得到的结果并不需要是原问题很好的解，只需要它"反馈回"原来的搜索空间后能改进原有搜索结果（包含解和搜索空间的分割结果）就行。由于粗糙空间规模小，在这里的搜索成本低，因此，这一策略是很有价值的。

深度搜索策略并不仅仅是一种启发式的想象和未必靠谱的期望，它具有很成功的实践原型，该原型具有坚实的理论基础。这一原型就是多重网格方法（multigrid method），它是目前求解（椭圆形）偏微分方程离散化得到的大规模线性方程组时最有效的方法之一[39]。在前面的 2.2.1 节已经介绍过多重网格方法，这里特别介绍两重网格方法和多重网格方法，并分别应用到 DIRECT 算法，得到两水平和多水平 DIRECT 算法。本节先介绍基本的两重网格方法，然后介绍两水平深度搜索策略。多重网格方法和多水平深度搜索策略将会在下一章中介绍。

4.2.1　两重网格方法

在大量的工程实践中都需要求解偏微分方程，但大多数的偏微分方程都无法得到解析解而只能寻求数值解。为了得到高精度的数值解，需要对定义域进行网格化，即把定义域分割成网状结构，每个网格单元也许边长只有 1 厘米或更小。这样就能得到一个离散化的线性方程组

$$Ax = b \tag{4.3}$$

由于每个网格点代表一个变量，这个线性方程组的变量个数（x 的维数）往往非常巨大。这种大规模的线性方程组也不容易求解，非常耗时。

在 20 世纪 70 年代末以前，求解大规模的线性方程组只能使用传统的迭代法，如加权 Jacobi 迭代，Gauss-Seidel 迭代和 SOR 迭代。大量的数值试验发现：这类迭代法的最初少量迭代能消除大量的残差，但后续的大量迭代只能消除少量的残差。如果把系数矩阵 A 的特征向量看成 Fourier 模，把残差写成 Fourier 模的线性组合，那么最初的迭代消除的残差主要是高频 Fourier 模，而经过大量迭代仍剩下的是低频 Fourier 模（又叫"光滑模"）。也就是说，传统迭代方法很容易消除高频模但难于消除光滑模。

两重网格法采用了一个分层策略，可以很好地解决这个问题。首先，在当前网格（记为网格 l）中做少量几次迭代，得到一个近似解 v_l 和相应的残差

$$r_l = b - A_l v_l \tag{4.4}$$

然后把 A_l 和 r_l 分别限制（restrict）到一个更粗的网格 L 上，并求解粗网格子问题

$$A_L e_L = r_L \tag{4.5}$$

由于细网格 l 上的光滑模限制到粗网格 L 后会变得更粗糙（更高频），所以更容易消除。在粗网格上迭代少量几次得到子问题的近似解 e_L 后，重新延拓（prolong）回细网格 l 并校正原近似解

$$v_l := v_l + e_l \tag{4.6}$$

数值试验表明，这样得到的近似解比一直在同一个网格上迭代要好得多。这就是两重网格法的基本思想。

以下是两重网格法的基本框架，它是算法 2.1 的另一个版本。

算法 4.1（两重网格算法） 记细网格层为 l 层，粗网格层为 L 层。

执行以下循环，直到停止条件满足：

- **前光滑**：在 l 层网格中用传统迭代法对 $A_l u_l = b_l$ 迭代少量几次，得到近似值 v_l 和残差 $r_l = b_l - A_l v_l$；
  - 限制到粗网格层：把 A_l 及残差 r_l 限制到 L 层粗网格；
- **粗网格层子问题求解**：以 0 为初值，利用传统迭代法求解 $A_L e_L = r_L$；
  - 延拓回细网格层：把 e_L 延拓回 l 层；
  - 校正：$v_l := v_l + e_l$；
- **后光滑**：以 v_l 为初值用传统迭代法对 $A_l u_l = b_l$ 迭代少量几次。

针对上述框架，下面指出一些事实或特点：① 对称的前光滑和后光滑主要是出于理论分析时计算迭代矩阵的方便[39,70]。② 对于两重网格法来说，粗网格层由偏微分方程离散化时采用更大的步长得到，而细网格层的步长更小。因此，粗网格层不完全是细网格层的子集，前者可能包含了一些后者没有的网格点。③ 另外，怎样将细网格层中的信息限制到粗网格层，以及将粗网格层得到的结果延拓回细网格层，是两重网格法的重要研究内容。④ 粗网格子问题 $A_L e_L = r_L$ 和原问题 $A_l u_l = b_l$ 具有完全相同的结构，这一点对于从两重网格法构建多重网格法具有非常重要的意义。

由于两重网格法的一些技术细节跟本书内容没什么关系，这里不去回顾，有兴趣的读者请参考[39,71]。跟本书内容关系密切的是两重网格法的算法框架，特别是两个网格层之间不断反馈的机制。两重网格法在原来的网格 l 中提取粗网格 L，通过建立粗网格子问题并在两个网格层之间循环反馈来不断改进问题的解。大量的数值实践表明，这一机制显著地缓解甚至消除了"光滑模"现象，大大加速了算法的收敛性。受这种策略的鼓舞，两重网格法进一步发展成为多重网格法，目前已是求解偏微分方程离散化得到的大规模线性方程组最有效的方法之一[39,71]。我们将在 4.4.1 节介绍多重网格法。

4.2.2　两水平深度搜索策略

我们首先观察到 DIRECT 算法的渐进无效行为非常类似于传统迭代法求解大规模线性方程组时出现的"光滑模"现象[42,46]。受两重网格法和多重网格法在消除光滑模现象中获得巨大成功的鼓舞，我们将它们的算法框架应用到了 DIRECT 算法中，试图消除或缓解 DIRECT 算法的渐近无效行为。

首先，需要从原始的搜索空间中提取更粗糙规模更小的搜索空间，我们把原始搜索空间称为细水平搜索空间，对应地把规模更小的搜索空间称为粗水平搜索空间。

（1）怎样设计粗水平搜索空间

类似于两重网格法，我们的思路是把粗水平搜索空间设计成细水平搜索空间的子集。

由于 DIRECT 算法在迭代过程中不断分割原始搜索空间标准化得到的单位超立方体，细水平搜索空间就是由一些超矩形组成的集合，而且随着迭代的进行，这些超矩形会变得越来越小。从这些超矩形中选择哪些组成粗水平搜索空间呢？有一些比较自然的选择，比如，从每一种大小的超矩形中选择中心点函数值最小的一个，或者，选择中心点函数值小且大小也小的一些超矩形。第 1 种选择包含了所有 POH，但到算法后期可能包含很多超矩形（因为有很多不同大小的超矩形）。第 2 种选择包含了目前分割得最充分的一些"好的"超矩形，把它们看成粗水平搜索空间并进行分割很可能可以找到更好的解。但是，第 2 种选择在算法实施上比较复杂，它需要对所有超矩形的大小进行排序，还要对所有超矩形中心点的函数值进行排序。

有一种方案可以吸收这两种选择的优点却避免了它们的缺点：选择最小的一些超矩形组成粗水平搜索空间。一方面，它允许选择中心点函数值大的小超矩形，从而避免了第 2 种选择中对所有超矩形函数值的排序。另一方面，它只包含了一些小的 POH，从而避免了后期粗水平搜索空间过大的问题。最重要的是，这一方案不需要对 DIRECT 算法增加额外的操作（DIRECT 算法本身需要对所有超矩形按照大小进行排序；从粗水平搜索空间中找出小的 POH 也是 DIRECT 本身能够实现的），很容易实施。

因此，粗水平搜索空间最终被定义为细水平搜索空间中最小的一些超矩形组成的集合。从图 3.7来看，粗水平搜索空间位于点集的左边部分。通过 DIRECT 算法在粗水平搜索空间的迭代，点集左边的 POH（在点集下方）被进一步分割。因此，两水平深度搜索的本质是，在细水平分割所有 POH，而在粗水平只分割左下角的小的 POH。

（2）怎样建立粗水平搜索空间的子问题

类似于两重网格法，粗水平搜索空间的子问题跟原问题具有完全相同的结构。如果原问题写成

$$\min_{\boldsymbol{x} \in \Omega_l} f(\boldsymbol{x}) \tag{4.7}$$

其中，Ω_l 是原始搜索空间标准化得到的单位超立方体，那么粗水平搜索空间的子问题可表示为

$$\min_{\boldsymbol{x} \in \Omega_L} f(\boldsymbol{x}) \tag{4.8}$$

其中，$\Omega_L \subset \Omega_l$ 是粗水平搜索空间。显然，它们之间的唯一差别是搜索空间不同。

（3）怎样在两个搜索空间中传递信息

前面说过，在两重网格法中，在两个水平的网格之间进行信息传递是很重要的，需要进行精细的设计。在我们的两水平深度搜索算法中，这个问题变得很简单。

在细水平搜索空间的 DIRECT 算法迭代过程中，需要记录每个超矩形的边长和中心点及其函数值，被选中的小超矩形的这些信息被直接传递到了粗水平搜索空间。在粗水平搜索空间，这些小超矩形被 DIRECT 算法"挑选"出一些小的 POH，它们被进一步分割，得到的超矩形的边长和中心点及其函数值也被记录下来。粗水平搜索空间的迭代完成后，超矩形的信息得到了更新，它们被直接传递回细水平搜索空间，覆盖原来构成粗水平搜索空间的部分。因此，从细水平到粗水平的信息"限制"以及从粗水平到细水平的信息"延拓"都不需要特别的操作，只需要把相应超矩形的信息直接传递就行了。

4.2.3　RDIRECT-b 算法

（1）RDIRECT-b 算法框架

为了克服或缓解 DIRECT 算法的"渐近无效"行为，我们在文献 [42] 中引入了一种两水平搜索策略。这一策略在迭代少数几次后，将搜索区域限制在很小的"好区域"内，并在此区域内迭代少数几次，再重新回到整个搜索区域进行迭代。重复这一过程就得到了 RDIRECT-b 算法[42]。这里的"好区域"理论上指的是有可能包含最优解的区域，在算法实践中是当前找到的中心点函数值小且大小也小的超矩形。在"好区域"的搜索从两个方面影响了算法的进程：①在"好区域"内容易找到更小的 f_{min}，从而强化了局部搜索；②算法回到整个搜索区域时，由于 f_{min} 的改善，选取的 POH 会比原来更大（如图 3.7所示），即加强了全局搜索。

算法 4.2 给出了 RDIRECT-b 算法的大致框架，详细请参见文献 [42]。

算法 4.2 (RDIRECT-b 算法)　初始化：把搜索区域标准化成超立方体，计算其中心的函数值，记为 f_{min}。记 $\mathbb{S}_f$ 为分割得到的超矩形集合。

执行以下操作，直到停止条件成立：

- **前优化**：让 DIRECT 算法在 $\mathbb{S}_f$ 中迭代 3 次，更新 f_{min} 和 $\mathbb{S}_f$。
- **粗优化**：在更粗糙的"好区域"中搜索。

  - 对 $\mathbb{S}_f$ 中的超矩形按照大小和中心点的函数值进行字典序排序。从 $\mathbb{S}_f$ 中选择最小的 $\lceil 0.1|\mathbb{S}_f| \rceil$（$\lceil\ \rceil$ 表示向上取整，$|\mathbb{S}_f|$ 表示集合 $\mathbb{S}_f$ 的元素个数）个超矩形组成"好区域"。
  - 让 DIRECT 算法在"好区域"中迭代一次，更新 f_{min}；
  - 将"好区域"中分割得到的超矩形合并入 $\mathbb{S}_f$。

- **后优化**：让 DIRECT 算法在 $\mathbb{S}_f$ 中迭代一次，更新 f_{min} 和 $\mathbb{S}_f$。

DIRECT 算法在前优化、粗优化和后优化中都只是迭代了很少的几次，而且这些次数参数在不超过 3 次的情况下对算法的数值性能影响不大。

RDIRECT-b 算法具有以下特点：

- 如果在粗糙层中迭代次数为零，那么 RDIRECT-b 算法就变成了 RDIRECT 算法，即退化为单一水平的 RDIRECT 算法。
- 在 RDIRECT-b 算法中的第二步，因为很多超矩形有相同的大小，所以 "$0.1|\mathbb{S}_f|$ 个最小的超矩形"有待进一步明确。实际中我们有许多定义它的方法。在我们的数值实现中，是按字典序选择矩形的：先按大小然后是函数值。如果有一些大小和函数值都一样的超矩形，那么就选择排序中最前面的那个。
- 定义 3.3 中的条件（3.25b）被条件（3.10b）替换的话，RDIRECT-b 算法变成 DIRECT-b 算法。
- 当用户给定的函数值计算次数预算已经消耗完时，RDIRECT-b 算法终止。

（2）RDIRECT-b 算法收敛分析

在这部分中，假定搜索域 Ω 是单位超长方体。这个假定并不影响结果但是便于简化收敛的证明。

记 RDIRECT-b 算法 k 次迭代中被采样的点集为 $\mathbb{C}_k$，这里的 RDIRECT-b 算法的一次迭代包括 RDIRECT 在细层次中的 $N_1 + N_3$ 次迭代和在粗层次中的 N_2 次迭代。因为 RDIRECT-b 算法在计算成本预算被消耗完前不会终止，为便于理论分析，假设计算成本预算为无限多函数值计算次数。并记 $\mathbb{C} = \bigcup_k \mathbb{C}_k$。我们会证明集合 $\mathbb{C}$ 在单位超矩形中是稠密的，从而如果目标函数在全局最小值的邻域内是连续的，那么 RDIRECT-b 算法可以收敛于全局最优化函数值。

定理 4.2　给定单位超矩形中的任一点 x 与 $\delta > 0$，存在一个 $K \in \mathbb{N}$，使得对于任意 $k > K$，存在一个 $y \in \mathbb{C}_k$，使得下列不等式成立：

$$|y - x| < \delta \tag{4.9}$$

证明　用反证法证明。假定存在一点 $x \in \Omega$ 和一个常数 $\delta > 0$，对于任一 $k > K$，就有

$$|y - x| \geqslant \delta, \quad \forall y \in \mathcal{C}_k \tag{4.10}$$

令 $B_\delta(x) = \{z \,|\, |z - x| < \delta\}$，那么

$$B_\delta(x) \cap \mathcal{C}_k = \varnothing, \quad \forall k \in \mathbb{N} \tag{4.11}$$

设 K_1 轮迭代后包含 $B_\delta(x)$ 的最小超矩形为 H，那么 H 将会在有限次迭代中被分割[53]。假定 H 在第 K_2（$K_2 > K_1$）次迭代中被分割，如果 $B_\delta(x)$ 中的点在第 K_2 迭代中被采样，那么与式（4.11）相矛盾。或者，设 K_2 次迭代之后包含 $B_\delta(x)$ 的最小超矩形为 H'。类似地，H' 仍会在有限次迭代中被分割。重复相同的过程，我们可以证明 RDIRECT-b 算法在有限次迭代中至少会采样 $B_\delta(x)$ 中的一个点，这与式（4.11）相矛盾。　□

定理 4.2证明了 RDIRECT-b 算法采样的点集在 Ω 中稠密。以下结果是定理 4.2的直接推论。

推论 4.1　假定 f 在全局最小值 x^* 的邻域内是连续的，那么对于任意 $\delta > 0$，RDIRECT-b 算法可以采样点 y，使得以下不等式成立：

$$|f(y) - f(x^*)| < \delta \tag{4.12}$$

比较文献 [9] 中的收敛结果与定理 4.2，可以看到细层次中的采样与分割过程和粗层次中的作用不同，前者确保了收敛性而后者可以加速收敛，后面的数据结果将进一步支持这一结论。

4.3　数值实验（一）

本节首先给出 RDIRECT-b 算法对问题（4.1）的测试结果，然后对该算法的参数进行灵敏度分析，最后比较该算法与一些相关算法的数值性能。

4.3.1 对问题（4.1）的测试结果

我们提出两水平深度搜索策略的本意是试图消除 DIRECT 算法的渐近无效行为，因此用 RDIRECT-b 算法来测试问题（4.1）并与 DIRECT 的结果进行对比。表 4.2第 3 行给出了该算法对问题（4.1）的测试结果，为了便于比较，DIRECT 算法的测试结果也保留在了表 4.2中。

表 4.2　找到问题（4.1）的第 l 层 SOH 所需要的函数值计算次数

l	1	2	3	4	5	6	7	8	9	10	11	12	13
DIRECT	9	33	65	97	121	193	273	2225	9817	52369	374049	—	—
RDIRECT-b	9	33	39	69	101	125	197	221	301	785	1609	2929	5297

注："—"表示超过 85 万。

从表 4.2可以看到，当 $l > 3$ 时，RDIRECT-b 的结果都比 DIRECT 的相应结果小，而且随着 l 的增加，差距越来越大。事实上，RDIRECT-b 的结果基本呈线性增长，后一个数据大约不超过前一个数据的 2 倍。由于 DIRECT 的结果后期呈指数增长，所以差距越来越大是很自然的。总之，从 RDIRECT-b 的结果的线性增长可以看出，两水平深度搜索算法基本消除了 DIRECT 算法的渐近无效行为。这一结果虽不能推广到任意函数，但从这一个函数的测试结果可以认为，两水平深度搜索算法对于消除或至少大幅缓解 DIRECT 算法的渐近无效行为具有重要作用。

4.3.2 对 Jones 测试集的测试结果

Jones 测试集包含 9 个测试函数，是 DIRECT 算法提出之初就开始测试比较的一个测试函数集，在 DIRECT 算法的不断改进中也经常用来测试其变种算法[9,45,57,60,69]。表 4.3给出了这 9 个函数的维数、局部（含全局）最优解的个数等一些重要信息。

表 4.3　Jones 测试函数集的关键指标

问题	简写	维数	极值点个数	最值点个数
Shekel 5	S5	4	5	1
Shekel 7	S7	4	7	1
Schkel 10	S10	4	10	1
Hartman 3	H3	3	4	1
Hartman 6	H6	6	4	1
Branin RCOS	BR	2	3	3
Goldstein and Price	GP	2	4	1
Six-Hump Camel	C6	2	6	2
2D Shubert	SHU	2	760	18

由于这些函数的全局最优函数值是已知的（记为 f_{global}），在测试中，如果算法能找到 $f_{\min}$ 满足式（4.13）就认为算法解出了该测试问题

$$\frac{f_{\min} - f_{\text{global}}}{|f_{\text{global}}|} < \text{perror} \tag{4.13}$$

其中，perror 度量了解的精度。在我们的实验中，分别取 perror $= 10^{-4}, 10^{-5}, 10^{-6}, 10^{-7}, 10^{-8}, 10^{-9}$。

表 4.4 给出了测试结果，其中 DIRECT 是原始 DIRECT 算法[9]，RDIRECT 是满足强齐次性的 DIRECT-median 算法[45,69]，后面加了"-b"表示应用了两水平深度搜索策略。在该表中，"—"表示在 50000 次函数值计算次数内停止条件（4.13）不满足；标"∗"的数字跟文献 [9]、[55] 中报告的结果（285）不符。

从表 4.4可以看到，RDIRECT-b 算法表现很好，不仅求解出了所有问题，且所需的函数值计算次数相对都较小。反之，RDIRECT 算法在（H6, perror $= 10^{-9}$）中无法求解，DIRECT-b 在 10 个问题中无法求解，原始 DIRECT 算法在 12 个问题中无法求解。特别地，解的精度要求越高，RDIRECT-b 算法的表现相对越好。

表 4.4　在 Jones 测试函数集上的测试结果

问题	算法	perror					
		10^{-4}	10^{-5}	10^{-6}	10^{-7}	10^{-8}	10^{-9}
S5	DIRECT	155	255	255	53525	—	—
	DIRECT-b	159	265	265	18043	—	—
	RDIRECT	155	255	255	513	777	1217
	RDIRECT-b	159	251	251	353	551	1031
S7	DIRECT	145	1061	4879	38167	—	—
	DIRECT-b	157	321	2543	3523	—	—
	RDIRECT	145	255	331	373	949	1665
	RDIRECT-b	157	255	325	347	759	989
S10	DIRECT	145	1131	4939	—	—	—
	DIRECT-b	157	321	2385	265199	—	—
	RDIRECT	145	255	331	565	1019	2115
	RDIRECT-b	157	255	325	465	757	979
H3	DIRECT	199	695	751	775	775	775
	DIRECT-b	173	753	809	843	843	843
	RDIRECT	199	459	773	815	815	815
	RDIRECT-b	173	497	853	895	895	895
H6	DIRECT	571	1031	182623	—	—	—
	DIRECT-b	559	959	107329	—	—	—
	RDIRECT	571	915	1191	1681	4293	173517
	RDIRECT-b	559	877	1209	2049	3473	6027
BR	DIRECT	195	195	377	1295	38455	75713
	DIRECT-b	159	159	431	1167	14777	65155
	RDIRECT	259	333	393	1205	5079	6897
	RDIRECT-b	181	181	287	519	923	1399
GP	DIRECT	191	241	305	1479	10437	—
	DIRECT-b	175	229	271	1217	5119	40963
	RDIRECT	191	321	535	1113	3395	11337
	RDIRECT-b	175	235	373	537	895	1303

续表

问题	算法	perror					
		10^{-4}	10^{-5}	10^{-6}	10^{-7}	10^{-8}	10^{-9}
C6	DIRECT	145*	211	211	211	44537	203301
	DIRECT-b	115	115	115	115	38847	62747
	RDIRECT	145	213	213	213	1365	2903
	RDIRECT-b	115	115	115	115	533	533
SHU	DIRECT	2967	3143	3867	15915	68667	—
	DIRECT-b	2837	3025	3789	16505	27463	—
	RDIRECT	3663	3839	4407	6671	10955	15111
	RDIRECT-b	3501	3641	4259	6571	11111	12989

4.3.3 RDIRECT-b 算法的参数灵敏度分析

在 RDIRECT-b 算法中，我们在前优化、粗水平优化和后优化中分别执行了 3 次、1 次和 1 次 DIRECT 算法，同时，在从细水平搜索空间限制到粗水平搜索空间时，使用了 0.1 的比例。这些参数对算法的性能是否具有重要影响呢？本节提供一些数值证据，以表明算法对这些参数并不敏感。为方便起见，记这 4 个参数分别为 N_1, N_2, N_3, η。本节比较以下 RDIRECT-b 算法的变种，以验证参数组合对算法性能的影响，其中 RDIRECT-b5 即是 RDIRECT-b 算法。

- RDIRECT-b1: RDIRECT-b with $N_1 = 1, N_2 = 1, N_3 = 1, \eta = 0.05$；
- RDIRECT-b2: RDIRECT-b with $N_1 = 1, N_2 = 1, N_3 = 1, \eta = 0.10$；
- RDIRECT-b3: RDIRECT-b with $N_1 = 1, N_2 = 1, N_3 = 1, \eta = 0.25$；
- RDIRECT-b4: RDIRECT-b with $N_1 = 3, N_2 = 1, N_3 = 1, \eta = 0.05$；
- RDIRECT-b5: RDIRECT-b with $N_1 = 3, N_2 = 1, N_3 = 1, \eta = 0.10$；
- RDIRECT-b6: RDIRECT-b with $N_1 = 3, N_2 = 1, N_3 = 1, \eta = 0.25$；
- RDIRECT-b7: RDIRECT-b with $N_1 = 5, N_2 = 1, N_3 = 1, \eta = 0.05$；
- RDIRECT-b8: RDIRECT-b with $N_1 = 5, N_2 = 1, N_3 = 1, \eta = 0.10$；
- RDIRECT-b9: RDIRECT-b with $N_1 = 5, N_2 = 1, N_3 = 1, \eta = 0.25$。

我们采用与 4.3.2 节完全相同的停止条件（4.13），测试结果放在表 4.5中，其中"—"表示在 25000 函数值计算次数内无法满足停止条件。为便于比较，RDIRECT 算法的测试结果也列在表中。

表 4.5　参数灵敏度分析的数值结果

问题	算法	perror					
		10^{-4}	10^{-5}	10^{-6}	10^{-7}	10^{-8}	10^{-9}
S5	RDIRECT	155	255	255	513	777	1217
	RDIRECT-b1	171	255	275	383	523	793
	RDIRECT-b2	—	—	—	—	—	—
	RDIRECT-b3	187	283	283	457	581	765

续表

问题	算法	perror					
		10^{-4}	10^{-5}	10^{-6}	10^{-7}	10^{-8}	10^{-9}
	RDIRECT-b4	171	245	245	381	515	831
	RDIRECT-b5	159	251	251	353	551	1031
S5	**RDIRECT-b6**	173	259	259	385	615	885
	RDIRECT-b7	161	247	247	401	663	1009
	RDIRECT-b8	165	251	251	415	675	1087
	RDIRECT-b9	179	299	299	487	759	1259
	RDIRECT	145	255	331	373	949	1665
	RDIRECT-b1	167	261	317	349	739	981
	RDIRECT-b2	—	—	—	—	—	—
	RDIRECT-b3	—	—	—	—	—	—
S7	RDIRECT-b4	—	—	—	—	—	—
	RDIRECT-b5	157	255	325	347	759	989
	RDIRECT-b6	4475	4989	6123	6269	7769	8363
	RDIRECT-b7	151	261	315	339	823	1391
	RDIRECT-b8	159	255	315	333	825	1167
	RDIRECT-b9	157	277	341	361	885	1247
	RDIRECT	145	255	331	565	1019	2115
	RDIRECT-b1	169	263	319	407	661	801
	RDIRECT-b2	—	—	—	—	—	—
	RDIRECT-b3	3145	3743	5735	8879	10779	13915
S10	RDIRECT-b4	—	—	—	—	—	—
	RDIRECT-b5	157	255	325	465	757	979
	RDIRECT-b6	2241	2525	4569	5173	5989	7187
	RDIRECT-b7	151	247	295	451	735	1031
	RDIRECT-b8	159	255	313	513	793	1489
	RDIRECT-b9	157	277	341	543	831	1263
	RDIRECT	199	459	773	815	815	815
	RDIRECT-b1	243	411	917	959	959	959
	RDIRECT-b2	123	435	937	979	979	979
	RDIRECT-b3	175	335	1087	1137	1137	1137
H3	RDIRECT-b4	777	859	879	921	921	921
	RDIRECT-b5	173	497	853	895	895	895
	RDIRECT-b6	185	421	951	959	959	959
	RDIRECT-b7	189	457	823	865	865	865
	RDIRECT-b8	193	455	825	861	861	861
	RDIRECT-b9	189	449	889	929	929	929

续表

问题	算法	perror					
		10^{-4}	10^{-5}	10^{-6}	10^{-7}	10^{-8}	10^{-9}
H6	RDIRECT	571	915	1191	1681	4293	—
	RDIRECT-b1	687	971	1151	1423	1925	3141
	RDIRECT-b2	787	1219	1435	1757	2287	3625
	RDIRECT-b3	6993	7339	7641	14317	17265	21125
	RDIRECT-b4	593	923	1179	1513	2409	5021
	RDIRECT-b5	559	877	1143	1461	2535	5295
	RDIRECT-b6	541	871	1131	1529	2375	5153
	RDIRECT-b7	593	891	1113	1561	2699	6973
	RDIRECT-b8	553	905	1161	1533	2865	7051
	RDIRECT-b9	521	845	1119	1499	3081	6883
BR	RDIRECT	259	333	393	1205	5079	6897
	RDIRECT-b1	181	181	305	423	627	627
	RDIRECT-b2	151	151	251	337	539	539
	RDIRECT-b3	155	155	289	339	537	537
	RDIRECT-b4	199	199	383	647	901	1533
	RDIRECT-b5	181	181	287	519	923	1399
	RDIRECT-b6	183	183	333	591	997	1909
	RDIRECT-b7	245	245	383	593	977	1721
	RDIRECT-b8	253	253	391	609	1005	2047
	RDIRECT-b9	269	269	375	637	1041	2763
GP	RDIRECT	191	321	535	1113	3395	11337
	RDIRECT-b1	173	233	355	521	697	881
	RDIRECT-b2	177	245	367	535	723	917
	RDIRECT-b3	137	181	251	431	645	871
	RDIRECT-b4	175	227	355	673	1033	1433
	RDIRECT-b5	175	235	373	537	895	1303
	RDIRECT-b6	163	249	401	573	955	1379
	RDIRECT-b7	175	273	483	723	1263	1853
	RDIRECT-b8	181	289	471	771	1335	1931
	RDIRECT-b9	181	299	521	797	1381	1993
C6	RDIRECT	145	213	213	213	1365	2903
	RDIRECT-b1	117	237	237	237	623	623
	RDIRECT-b2	105	245	245	245	485	485
	RDIRECT-b3	107	139	139	139	397	397
	RDIRECT-b4	129	227	227	227	637	637
	RDIRECT-b5	115	115	115	115	533	533
	RDIRECT-b6	119	119	119	119	567	567
	RDIRECT-b7	125	223	223	223	951	951
	RDIRECT-b8	125	225	225	225	719	719
	RDIRECT-b9	131	205	205	205	761	761

续表

问题	算法	perror					
		10^{-4}	10^{-5}	10^{-6}	10^{-7}	10^{-8}	10^{-9}
	RDIRECT	3663	3839	4407	6671	10955	15111
	RDIRECT-b1	3131	3271	3903	6039	10069	13309
	RDIRECT-b2	5063	5251	5951	9735	16055	24617
	RDIRECT-b3	2367	2511	2815	3975	7067	7659
	RDIRECT-b4	3129	3273	3917	6029	10049	13085
SHU	**RDIRECT-b5**	3501	3641	4259	6571	11111	12989
	RDIRECT-b6	4695	4883	5579	8279	14427	17255
	RDIRECT-b7	3939	4123	4795	7063	12103	16915
	RDIRECT-b8	3969	4149	4825	7105	11393	16469
	RDIRECT-b9	4391	4575	5263	7703	12939	15967

从表 4.5 中可以看到，9 个 RDIRECT-b 算法表现类似。一方面，它们通常都比 RDIRECT 要好（在问题 H3 和 SHU 上表现与 RDIRECT-b 类似）。另一方面，不同的参数组合对 RDIRECT-b 算法的性能具有一定的影响，但总体影响并不大。

表 4.6列出了 RDIRECT-b 算法比 RDIRECT 算法表现显著更好的问题数量以及表现没有更好的问题数量。

表 4.6　在多少个问题中算法 **RDIRECT-b** 比算法 **RDIRECT** 表现好或差

算法	RDIRECT-b1	RDIRECT-b2	RDIRECT-b3	RDIRECT-b4	RDIRECT-b5
好	8	4	5	6	8
差	1	5	4	3	1

算法	RDIRECT-b6	RDIRECT-b7	RDIRECT-b8	RDIRECT-b9	总计
好	5	7	7	6	56
差	4	2	2	3	25

结果表明，RDIRECT-b2 和 RDIRECT-b3 表现较差。造成这个现象的原因：① N_1 太小以至于不能定位出一个好的全局最小值的收敛区域；② $r_0 = 0.1, 0.25$ 使得搜索局部化，导致 RDIREC-b2 和 RDIRECT-b3 都花费过多的成本在不太好的粗区域内。除了 RDIRECT-b2 和 RDIRECT-b3 算法，其他全部 RDIRECT-b 算法表现得都要比 RDIRECT 算法要好。在这种情况下我们可以说，RDIRECT-b 中的参量是不敏感的。

4.3.4　在 Hedar 测试集上的测试结果

本节我们在 Hedar 测试集[72] 上比较 DIRECT，DIRECT-b，RDIRECT 和 RDIRECT-b 算法。Hedar 测试集具有 64 个测试问题，最大维数是 48。附录 B 提供了对该测试集的较详细介绍。

我们仍采用停止条件（4.13）。因为有些测试函数的全局最优解为 0，此时停止条件改为

$$f_{\min} < \text{perror} \tag{4.14}$$

由于测试函数较多，无法像前面的表格那样给出测试结果，因此这里我们采用 data profiles 技术[73] 和 performance profiles 技术 [73-74] 来分析和比较测试结果。这两种技术是比较优化算法的流行技术，结果直观，非常适用于测试函数很多的情形。附录部分提供了关于这两种技术的较详细介绍。

大致来说，给定计算成本（这里是函数值计算次数 $\mu_f = 5000$），我们对每个问题测试算法直到下面的停止条件：

$$f(x_0) - f(x) \geqslant (1 - \tau)(f(x_0) - f_L) \tag{4.15}$$

成立 [73]。其中，x_0 是初始点，$\tau > 0$ 是精度参数，f_L 所有比较算法对该问题找到的最小函数值（在给定计算成本内）。在数值测试过程中，需要记录每一个函数值。最终我们得到一个 $5000 \times 68 \times 4$ 张量，描述了 4 种算法求解 68 个问题的函数值历史。比如第 $k \times j \times i$ 个数据描述的是用第 i 个算法求解第 j 个问题时，在 k 个函数值计算次数内找到的最小函数值。有了这个张量，就可以画出每个算法的 data profile 和 performance profile。

图 4.1 给出了 DIRECT-b 与 DIRECT 算法的比较结果，图 4.2 给出了 RDIRECT-b 算法与 RDIRECT 算法的比较结果。在这两幅图中，图 (a) 是基于 performance profile 技术的比较，图 (b) 是基于 data profile 技术的比较。

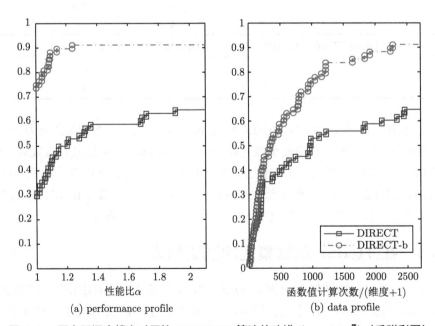

(a) performance profile

(b) data profile

图 4.1　两水平深度搜索对原始 DIRECT 算法的改进 ($\tau = 10^{-7}$)（后附彩图）

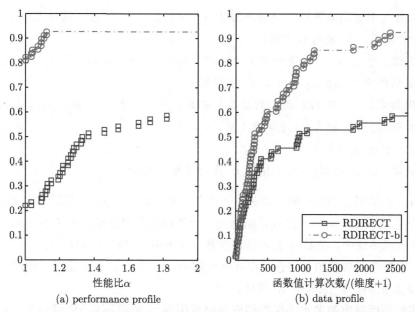

(a) performance profile　　　　(b) data profile

图 4.2　两水平深度搜索算法对 **RDIRECT** 算法的改进 ($\tau = 10^{-7}$)（后附彩图）

从图 4.1 和图 4.2 中可以看到，两水平深度搜索算法对 DIRECT 算法和 RDIRECT 算法都有明显的改进。比如，从图 4.1可以看到，DIRECT 算法能以最好的效率求解出约 30% 的问题（图（a）的左端点），而 DIRECT-b 算法可以求解出约 70% 的问题。最后，DIRECT 算法求解出了约 65% 的问题（图（a）和图（b）的右端点），而 DIRECT-b 求解出了超过 90% 的问题。这两个算法的性能差大约为 25%（90%–65%）。类似地，从图 4.2可以看到，RDIRECT-b 算法跟 RDIRECT 算法的性能差约为 35%（93%–58%）。

因此，可以认为两水平深度搜索策略显著提高了原有算法的数值性能，使用这一策略后算法性能提高了超过 25%。

4.4　引进递归深度技术产生多水平搜索

前面的两水平深度搜索 RDIRECT-b 算法把 DIRECT 算法的算法性能提高了约 25%，这一章探讨一种递归深度搜索技术，它能把两水平深度搜索自然地推广到多水平深度搜索。这一技术已经成功地把两重网格法推广到了多重网格法。

4.4.1　多重网格方法

前面章节已介绍过两重网格法的一大特点是，在细网格层上要求解的原问题 $A_l u_l = b_l$ 和粗网格层上的子问题 $A_L e_L = r_L$ 具有完全相同的数学结构。这表明，可以用两重网格法本身来求解粗网格子问题。也就是说可以采用递归的方式，自然地从两重网格法产生三重网格法，这个过程可以一直做下去，得到多重网格法。这就是多重网格法的基本思想。显然，多重网格法就是两重网格法的递归实现（求解粗网格子问题时使用两重网格法本身）。

以下是多重网格法的基本算法框架，它是算法 2.2 的另一版本。

算法 4.3（多重网格算法）　若层数 $l=0$（在最粗一层上），精确求解子问题 $u_0 = A_0^{-1} b_0$；若层数 $l>0$，执行以下操作：

- 前光滑：对 $A_l u_l = b_l$ 进行若干次光滑，得到近似值 v_l 和残差 $r_l = b_l - A_l v_l$；
- 限制到粗网格：把 A_l 及残差 r_l 限制到 $l-1$ 层；
- 粗网格求解：以 $\mathbf{0}$ 为初值，利用本算法本身 γ 次递归求解 $A_{l-1} e_{l-1} = r_{l-1}$；
- 延拓回细网格：把 e_{l-1} 延拓回 l 层；
- 校正：$v_l := v_l + e_l$；
- 后光滑：以 v_l 为初值对 $A_l u_l = b_l$ 进行若干次光滑。

在执行上面的多重网格法时，事先需要给定最大层数 $L \in \mathbb{N}$。如果给定最大层数 $L=1$ 那就只有两层（$l=0, l=1$），也就是退化到上一章的两重网格法；当 $L>1$ 时就是多重网格法。在多重网格法中，参数 γ 表示循环次数，即用多重网格法本身（最大层数 L 逐层减小）γ 次来求解粗网格层的子问题。在实际使用中，γ 等于 1 或 2 是最常用的方法，它们分别对应着多重网格 V 循环和 W 循环。

由于我们后面提出的多水平深度搜索策略也用到了 V 循环和 W 循环这两种结构，下面给出更详细的解释。图 4.3 和图 4.4 是这两种循环的实现示意图（前优化对应前光滑，后优化对应后光滑，粗优化对应粗网格求解）。其中，虚线表示网格层数（从上到下层数递减，最下面一条虚线表示第 0 层网格，即最粗的网格），向下的箭头表示信息的限制，向上的箭头表示信息的延拓。从图 4.3 中可以看到，整个循环结构像 V 字母，而在图 4.4 中整个循环结构像 W 字母，这也是 V 循环和 W 循环的名称来历。从这两幅图中我们可以发现，最大层数为 L 的示意图包含了最大层数为 $L-1$ 的示意图（见图中的虚线方框部分），而且分别包含了一次（对应 V 循环）或者两次（对应 W 循环）。

类似于从两重网格法到多重网格法的推广，下面给出 MrDIRECT 算法，它是一个具有多水平深度搜索的 DIRECT 算法，是 RDIRECT-b 算法从两水平到多水平的深度推广。

 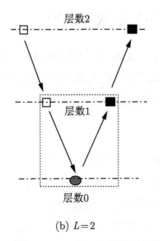 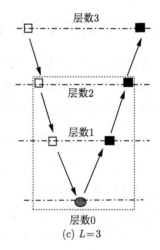

(a) $L=1$　　　　　(b) $L=2$　　　　　(c) $L=3$

图 4.3　三层 V 循环结构图

□ 前优化；■ 后优化；● 粗优化

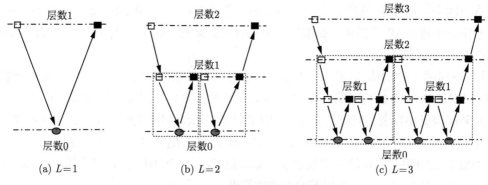

图 4.4　三层 W 循环结构图

□ 前优化; ■ 后优化; ● 粗优化

4.4.2　MrDIRECT 算法

前面说过，RDIRECT-b 算法在细水平搜索空间要解决的问题跟在粗水平搜索空间要解决的子问题具有一样的目标函数，只是搜索空间不同。因此，这两个问题具有完全相同的数学结构，从而也可以用 RDIRECT-b 算法本身来求解子问题。具体来说，如果在 RDIRECT-b 算法（见算法 4.2）的"粗优化"中采用 RDIRECT-b 算法本身来在"好区域"中搜索，就得到了 MrDIRECT 算法。显然，MrDIRECT 算法是 RDIRECT-b 算法的一种递归实现，其算法框架如算法 4.4 所示。

> **算法 4.4** (MrDIRECT (L) 算法)　*初始化: 把搜索区域标准化成超立方体，计算其中心的函数值，记为 $f_{\min}$。给定层数 L，记 $\mathbb{S}_L$ 为在第 L 层分割得到的超矩形集合。*
>
> *执行以下操作，直到停止条件成立:*
>
> — *如果层数 $L = 0$，让 DIRECT 算法在 $\mathbb{S}_L$ 中迭代一次，更新 $f_{\min}$ 和 $\mathbb{S}_L$。*
>
> — *否则，执行以下操作。*
>
> • **前优化**: *让 DIRECT 算法在 $\mathbb{S}_L$ 中迭代一次，更新 $f_{\min}$ 和 $\mathbb{S}_L$。*
>
> • **粗优化**: *在更粗糙的"好区域"中搜索。*
>
> — *对 $\mathbb{S}_L$ 中的超矩形按照大小和中心点的函数值进行字典序排序。如果 $L > 1$，取 $\mathbb{S}_{L-1}$ 为 $\mathbb{S}_L$ 中最小的 $\lceil 0.9|\mathbb{S}_L| \rceil$ 个超矩形组成的集合。如果 $L = 1$，取 $\mathbb{S}_{L-1}$ 为 $\mathbb{S}_L$ 中最小的 $\lceil 0.1|\mathbb{S}_L| \rceil$ 个超矩形组成的集合。令 $S_L = \mathbb{S}_L \backslash \mathbb{S}_{L-1}$。*
>
> — *执行 MrDIRECT($L-1$) 算法 γ 次得到更新后的 $\mathbb{S}_{L-1}$。*
>
> — *令 $\mathbb{S}_L = S_L \cup \mathbb{S}_{L-1}$。*
>
> • **后优化**: *让 DIRECT 算法在 $\mathbb{S}_L$ 中迭代一次，更新 $f_{\min}$ 和 $\mathbb{S}_L$。*

MrDIRECT 算法比 RDIRECT-b 多了一个层数参数 L 和循环参数 γ。在文献 [43] 中取 $L = 2$，即有三个层次的搜索空间: $l = 0$ 是最粗糙（搜索空间最小）的层，$l = 2$ 是最细的一层（也就是整个搜索空间），$l = 1$ 是中间层。类似于多重网格法，循环参数 γ 一般取 1 或者 2，它影响着算法的循环结构。当 $\gamma = 1$ 时，算法按照"2-1-0-1-2"的规则在不同层的搜索空间中进行 V 形循环。而当 $\gamma = 2$ 时，算法按照 "2-1-0-1-0-1-2" 的规则在不同层的搜索空间中进行 W 形循环。如果在 MrDIRECT 算法中取 $L = 1, \gamma = 1$，那么就退化成为 RDIRECT-b 算法。

图 4.3 和图 4.4 分别描述了 $\gamma = 1$ 和 $\gamma = 2$ 时的循环结构。当 $L = 1$ 时，它们是一样的，描述了 RDIRECT-b 的两层循环结构。当 $L = 2$ 时，它们分别像字母 V 和 W。当 $L > 2$ 时，循环结构更加复杂，但仍具有 V 和 W 的大致形状。根据文献 [43]，W 循环的数值结果通常优于 V 循环，因此，本章中的 MrDIRECT 算法都采用 W 循环结构。

类似于 RDIRECT-b 算法的收敛性，如果记 $\mathbb{C}_k$ 为 MrDIRECT 算法迭代 k 次后搜索得到的中心点的集合，那么有如下的收敛性结果。

定理 4.3 给定单位超矩形中的任一点 x 与 $\delta > 0$，存在一个 $K \in \mathbb{N}$，使得对于任一 $k > K$，存在一个 $y \in \mathbb{C}_k$，使得下列不等式成立：

$$|y - x| < \delta \tag{4.16}$$

假定 f 在全局最小值 x^* 的邻域内是连续的，那么对于任意 $\delta > 0$，MrDIRECT 算法可以采样点 y，使得以下不等式成立：

$$|f(y) - f(x^*)| < \delta \tag{4.17}$$

4.5 数值实验（二）

本节首先给出 MrDIRECT 算法对问题（4.1）的测试结果，然后对该算法的参数进行灵敏度分析，最后比较该算法与一些相关算法的数值性能。

4.5.1 对问题（4.1）的测试结果

前面已经表明，两水平深度搜索算法可以大幅度缓解 DIRECT 算法的渐近无效行为。下面考查多水平深度搜索算法对这一行为的影响。我们选择文献 [43] 提出的 MrDIRECT 算法来测试给出的问题（4.1），其测试结果见表 4.7。为了便于比较，DIRECT 和 RDIRECT-b 的测试结果也列在了表 4.7 中。

表 4.7 找到问题（4.1）的第 k 层 SOH 所需要的函数值计算次数

k	1	2	3	4	5	6	7	8	9	10	11	12	13
DIRECT	9	33	65	97	121	193	273	2225	9817	52369	374049	—	—
RDIRECT-b	9	33	39	69	101	125	197	221	301	785	1609	2929	5297
MrDIRECT	9	13	37	53	65	93	129	171	219	243	457	833	1233

注："—" 表示超过 85 万。

从表 4.7 中可以看到，MrDIRECT 算法进一步显著改善了 RDIRECT-b 算法对该问题的数值性能。从 $k = 2$ 开始，MrDIRECT 的结果就比 RDIRECT-b 要好，而且越来越好。

比如，k 比较小时，MrDIRECT 的结果大约是 RDIRECT-b 的 70%，而当 $k \geqslant 10$ 时，这一比例降低到不到 30%。

表 4.8给出了这两个算法在更高精度下的比较结果。从中可以看到当 $k \geqslant 18$ 时，MrDIRECT 的结果降低到只有 RDIRECT-b 的约 20%，并进一步大幅降低至不到 5%。这些结果表明，三层深度搜索策略显著优于两层深度搜索策略。

表 4.8　找到问题（4.1）的第 k 层 SOH 所需要的函数值计算次数

k	14	15	16	17	18	19	20	21	22	23
RDIRECT-b	8689	12945	18289	24161	40289	89041	235473	458081	—	—
MrDIRECT	2361	3217	4841	6049	8225	10033	18213	27977	66265	92987

注："—"表示超过 85 万。

图 4.5用图形方式更直观地显示了表 4.7和表 4.8中的结果（取了对数）。从图 4.5可以看到，DIRECT 算法的结果从 $k=7$ 开始呈指数式上升，而 RDIRECT-b 算法和 MrDIRECT 算法的结果基本上呈线性增长。从这个意义上，我们认为 MrDIRECT 算法和 RDIRECT-b 算法基本消除了原始 DIRECT 算法的"渐近无效"性。该结论对问题（4.1）至少在最优解的 10^{-11} 精度范围内是成立的。

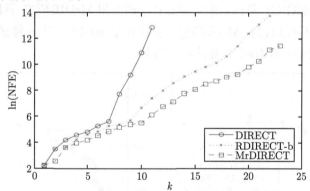

图 4.5　3 个算法求解问题（4.1）时找出第 k 层 SOH 的速度比较（后附彩图）

纵轴是函数值计算次数的自然对数

下面给出 MrDIRECT 算法对其他测试问题（集）的数值表现。

4.5.2　对 Hedar 测试集的测试结果

为了比较 MrDIRECT 算法的数值性能，我们将之在 Hedar 测试集[72]上进行测试，并与 DIRECT 和 RDIRECT-b 的结果进行比较。本节的 DIRECT 算法是满足齐次性的 DIRECT-median 算法[45,69]。

图 4.6显示了 RDIRECT-b 算法和 MrDIRECT 算法对 Hedar 测试集的测试结果，图 (a) 是基于 performance profile 技术的比较，图 (b) 是基于 data profile 技术的比较。从图 4.6中我们可以看到，MrDIRECT 算法大幅改进了 RDIRECT-b 算法的数值性能，性能提高了约 44% 的比例。

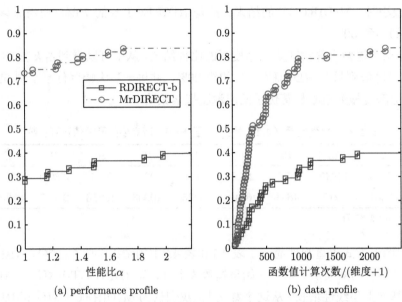

(a) performance profile (b) data profile

图 4.6   MrDIRECT 算法对 RDIRECT-b 算法的改进

（Hedar 函数库的测试结果，$\tau = 10^{-7}$）（后附彩图）

图 4.7显示了 DIRECT 算法，RDIRECT-b 算法和 MrDIRECT 算法对 Hedar 测试集的测试结果。从图中可以看到，MrDIRECT 算法优于 RDIRECT-b 算法和 DIRECT 算法，而 RDIRECT-b 算法比 DIRECT 算法相对略强。

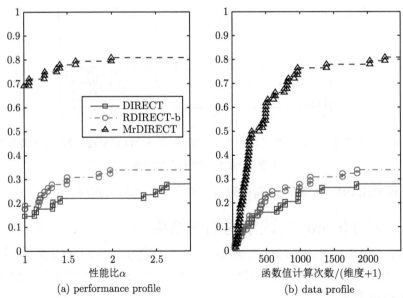

(a) performance profile (b) data profile

图 4.7   3 个算法对 Hedar 函数库的测试结果 ($\tau = 10^{-7}$)（后附彩图）

结合图 4.6 和图 4.7，提醒读者一个重要事实：当使用 data profile 技术或 performance profile 技术比较算法时，不同算法组的比较数据（比如求解问题的比例以及算法之间的性能差）要慎用，它们不满足传递性。比如，当 MrDIRECT 算法与 RDIRECT-b 算法比较时，前者比后者好 44%；而当 RDIRECT-b 算法与 DIRECT 算法比较时，前者比后者好 35%。此时并不能推出 MrDIRECT 算法比 DIRECT 算法好 79% 的结论。事实上，把 MrDIRECT 算法与 DIRECT 算法进行比较，性能差约为 53%。这一现象的根本原因是，在 data profile 或 performance profile 技术中用到的停止准则（见式（4.15）式（B.1））有一个相对的参照标准 f_L，称其为相对参照标准。由于 f_L 为所有比较算法对该问题能找到的最小值，当待比较的算法改变时，f_L 一般也会改变。

图 4.8 给出了低精度（$\tau = 10^{-3}$）情形下的比较结果。相比图 4.7，这 3 个算法之间的性能差显著减小。虽然 MrDIRECT 算法仍然是表现最好的，但是 RDIRECT-b 算法与 DIRECT 算法之间的表现已经比较类似了。这一结果表明，深度搜索策略更适合于寻找高精度的解。

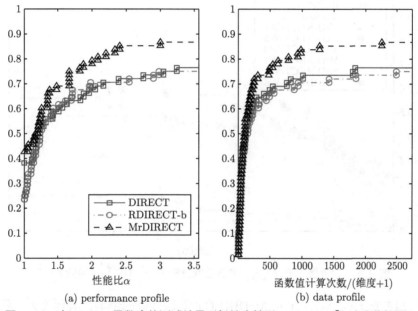

(a) performance profile   (b) data profile

图 4.8 对 Hedar 函数库的测试结果（低精度情形，$\tau = 10^{-3}$）（后附彩图）

4.5.3 MrDIRECT 算法的参数灵敏度分析

MrDIRECT 算法有 6 个参数，可分成 3 类: 第一类是前优化、粗优化和后优化参数，记为 N_1, N_2, N_3；第二类是从细水平层到粗水平层的限制参数，记为 r, r_0；第三类是循环参数 γ。在 MrDIRECT 算法中它们分别是 $N_1 = N_2 = N_3 = 1, r = 0.9, r_0 = 0.1, \gamma = 2$。本节讨论这些参数的灵敏度。

首先，我们考查不同的 (r, r_0) 参数组合对 MrDIRECT 算法性能的影响，此时其他参数先采用默认值。具体来说，我们比较以下参数组合的 MrDIRECT 算法变种的数值性能:

- MrDIRECT-W1: $r = 0.5; r_0 = 0.5$;
- MrDIRECT-W2: $r = 0.7; r_0 = 0.7$;
- MrDIRECT-W3: $r = 0.9; r_0 = 0.9$;

- MrDIRECT-W4: $r = 0.5; r_0 = 0.1$;
- MrDIRECT-W5: $r = 0.7; r_0 = 0.1$;
- MrDIRECT-W6: $r = 0.9; r_0 = 0.1$。

这 6 个参数组合大致代表了对 (r, r_0) 的各种代表性扰动。图 4.9 显示了这些 MrDI-RECT 算法变种以及 RDIRECT 和 RDIRECT-b 算法基于 performance profile 技术的比较结果。从图中可以看到，所有 MrDIRECT 算法的数值表现都比较类似，都比 RDIRECT 和 RDIRECT-b 算法好，其中表现最好的是 MrDIRECT-W6 算法（也就是 MrDIRECT 算法本身）。这 6 个 MrDIRECT 算法与 RDIRECT-b 算法的性能差均大于 25%，从这个意义上，MrDIRECT 算法对参数组合 (r, r_0) 并不敏感。

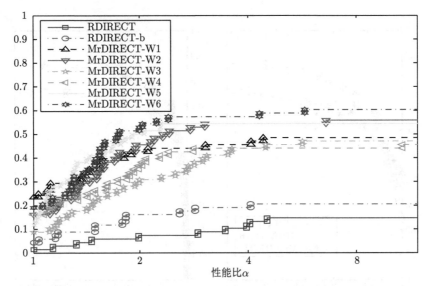

图 4.9　对参数组合 (r, r_0) 的灵敏度分析 ($\tau = 10^{-7}$)（后附彩图）

然后我们考查 (N_1, N_2, N_3) 对 MrDIRECT 算法性能的影响。具体说来，我们比较采用以下参数组合的 MrDIRECT 算法（其他参数采用默认值）的性能:

- MrDIRECT-W6: $N_1 = 1; N_2 = 1; N_3 = 1$;
- MrDIRECT-W7: $N_1 = 3; N_2 = 1; N_3 = 1$;
- MrDIRECT-W8: $N_1 = 5; N_2 = 1; N_3 = 1$;

图 4.10 显示了基于 performance profile 技术的比较结果。从中可以看到，这 3 种 MrDIRECT 算法的变种都比 RDIRECT 和 RDIRECT-b 算法好，MrDIRECT 算法变种对 RDIRECT-b 算法的性能差均大于 30%。从这个意义上，MrDIRECT 算法对参数组合 (N_1, N_2, N_3) 也不敏感。又一次，MrDIRECT-W6 算法是表现最好的。

最后，我们考查参数组合 (N_1, N_2, N_3, r, r_0) 对 MrDIRECT 算法的影响。具体来说，我们比较 MrDIRECT 算法的以下 8 个变种:

- MrDIRECT-W6: $N_1 = 1; N_2 = 1; N_3 = 1$; eta1=0.9; eta=0.1;
- MrDIRECT-W9: $N_1 = 3; N_2 = 1; N_3 = 1$; eta1=0.7; eta=0.1;

- MrDIRECT-W10: $N_1 = 5; N_2 = 1; N_3 = 1;$ eta1=0.7; eta=0.1;
- MrDIRECT-W11: $N_1 = 3; N_2 = 1; N_3 = 1;$ eta1=0.5; eta=0.1;
- MrDIRECT-W12: $N_1 = 5; N_2 = 1; N_3 = 1;$ eta1=0.5; eta=0.1;
- MrDIRECT-W13: $N_1 = 3; N_2 = 1; N_3 = 1;$ eta1=0.7; eta=0.7;
- MrDIRECT-W14: $N_1 = 5; N_2 = 1; N_3 = 1;$ eta1=0.5; eta=0.5;
- MrDIRECT-W15: $N_1 = 3; N_2 = 1; N_3 = 1;$ eta1=0.9; eta=0.9

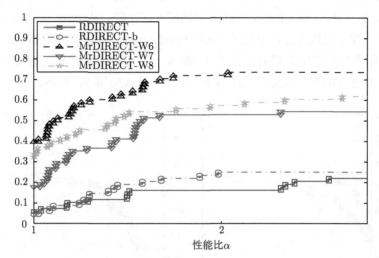

图 4.10 对参数组合 (N_1, N_2, N_3) 的灵敏度分析 $(\tau = 10^{-7})$（后附彩图）

图 4.11 显示了基于 performance profile 技术的比较结果。从中可以看到，这 8 个 MrDIRECT 算法的变种仍然表现类似，都比 RDIRECT 和 RDIRECT-b 算法好，MrDI-RECT 变种算法与 RDIRECT-b 算法的性能差均大于 27%。从这个意义上，MrDIRECT 算法对参数组合 (N_1, N_2, N_3, r, r_0) 并不敏感。

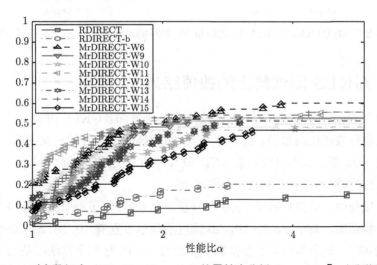

图 4.11 对参数组合 (N_1, N_2, N_3, r, r_0) 的灵敏度分析 $(\tau = 10^{-7})$（后附彩图）

综合以上 3 次分析，MrDIRECT 算法对参数组合并不敏感。以上数值测试也表明，MrDIRECT 算法的以下参数选择：

$$N_1 = 1, \quad N_2 = 1, \quad N_3 = 1, \quad r = 0.9, \quad r_0 = 0.1$$

是很好的选择。一方面，这些参数的选择理念非常简单，另一方面，数值表现也很不错。

最后，我们给出 MrDIRECT 算法 V 循环与 W 循环的一个比较结果。图 4.12是 MrDIRECT 算法的 V 循环和 W 循环在 Hedar 测试集上的比较。从 data profile 的比较结果看，两个算法的数值性能比较接近；但是从 performance profile 的比较结果来看，MrDIRECT 算法的 W 循环在算法的中前期都要优于 V 循环。这主要归功于 W 循环的两次探底策略有助于找到精度更好的解。因此，MrDIRECT 算法默认采用 W 循环。

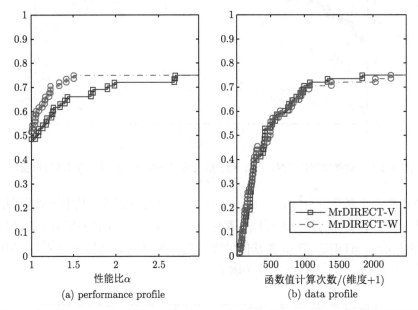

(a) performance profile　　　(b) data profile

图 4.12　MrDIRECT 算法 V 循环和 W 循环的比较 ($\tau = 10^{-7}$)（后附彩图）

4.5.4　GKLS 测试集上的数值结果

本节我们在 GKLS 测试集 [75-76] 上比较前面 4 个算法。GKLS 测试集是专门设计用来比较有界约束全局最优化问题的，包含 3 个类别的测试函数：连续可微函数（D 型），二阶连续可微函数（D2 型）和不可微函数（ND 型）。每个类别的测试问题由 100 个函数组成。关于 GKLS 测试函数的更多介绍请参阅附录 B。

在我们的试验中，总共测试了 1200 个问题。表 4.9展示了每个类别和每个维度上测试的问题数量。特别地，对于 2，5，10，20 维度的问题分别有 10, 10, 20, 50 个局部极小值（包括全局最小值）。剩余其他问题保持默认参数设定。因为 4 个算法都是用 MATLAB 编写的，所以我们给 GKLS 的 C 代码写了 MATLAB 接口程序。

表 4.9　GKLS 测试函数在每种类型和每一维上的分布

维度	2	5	10	20
D	100	100	100	100
D2	100	100	100	100
ND	100	100	100	100

下面先介绍 4 个算法在整个 1200 个问题上的数值表现，然后探讨问题维数或问题类型对数值性能的影响。

图 4.13展示了在 GKLS 测试集上的比较结果，图 (a) 是基于 performance profile 技术的比较结果，图 (b) 是基于 data profile 技术的比较结果。从图中可以看到，MrDIECT-W 是最佳算法，它以最佳效率解出了大部分问题（45%）并总共解出 75% 的问题。MrDIRECT-W 和 MeDIRECT-V、RDIRECT-b、RDIRECT 算法的表现差距分别是 5%，22%，36%。

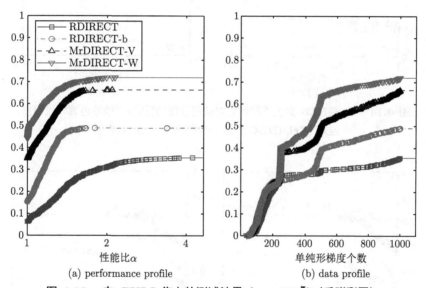

(a) performance profile　　(b) data profile

图 4.13　在 GKLS 集上的测试结果 $(\tau = 10^{-7})$（后附彩图）

图 4.14展示了在 GKLS 测试集上不同维数对算法数值性能的影响。从图 4.14中基于 performance profile 技术的比较结果，可以获得以下结论：

- 这 4 个算法显然存在"维数诅咒"。例如，它们可以解出几乎所有 2 维的问题，但是维度越高的问题解出来的越少。
- "维数诅咒"对 RDIRECT 和 RDIRECT-b 算法的影响比对 MrDIRECT 算法的影响要严重得多。例如，RDIRECT 在维度分别为 2，5，10 和 20 的问题中分别可以解出 100%，22%，9% 和 11% 的问题。另一方面，MrDIRECT-W 在维度分别为 2，5，10 和 20 的问题中分别可以解出 100%，73%，54% 和 61% 的问题。

图 4.15展示了 GKLS 测试函数集上 D 型、D2 型和 ND 型问题对算法数值性能的影响，用基于 performance profile 技术的比较结果描述。有趣的是在图 4.15中，这 4 个算法

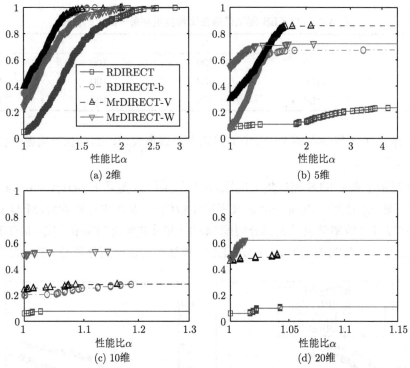

图 4.14　在 GKLS 集上不同维数对数值性能的影响。"维数诅咒"很明显，
但对 MrDIRECT 算法的影响最小（后附彩图）

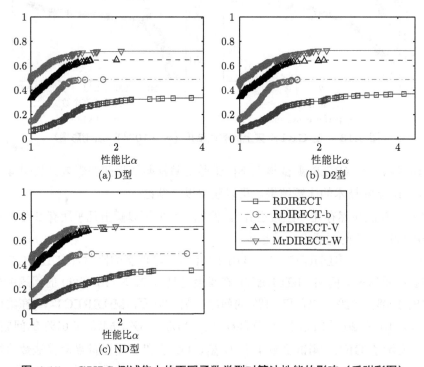

图 4.15　GKLS 测试集上的不同函数类型对算法性能的影响（后附彩图）

对不同类型的问题展示了相似的数值表现。这表明算法的性能对问题类似并不敏感，具有很好的稳健性。这一现象的原因在于所有 DIRECT 算法并不使用问题的局部信息，这一特性使得我们的算法很适合于工程应用，特别是数据昂贵的工程优化问题。

4.6　结论

本章将深度搜索理念应用到 DIRECT 算法中，首先设计出了基于两水平深度群体搜索的 RDIRET-b 算法。在收敛性分析中，发现了该算法的收敛性仍由外层（前优化 + 后优化）的优化过程来保证，里层（粗优化）的作用是加速收敛。数值测试结果支持了这一结论。

然后通过对自身的递归调用，详细介绍了怎样从两水平算法 RDIRECT-b 产生具有递归深度群体搜索的 MrDIRECT 算法。本章大量的数值测试结果表明，MrDIRECT 算法和 RDIRECT-b 算法在一些问题中显著缓解甚至消除了 DIRECT 算法的渐近无效现象。

第 5 章
DIRECT算法渐近无效现象的消除

第 4 章模仿多重网格法的思路设计了基于递归深度群体搜索的 MrDIRECT 算法,并用大量的数值实验表明了 MrDIRECT 算法显著改善了 DIRECT 算法的数值性能,大幅缓解了其渐近无效现象,甚至在某些问题上消除了渐近无效现象。本章从 DIRECT 本身的算法机制出发,进一步分析 MrDIRECT 算法是怎样处理 DIRECT 的渐近无效现象,以及怎样改进 MrDIRECT 使其表现更好的。我们首先从 DIRECT 渐近无效现象的两大内因谈起。

5.1 DIRECT 算法渐近无效的两大内因

许多全局搜索算法都拥有至少一个参数来平衡局部搜索和全局搜索。例如,在模拟退火算法[77] 中,温度参数的高低影响全局搜索和局部搜索的强度,一般高的温度有利于全局搜索而低的温度有利于局部搜索;对于遗传算法[24],选择压力(selection bias)和变异概率起类似的作用,低选择压力和高变异概率有利于全局搜索而反之则有利于局部搜索。因为“局部–全局平衡”的最佳设定往往是因问题而异的,所以固定的参数设定可能使得算法不够稳健,在一些问题中并不能表现很好。

DIRECT 算法引进了一种巧妙的机制来避免设置这类局部–全局平衡参数[9]:简单地说,DIRECT 在每次迭代中抽样多个点,一些有利于局部搜索,一些有利于全局搜索,另一些可能兼顾局部和全局搜索。这一策略使得 DIRECT 算法总体上很稳健。在最近的 22 个无导数最优化算法的对比中,DIRECT 算法的两个变种表现十分优异[66]。

不幸的是,这一策略产生了一种负面的效应:普遍能观察到 DIRECT 算法可以很迅速地逼近全局最优值(比如在 1% 的最优函数值范围内),但是找到更高精度的解却很缓慢(比如 0.01% 的最优函数值范围内)。这一效应正是本书研究的渐近无效现象。从 DIRECT 算法内在机理的角度,渐近无效现象的产生有两大内因:

第一个内因是一旦 DIRECT 算法发现全局最优点所在的盆地,局部搜索部分就会开始改善该最优解,但是每次迭代过程中的与局部搜索并行的大量全局搜索会拖慢局部搜索的进度。

第二个内因则显得更隐蔽。在 Jones 的原始论文[9] 中,他已经发现了,如果 DIRECT 在搜索早期发现了一个次优局部极小值,它可能需要花费过量的函数计算来改善这个局部最优解到更高的精度,从而拖慢了发现真正的全局最小值。Jones 通过引进一个很小的正

参数 ε（可以理解为期望的精度水平）来解决这个问题。一般设 $\varepsilon = 10^{-4}$，这意味着在不可能提高当前最好解的精度到至少 $\varepsilon = 10^{-4}$ 比例的情况下，能够阻止 DIRECT 算法继续探索该区域。但是，尽管这个参数可以防止过度改善次最优局部最小值，它也会拖慢已发现的真正的全局最小值的精度改善。

图 5.1描述了 DIRECT 算法是怎样确定潜最优超矩形 POH 的，这些 POH 将在下一次迭代中被进一步分割。在图 5.1(a)、(b) 中，都有不止一个 POH（黑圆圈）被选择。越接近纵轴的 POH，其对应的超矩形越小，对其的进一步分割可以认为是局部搜索；对越大的超矩形的分割可以认为是全局搜索。因此，DIRECT 算法同时进行多个全局搜索和局部搜索。显然，这一优点同时带来了阻碍对当前最优解的快速精炼（refinement），此为第一个内因。图 5.1(b) 没有参数 ε，而图 5.1(a) 有。可以很清楚地看出，该参数避免了对当前很小的区域（如 A 和 B 两个点对应的超矩形）的进一步分割。但是，如果这些区域已经是最优解所在的区域，则阻碍了对最优解的快速精炼，此为第二个内因。

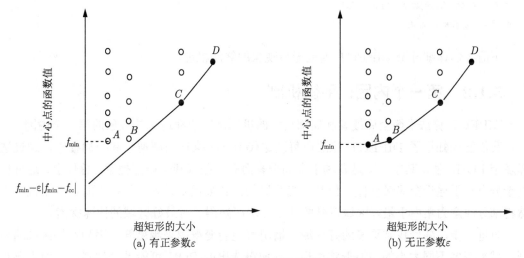

图 5.1　DIRECT 算法的局部-全局平衡搜索机制及参数 ε 的作用

简单地说，原始 DIRECT 算法产生渐近无效现象的内因有两个：① 每次迭代中抽样的多个点，可能只有一个用于当前最优局部的搜索（精度改善），其余的点都用在了其他各个区域的搜索上；② DIRECT 算法有时会浪费计算成本在一个次优局部的搜索上，为了避免这一问题而引进的参数 $\varepsilon = 10^{-4}$ 却阻碍了对最优局部的快速精炼。

下面从一个特别设计的问题的 DIRECT 求解来详细说明这两个算法内因。

5.1.1　再探 DIRECT 算法的渐近无效现象

前面已经介绍过许多实证结果，表明 DIRECT 可以快速地逼近全局最优值，但却需要越来越多的计算成本去找到符合更高精度的解[60,63,69,78]。这里继续采用文献 [55] 中提出的强最优超矩形（见定义 4.1）来度量 DIRECT 算法的渐近无效现象。

继续采用第 4 章中的简单测试函数（4.1）来比较 DIRECT 算法以及 $\varepsilon = 0$ 的 DIRECT

算法（记为 DIRECT_0）的性能，表 5.1 显示了它们找到一个第 k 层 SOH 所需要的函数值计算次数。这里"找到一个 SOH"意味着该 SOH 被选为 POH，从而在接下来的迭代中需要进一步被分割。从表 5.1 中可以看到当 $k \geqslant 8$ 时 DIRECT 找到一个第 k 层 SOH 所需的计算成本急剧增加。事实上，这种不好的行为可以被理论不等式（定理 4.1）所预知。相反地，DIRECT_0 可以在每一次迭代中找到一个 SOH，故因此需要更少的成本。当然，虽然 DIRECT_0 在这个简单的测试函数上表现得比 DIRECT 好得多，但这并不意味着参数 ε 是不必要的。

表 5.1　找到第 k 层 SOH 所需要的函数值计算次数

k	1	2	3	4	5	6	7	8	9	10	11	12	13
DIRECT	9	33	65	97	121	193	273	2225[①]	9817	52369	374049	—[②]	—
DIRECT_0	9	33	65	97	121	193	273	417	537	721	833	1081	1265

① 与文献 [55] 报告的数字（1481）不同。

② "—"表示大于 85 万。

下面我们详细讨论 DIRECT 渐近无效现象的算法机理。

5.1.2　第一个内因：平衡机制

DIRECT 算法平衡全局搜索和局部搜索的机制是它的渐近无效现象的第一个内因。

我们已经知道了 DIRECT 算法在每次迭代中同时执行局部搜索和全局搜索，通过选择多个 POH，使得其中一些是有利于全局搜索而有一些有利于局部搜索。总体上，这种机制十分有利于逼近全局最优值。但是，当全局最优解被找到或者已经接近时，这个机制仍然将部分注意力集中于最好区域以外的搜索，从而妨碍了对最好区域的快速探索。

更进一步，随着找到更多的好区域，情况可能会变得越来越糟糕。因为对好区域的分割，越来越多不同大小的超矩形将出现，这使得选出的 POH 可能越来越多，从而需要对所有这些 POH 进行分割，而这显著拖累了对最好区域的分割。这就是 DIRECT 算法渐近无效的第 1 个内因。

5.1.3　第二个内因：参数 ε

正参数 ε 是 DIRECT 算法渐近无效现象的第二个内因。

首先要解释一下为什么要引入参数 ε，文献 [69] 中用 Shubert 测试问题上的实验结果很好地回答了这个问题。在这个实验中，DIRECT_0 的实验结果比 DIRECT 要差得多，从而解释了 $\varepsilon > 0$ 比起 $\varepsilon = 0$ 来说是一个更好的选择。图 5.2 给出了 DIRECT 和 DIRECT_0 在 Shubert 函数上经历了 29 次迭代后的分割状态。

事实上，这两个算法每次迭代的分割状态图都很类似，如图 5.2 所示。但是一个重要的区别是肉眼可能看不太清楚的，那就是 DIRECT_0 算法的分割状态图的左下角重叠了多很多的点，这意味着每次迭代 DIRECT_0 算法需要消耗更多的函数值计算成本，而且越来越多。例如，在图 5.2（b）中，$DIRECT_0$ 算法消耗了 667 次函数值计算，且 452 个点位于左下角。与此对应的是，图（a）显示原始 DIRECT 算法只消耗了 517 次函数值计算，且只有 296 点位于左下角。这个例子清楚表明，一个正的参数 ε 是可以有效防止对一些非最优超矩形的过度分割，从而提高算法性能。

简要地说，当 $\varepsilon = 0$ 时，拥有最好函数值的超矩形会一直被选中作为 POH 并被分割（三等分），即使它已经很小了。因此，会产生更多不同大小的超矩形，从而有更多的 POH 被选择并被分割。如果被细分的小超矩形没有包含真正的最优值时（图 5.2描绘的正是这种情形），情况变得更糟。这就解释了为什么 $DIRECT_0$ 表现得远比 DIRECT 要差。

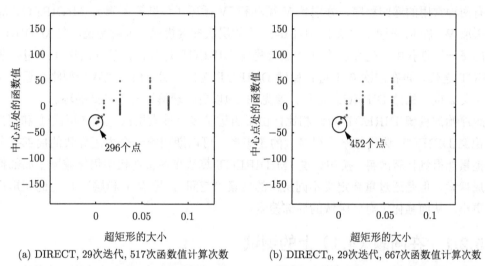

(a) DIRECT, 29次迭代, 517次函数值计算次数　　(b) $DIRECT_0$, 29次迭代, 667次函数值计算次数

图 5.2　DIRECT 和 $DIRECT_0$ 在 Shubert 测试函数上迭代 29 次后的分割状态图
（后附彩图）
红点表示包含最优解的超矩形

以上的解释同时也提供了 DIRECT 渐近无效现象的第二个内因：虽然 $\varepsilon(\varepsilon > 0)$ 有助于避免将函数值计算浪费在只包含次最优局部最小值的小超矩形上，但是，它也阻碍了搜索那些包含真正全局最小解的超矩形。此所谓 "成也萧何败也萧何"。表 5.1中的数据结果有力地证实了这一点。虽然全局最优值在第一次迭代中就被找到，DIRECT 算法却花费了过多的注意力在它之外的区域上。在之后的搜索中，越来越多的超矩形被添加，因此用于改善最佳解的精力越来越少。

总之，DIRECT 和 $DIRECT_0$ 都受渐近无效现象的影响，后者只受第一个内因的拖累，而前者则受到两个内因的复合影响。

5.2　MrDIRECT 算法与渐近无效行为的第一个内因

MrDIRECT 算法采用了一种新的平衡机制，能比 DIRECT 算法更好地平衡全局与局部搜索，从而可以在很大程度上消除 DIRECT 渐近无效现象的第一个内因。下面给出 MrDIRECT 算法的关键特征：

- 在 MrDIRECT 中用到了稳健 DIRECT 算法，且每次迭代均出现在以下三个层次的搜索"空间"中；
  - 在层次 2（最细层），执行通常的稳健 DIRECT 算法搜索，一般只迭代很少几次；
  - 在层次 1（中间层），将层次 2 中的超矩形按大小排序，抛弃大的 10% 超矩形后组成新的搜索"空间"，执行很少几次迭代的稳健 DIRECT 算法；
  - 在层次 0（最粗层），将层次 1 中的超矩形按大小排序，只在最小的 10% 超矩形组成的"空间"中执行稳健 DIRECT 算法，迭代很少几次。
- 这三个层次的算法循环以递归形式进行。

有两种常用的递归程序，分别是 V 循环和 W 循环（参见第 4 章），MrDIRECT 算法一般采取 W 循环，即重复"2-1-0-1-1-0-1-2"的层次搜索模式。也就是说，在 MrDIRECT 算法的每一次迭代中，先在层次 2 上进行稳健 DIRECT 迭代，然后在层次 1 上进行稳健 DIRECT 迭代，再在层次 0 上进行稳健 DIRECT 迭代；然后依照"W"型路径返回层次 1 和层次 2 进行稳健 DIRECT 迭代。参见图 4.4以更好理解这种递归式循环。

跟原始的稳健 DIRECT 算法相比，由于引进了多个搜索层次，且在层次 1 和层次 0 上的稳健 DIRECT 迭代忽略了很多大的超矩形，可以期望第一个内因导致的局部—全局平衡拖累能得到显著改善。换句话说，MrDIRECT 算法在每次迭代中仍然兼顾了局部搜索和全局搜索，但是通过重新定义不同层次的搜索"空间"，层次 1 和层次 0 上的超矩形更少且更小，从而强化了对好区域的局部搜索。

5.2.1 在问题（4.1）上的测试

现在回到对问题（4.1）的测试，看看 MrDIECT 算法是如何更快地找到一系列的 SOH，以及如何解决 DIRECT 算法渐近无效现象的第一个内因。

表 5.2 显示了算法 DIRECT、$DIRECT_0$ 和 MrDIRECT 找到第 k 层 SOH 所需要的函数值计算次数，其中 DIRECT 和 $DIRECT_0$ 的数据跟表 5.1中的一致。可以看到在表 5.2 中，MrDIRECT 找到各层次 SOH 所需的计算成本明显少于 DIRECT，这是 MrDIRECT 解决 DIRECT 渐近无效现象第一个内因的直接证据。

表 5.2　找到一个 k 层 SOH 所需要的函数值计算次数

k	1	2	3	4	5	6	7	8	9	10	11	12	13
DIRECT	9	33	65	97	121	193	273	2225	9817	52369	374049	—	—
$DIRECT_0$	9	33	65	97	121	193	273	417	537	721	833	1081	1265
MrDIRECT	9	13	37	53	65	93	129	171	219	243	457	833	1233

注："—"表示大于 85 万

表 5.2中，DIRECT 和 MrDIRECT 的结果比较反映了 MrDIRECT 算法对第一个内因的克服效果。从中可以看到，在任何精度下 MrDIRECT 算法都取得了明显的改进，且精度越高改进越大。另一方面，DIRECT 和 $DIRECT_0$ 的结果比较反映了第二个内因的影响。从中可以看到只有当 $k > 7$ 或者精度高于 1.5×10^{-4} 时，第二个内因才有明显影响。

有趣的是，MrDRECT 也表现得远比 DIRECT$_0$ 要好。由于 MrDIRECT 算法解决第一个内因而 DIRECT$_0$ 解决第二个内因，因此，这暗示第一个内因对 DIRECT 算法渐近无效现象的影响程度要超过第二个内因。这一点至少在当 $k < 14$ 或者精度小于 $2.1 \times 10^{-7} (\approx (1/3)^{14})$ 时成立。

值得注意的是，MrDIRECT 对第一个内因的消除是冒着降低全局搜索能力风险的，这是它在理论上的负面效应。但是，我们在文献 [43] 中展示的大量试验结果表明，综合的作用是非常正面的。下面我们提供更多的数值实验结果支撑这一观点。

5.2.2　Shubert 型测试集的测试

本节我们考虑一类 Shubert 型测试函数集，它们的共同特点是，DIRECT 算法比 DIRECT$_0$ 算法更有效；也就是说正是这类问题的存在，使得 $\varepsilon > 0$ 对于 DIRECT 算法是非常有价值的。当然，也正是它们的存在，使得 DIRECT 算法面临第二个内因导致的渐近无效现象。

Shbert 型问题是从 Hedar 测试集[72] 中选出来的。Hedar 测试集拥有 27 个函数，部分允许多个维度，一共有 68 个测试问题，最大维度是 48。Hedar 测试集的关键信息可见附录 B。

给定计算成本为函数值计算次数为 20000，通过比较 DIRECT 和 DIRECT$_0$ 算法在求解这 68 个问题的数值结果，挑选出 9 个问题构成 Shubert 型测试函数集，详见表 5.3。在这 9 个问题中，DIRECT 算法都远好于 DIRECT$_0$ 算法。

表 5.3　Shubert 型测试函数集

函数	n	Ω	$f(x^*)$
Griewank	2	$[-480, 750]^n$	0
Levy	10	$[-10, 10]^n$	0
Powell	48	$[-4, 5]^n$	0
Rastrigin	10	$[-4.1, 6.4]^n$	0
Schwefel	10	$[-500, 500]^n$	0
Shubert	2	$[-10, 10]^2$	−186.730908831024
Sphere	10	$[-4.1, 6.4]^n$	0

然后我们用 DIRECT、DIRECT$_0$ 和 MrDIRECT 3 个算法来测试 Shubert 测试集。用 L 型曲线法（详见附录 B）来分析测试结果。图 5.3 是在 Rastrigin 函数（10 维）上的测试结果，其他结果见文献 [44] 的补充材料 S2。从这些结果可以看到 MrDIRECT 表现优异，除了 3 个问题（Griewank，Schwefel，Schbert）以外的所有问题上，MrDIRECT 算法多是性能最好的。即使在这 3 个问题中，MrDIRECT 算法也只是在中后期被超越，图 5.4是其中一个这样的例子（Griewank 问题）。

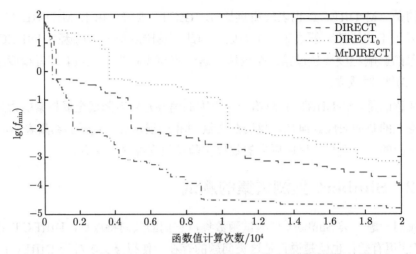

图 5.3　在问题 Rastrigin （10 维）上的 L 型曲线分析结果

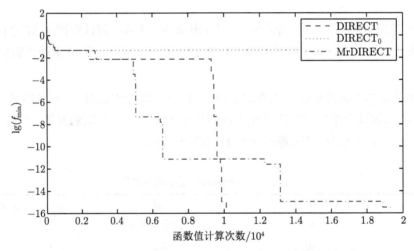

图 5.4　在问题 Griewank （2 维）上的 L 型曲线分析结果

当然，这 3 个函数仍然意味着 MrDIRECT 算法并没有充分地解决 DIRECT 渐近无效的第二个内因。接下来，我们先小结一下前面的分析结果以获得进一步的洞见，然后将提出一种增强版的 MrDIRECT 来解决第二个内因，并使得它能在 Shubert 类函数中表现得更好。

5.2.3　数据结果的解释

前面两节介绍了两类实验，前者更关注局部搜索而后者更关注全局搜索。在前一类实验中，DIRECT$_0$ 表现得比 DIRECT 要好，而在后一类实验中，DIRECT 表现得比 DIRECT$_0$ 要好。显然，在这里参数 ε 扮演了一个重要的角色。当 $\varepsilon = 0$ 时，更多的注意力放在局部搜索中，这阻止了更好的全局搜索。反之，$\varepsilon = 10^{-4}$ 防止了过多的局部搜索而有助于更好的全局搜索。有趣且幸运的是，MrDIRECT 在这两类实验中表现得比 DIRECT 和 DIRECT$_0$

都要好。下面我们给出一些可能的解释。

首先，在前一类实验中，MrDIRECT 算法远远好于 DIRECT 算法，这清楚地表明在消除渐近无效现象中多水平结构十分有效。一个重要原因是 MrDIRECT 在最粗层中只考虑最小的 $9\%(0.9 \times 0.1)$ 的超矩形，这是一种非常有效的局部搜索策略。在早期迭代中，最小的 9% 是很少的，因此每次迭代中 SOH 都被选为 POH。甚至在之后的迭代中，这种舍弃大部分大的超矩形的策略仍然比 DIRECT 更有效。在这一实验中，MrDIRECT 算法比 DIRECT_0 算法也要好，特别是 $k \leqslant 13$ 时。结合以上两个结果，可以说 MrDIRECT 算法的局部-全局平衡是非常有效的，既避免了过多地将成本花在了局部搜索中（正如 DIRECT_0 所做的一样），又达到了高效的局部寻优（搜寻 SOH 的能力很强）。

在第二个实验中，MrDIRECT 算法仍然表现得非常好，主要原因可能在于多水平结构的两个搜索特性。一个是之前提到的舍弃大部分大盒子（超矩形）的策略，它增强了对最好区域的局部搜索并有助于找到更好的解。另一个是加强了对中等尺寸盒子的分割，图 5.5 解释了这一点。图 5.5（a）描绘了 MrDIRECT 算法在最细层（$L = 2$）上的 POH 选择，此时的搜索范围是所有的点，POH 是点 B 和点 D。但是，如果将这些点传递到中间层（$L = 1$）上，舍弃 10% 的大盒子后，点 B 和点 C 将成为 POH（如图 5.5（b）所示）。因此，不同于单一水平上的 DIRECT 搜索，MrDIRECT 算法将搜索分散在三个不同的水平上，从而加强了对中等大小盒子的分割搜索。

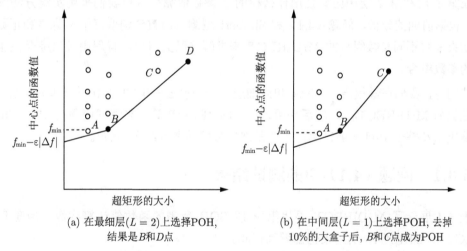

(a) 在最细层($L = 2$)上选择POH，　　　(b) 在中间层($L = 1$)上选择POH，去掉
　　结果是B和D点　　　　　　　　　　10%的大盒子后，B和C点成为POH

图 5.5　POH 位于这些点的右下凸包中，这里 $\Delta f = f_{\min} - f_{\text{median}}$

总的来说，MrIDRECT 的多水平结构拥有以下搜索特性:

- 它在中间层上排除了 10% 的最大超矩形，有利于中等大小的好超矩形的分割；
- 它在最粗层上排除了 91% 的大超矩形，有利于对很小的好超矩形的分割。

与传统 DIRECT 算法侧重于最大的盒子相比[55]，多水平结构通过构造不同层次的搜索空间，使 POH 的选择在最细层、中间层和最粗层分别兼顾了最大、中等大小和最小的好盒子。我们认为这是为什么 MrDIRECT 在以上两类实验中表现得更好的原因。

最后，要指出多水平结构的搜索特性没有代替参数 ε 的功能（防止一些最小的超矩形被选作 POH)。事实上,多水平结构和参量 ε 是互补的机制。换句话说,MrDIRECT 算法拥有两个互补机制——多水平结构和参量 ε,这对于全局搜索和局部搜索的平衡带来了很大的便利。下面提出的增强版 MrDIRECT 算法就充分利用了这两个机制。

5.3 MrDIRECT 算法的改进与渐近无效行为的第二个内因

本节我们引进一种 ε 分层可变策略来改进 MrDIRECT 算法,主要目的是解决 DIRECT 渐近无效的第二个内因。

具体来说,ε 分层可变策略允许 MrDIRECT 算法的三个不同层中有不同的 ε 参数值。根据前面的分析,我们在最粗层(第 0 层)中令 $\varepsilon = 0$,在其他两个层次中保持 $0 < \varepsilon < 10^{-4}$。理由如下:第一,在第 0 层中设 $\varepsilon = 0$ 有助于对当前最好区域的分割,非常有利于局部搜索。由于忽略了大部分大的超矩形,局部搜索的拖慢现象会少很多。第二,由于第 1 层和第 2 层更关注全局搜索,令 $\varepsilon > 0$ 有助于避免选择那些可能只有少许提升空间的超矩形。第三,第 1 层和第 2 层都拥有更多的超矩形,所以 $\varepsilon > 0$ 防止了在次优值附近的过度抽样。第四,因为 MrDIRECT 的优点在于找到更高精度的解,而 ε 是预设精度的一种度量[9],所以令 $\varepsilon < 10^{-4}$ 会得到更好的解。

在第 1 层和第 2 层中应该使用什么样的 ε 参数值呢?这里我们采用实验方法挑选参数值。根据前面的分析,问题(4.1)和 Shubert 型测试函数分别偏好于 ε 为零和正数,因此,如果采用不同参数组合的 MrDIRECT 来求解这两类问题,有理由挑出综合性能比较理想的参数组合。

特别地,我们在最粗层、中间层和最细层上分别设 $\varepsilon = 0, 10^{-a}, 10^{-b} (a, b = 5, 6, 7)$,所得算法记为 MrDIRECT_{0ab}。然后采用这些 MrDIRECT 算法来测试问题(4.1)、Shubert 型测试集以及整个 Hedar 测试集,目的是选出最好的参数组合 (a, b)。

5.3.1 问题(4.1)中的测试结果

表 5.4 展示了 MrDIRECT 寻找第 k 层 SOH 所需的函数值计算次数。为便于对比,DIRECT 和 DIRECT_0 的结果也都罗列在此。

从表 5.4 的结果中可以看到,所有 MrDIRECT_{0ab} 都表现很好,而且不同的 a, b 值对结果影响很小,尤其是当 $k \leqslant 12$ 时。这一点是意料之中的,因为在最粗层上令 $\varepsilon = 0$ 可以使得所有的 MrDIRECT_{0ab} 都在每一次迭代中找到一个 SOH,因此所需计算成本比原始 MrDIRECT 要少。

比较 DIRECT_0 和 MrDIRECT_{0ab} 的结果,我们发现虽然它们都能在每次迭代中找到一个 SOH,但是 MrDIRECT_{0ab} 的花费是 DIRECT_0 的一半。这表明了 ε 分层可变策略与多水平结构相结合的巨大优势。对比 MrDIRECT 的结果,我们再一次发现只有当 k 很大(比如大于 11)即精度很高的时候,第二个内因才起作用。

表 5.4　　找到第 k 层 SOH 所需要的函数值计算次数

k	1	2	3	4	5	6	7	8	9	10	11	12	13
DIRECT	9	33	65	97	121	193	273	2225	9817	52369	374049	—	—
$DIRECT_0$	9	33	65	97	121	193	273	417	537	721	833	1081	1265
MrDIRECT	9	13	37	53	65	93	129	171	219	243	457	833	1233
$MrDIRECT_{055}$	9	13	37	53	65	93	129	171	219	243	343	465	833
$MrDIRECT_{056}$	9	13	37	53	65	93	129	171	219	243	343	465	593
$MrDIRECT_{057}$	9	13	37	53	65	93	129	171	219	243	343	465	593
$MrDIRECT_{065}$	9	13	37	53	65	93	129	171	219	243	343	445	469
$MrDIRECT_{066}$	9	13	37	53	65	93	129	171	219	243	343	445	469
$MrDIRECT_{067}$	9	13	37	53	65	93	129	171	219	243	343	445	469
$MrDIRECT_{075}$	9	13	37	53	65	93	129	171	219	243	343	445	469
$MrDIRECT_{076}$	9	13	37	53	65	93	129	171	219	243	343	445	469
$MrDIRECT_{077}$	9	13	37	53	65	93	129	171	219	243	343	445	469

注: "—" 表示大于 85 万

5.3.2　Shubert 型测试集上的测试结果

本节以 20000 的函数值计算次数在 Shubert 型测试集（详见表 5.3）中对算法 DIRECT, $DIRECT_0$ 和所有 MrDIRECT 算法进行数值比较，采用 L 型曲线法（详见附录 B）来进行数据分析。

图 5.6和图 5.7展示了这些算法在测试函数 Rastrigin（10 维）和 Shubert（2 维）上的测试结果，其他测试函数的比较结果可见文献 [44] 的附录材料 S3。前面已经介绍了在 Shubert 型测试函数中 DIRECT 算法表现得比 $DIRECT_0$ 算法要好，这里只着重比较 MrDIRECT 和 $MrDIRECT_{0ab}$。

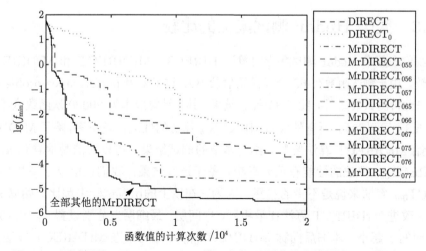

图 5.6　测试函数 Rastrigin （10 维）上的 L 型曲线分析结果（后附彩图）

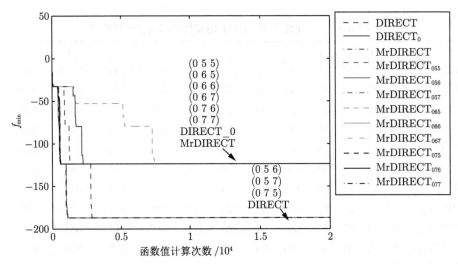

图 5.7   测试函数 Shubert （2 维）上的 L 型曲线分析结果（后附彩图）

从这些图中可以看到，在 Rastrigin 和 Sphere 两个问题上，所有 MrDIRECT$_{0ab}$ 算法都比 MrDIRECT 表现得要好；在 Schwefel 和 Levy 两个问题上，所有 MrDIRECT$_{0ab}$ 算法都跟 MrDIRECT 表现非常类似；只在 Powell 问题上，MrDIRECT$_{0ab}$ 算法比 MrDIRECT 表现更差。对于 Griewank 问题，当计算成本低于 10000 时，MrDIRECT 算法更好，而当计算成本高于 10000 时，MrDIRECT$_{0ab}$ 算法更好。对于 Shubert 问题（图 5.7），只有三个 MrDIRECT$_{0ab}$（MrDIRECT$_{056}$，MrDIRECT$_{057}$，MrDIRECT$_{075}$）能找到全局最小值，其他 MrDIRECT$_{0ab}$ 都和 MrDIRECT 一样停止在局部陷阱。

总的来说，所有 MrDIRECT$_{0ab}$ 在除了 Shubert 以外的问题中有着类似的表现，它们大部分表现得都比 MrDIRECT 要稍微好一些（在两个问题上更好，四个问题上一样，一个更差），但是有三个表现得显著性更好（三个问题上更好，三个问题上一样，一个更差）。这三个算法是 MrDIRECT$_{056}$，MrDIRECT$_{057}$，MrDIRECT$_{075}$。

5.3.3   整个 Hedar 测试集上的比较

本节我们在整个 Hedar 测试集上对算法 DIRECT、MrDIRECT 和 MrDIRECT$_{0ab}$ 进行数值比较。由于测试函数有 68 个（详见附录 B），这里采用 performance profile 技术（见附录 B）来分析测试数据[74]，图 5.8 是比较结果，其中计算成本为 20000 次函数值计算次数。

从图 5.8 上可以看到，所有的 MrDIRECT$_{0ab}$ 算法的性能都差不多，除了 MrDIRECT$_{055}$ 外都比原始 MrDIRECT 算法要好。结合本节的测试结果，可以很清楚地看到 a,b 的选择对 MrDIRECT$_{0ab}$ 算法的性能有重要影响。基于这些结果，我们相信令 $a=7, b=5$ 对于 MrDIRECT$_{0ab}$ 算法来说是不错的选择，因为它在以上的所有试验中都比原始算法要更好。换句话说，改进 MrDIRECT 算法在最粗层、中间层、最细层上分别设置 $\varepsilon=0, 10^{-7}, 10^{-5}$，层越低对应的 ε 越小。本书后面称 MrDIRECT$_{075}$ 算法为改进 MrDIRECT 算法，在不引起混淆的情况下也简称为 MrDIRECT 算法。

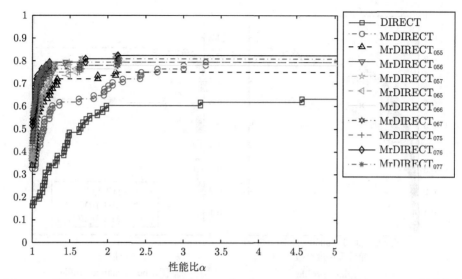

图 5.8　算法 DIRECT，MrDIRECT 和 MrDIRECT$_{0ab}$ 在整个 Hedar 测试集上的比较结果 ($\tau = 10^{-6}$)（后附彩图）

5.4　改进 MrDIRECT 算法的数值实验

本节对改进 MrDIRECT 算法进行数值测试，主要比较以下三个相关算法的数值性能：

- DIRECT：原始 DIRECT 算法[9]，$\varepsilon = 10^{-4}$；
- MrDIRECT：原始 MrDIRECT 算法[43]，采取 W 循环结构，$L = 2, N_1 = N_2 = N_3 = 1, r = 0.9, \varepsilon = 10^{-4}$；
- MrDIRECT$_{075}$：改进 MrDIRECT 算法，在最粗层、中间层、最细层上分别采用 $\varepsilon = 0, 10^{-7}, 10^{-5}$。

5.4.1　Hedar 测试集的测试

图 5.9 展示了 MrDIRECT$_{075}$、MrDIRECT 和 DIRECT 三个算法的数值比较结果，分别用 data profile 技术[73] 和 performance profile 技术[74] 对测试数据进行了分析。关于这两个分析技术的介绍也可参阅附录 B。

从图 5.9 可以清楚地看到，MrDIRECT$_{075}$ 比 MrDIRECT 和 DIRECT 表现都要好。具体来说，从右图可以看到，MrDIRECT$_{075}$ 算法可以以最好效率求解出 65% 的问题，而 MrDIRECT 和 DIRECT 只能分别求解 35% 和 20% 的问题。随着计算成本的增加，这种差距会缩小。最终，MrDIRECT$_{075}$ 求解出了 85% 的问题，超过了 MrDIRECT 的 80% 和 DIRECT 的 63%。

图 5.9 中的精度参数为 $\tau = 10^{-6}$，事实上，当 $\tau < 10^{-4}$ 时结果都类似。

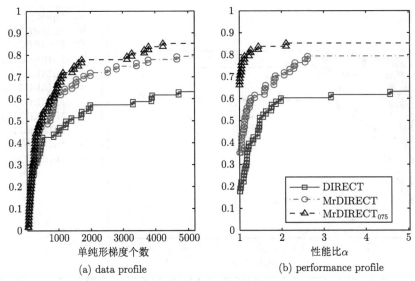

(a) data profile   (b) performance profile

图 5.9 算法 DIRECT, MrDIRECT 和 MrDIRECT$_{075}$ 在整个 Hedar 测试集上的数值比较 ($\tau = 10^{-6}$)（后附彩图）

5.4.2 再看 Shubert 问题

本节用 MrDIRECT$_{075}$ 和 DIRECT 来求解 Shubert 问题，它们的 L 型曲线见图 5.7。可以看到 MrDIRECT$_{075}$ 几乎一直比 DIRECT 要好，直到找到全局最优解。在这一问题中，能到达这个数值效果并不容易。这里通过展示迭代过程中的分割状态，看看为什么改进 MrDIRECT 算法能在 DIRECT$_0$ 和原始 MrDIRECT 都不能收敛的问题中表现很好。

图 5.10展示了迭代 35 次后的分割状态，更多结果可参阅文献 [44] 的附录材料 S5。需

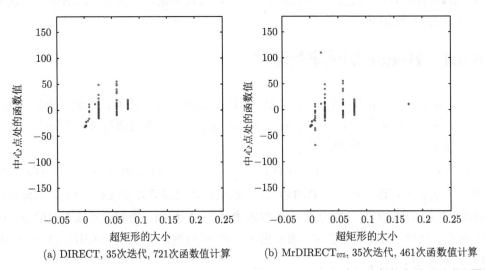

(a) DIRECT, 35次迭代, 721次函数值计算   (b) MrDIRECT$_{075}$, 35次迭代, 461次函数值计算

图 5.10 算法 DIRECT 和 MrDIRECT$_{075}$ 在 Shubert 问题中的分割状态图（后附彩图）

要指出的是，在这些子图的标题中，MrDIRECT 是 MrDIRECT$_{075}$ 的简称（为了节约空间），迭代的数字是 DIRECT 迭代的次数。在改进 MrDIRECT 算法中，子问题的搜索域是原始搜索域的子集，因此几乎每次迭代中都比 DIRECT 消耗更少的函数值计算成本。

从图 5.10中可以发现，MrDIRECT$_{075}$ 会产生更多大小不同的超矩形，而且包含全局最小点的红点分布在更多列中。这个特性根源于 MrDIRECT$_{075}$ 的多水平分割策略。根据 5.2 节的分析，在最粗层和中间层中忽略了 91% 和 10% 的超矩形后，有利于中等大小超矩形的分割。MrDIRECT$_{075}$ 的这一特点使得它在 Shubert 问题上有显著的优点。一方面，POH 包含全局最优解的可能性显著增加；另一方面，通过分割这些 POH，能找到更小的函数值，这反过来又能阻止对大量不包含全局最优解的小超矩形的过度分割。我们确信这是改进 MrDIRECT 算法在 Shubert 问题上表现好的主要原因。

5.4.3　GKLS 测试集和 CEC 测试集上的数值比较

本节将 MrDIRECT$_{075}$ 算法与 MrDIRECT 和 DIRECT 算法进行更充分的数值比较。通过在 GKLS 测试集[76,79] 和 CEC2014[80-81] 测试集上的比较，将对 MrDIRECT$_{075}$ 算法的数值性能有更确切的把握。关于这两个测试函数集的介绍可见附录 B。

图 5.11～图 5.14给出了四个不同精度下的数值比较结果，计算成本为 5000 个函数值计算次数。从中可以清楚看到，虽然精度较低（$\tau = 10^{-4}, 10^{-5}$）时 MrDIRECT$_{075}$ 与 MrDIRECT 算法并没有优势，随着 τ 下降（即精度提高）MrDIRECT$_{075}$ 与 MrDIRECT 算法显示出了明显的优势。

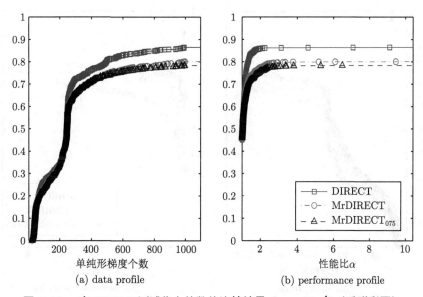

(a) data profile (b) performance profile

图 5.11　在 GKLS 测试集上的数值比较结果 ($\tau = 10^{-4}$)（后附彩图）

当 $\tau = 10^{-4}$ 时，MrDIRECT 和 MrDIRECT$_{075}$ 最后能求解大约 80% 的问题，少于 DIRECT 算法的 86%。但是，当 $\tau = 10^{-7}$ 时，MrDIRECT$_{075}$ 表现很好，最后能求解 73% 的问题，远超出 MrDIRECT 的 56% 和 DIRECT 的 52%，且对于任意给定成本都是最好算法。

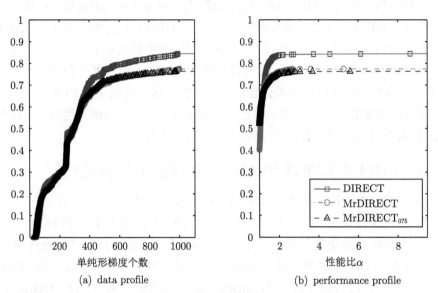

图 5.12　在 GKLS 测试集上的数值比较结果 $(\tau = 10^{-5})$（后附彩图）

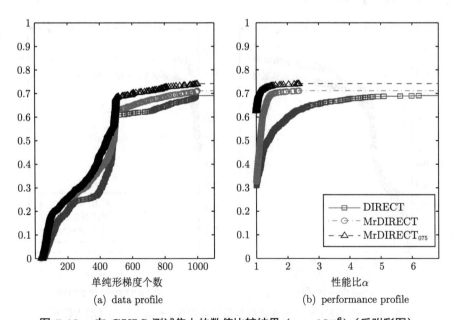

图 5.13　在 GKLS 测试集上的数值比较结果 $(\tau = 10^{-6})$（后附彩图）

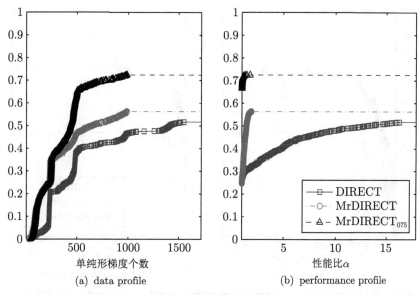

(a) data profile　　　　(b) performance profile

图 **5.14**　**在 GKLS 测试集上的数值比较结果** $(\tau = 10^{-7})$（后附彩图）

图 5.15～ 图 5.18给出了在 CEC 2014 测试函数集上的数值比较结果，计算成本为 20000 次函数值计算次数。从中可以看到 MrDIRECT 和 MrDIRECT$_{075}$ 算法表现都比 DIRECT 要好，无论精度参数 τ 为多少。另一方面，当 $\tau = 10^{-4}, 10^{-5}$ 时，MrDIRECT$_{075}$ 比 MrDIRECT 略差；当精度提高时，MrDIRECT$_{075}$ 的优势越来越显著。

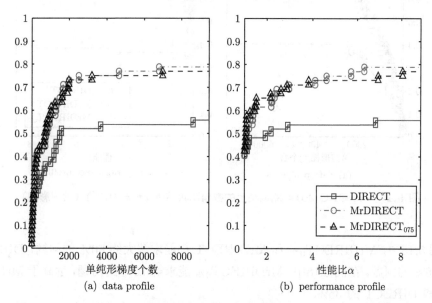

(a) data profile　　　　(b) performance profile

图 **5.15**　**在 CEC 2014 测试集上的数值比较结果** $(\tau = 10^{-4})$（后附彩图）

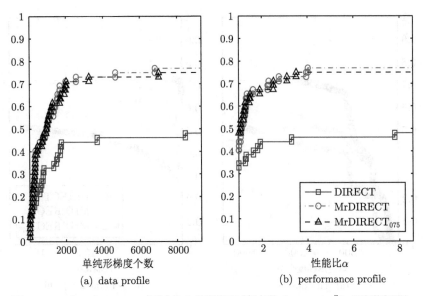

(a) data profile   (b) performance profile

图 5.16   在 CEC 2014 测试集上的数值比较结果 ($\tau = 10^{-5}$)（后附彩图）

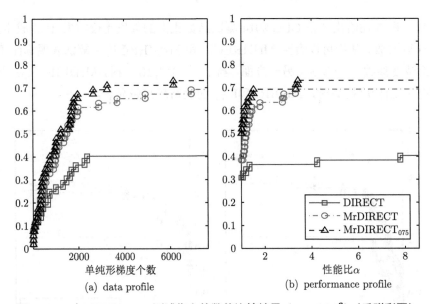

(a) data profile   (b) performance profile

图 5.17   在 CEC 2014 测试集上的数值比较结果 ($\tau = 10^{-6}$)（后附彩图）

在图 5.15 中，MrDIRECT$_{075}$ 和 MrDIRECT 都能求解大约 80% 的问题，DIRECT 只能求解 56% 的问题。在图 5.18 中，MrDIRECT$_{075}$ 能求解 70% 的问题，远高于 MrDIRECT 的 60% 和 DIRECT 的 35%。

这些结果表明，ε 分层可变策略使得改进 MrDIRECT 算法比原始 MrDIRECT 算法更稳健，在给定计算成本下，能为用户找到精度更高的解。这一点非常适合于计算成本昂贵的优化场合。

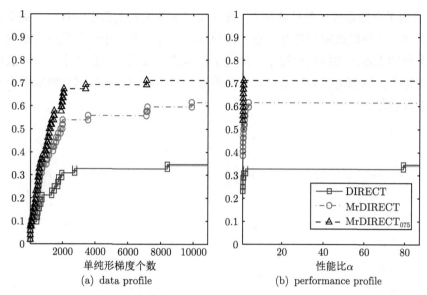

图 5.18　在 CEC 2014 测试集上的数值比较结果 ($\tau = 10^{-7}$)（后附彩图）

5.5　总结

本章从 DIRECT 算法自身的原因出发，进一步探究了渐近无效现象的可能原因，以及基于深度递归群体搜索的 MrDIRECT 算法是如何处理这些可能原因的。本章关注了两个主要原因，一是 DIRECT 算法的全局搜索与局部搜索的平衡机制；二是参数 ε 的影响。

DIRECT 算法的群体搜索功能同时兼顾了全局搜索与局部搜索，它有利于避免陷入局部最优。然而，当找到了全局最优点所在的区域后，对全局搜索与局部搜索的平衡就阻碍了更好的局部寻优。MrDIRECT 算法采用的深度搜索在平衡全局搜索和局部搜索方面具有更大的灵活性，一方面，在不同的搜索层次上仍然兼顾了全局搜索和局部搜索；另一方面，通过在中间层和最粗层上舍弃很多大的超矩形，强化了局部搜索能力。

DIRECT 算法的参数 ε 对于避免在非最优区域过度搜索有重要意义，但是当找到全局最优点所在的区域后，这一参数就阻碍了高效的局部寻优。本章为 MrDIRECT 算法设计了一种参数 ε 分层可变的策略，在不同层上赋予不同的参数值，而且越粗糙的层（包含的小矩形越少）参数值越接近 0。大量的数值实验结果表明，改进的 MrDIRECT 算法更好地缓解或消除了 DIRECT 算法的渐近无效现象。

当然，在本章的最后，我们要重申 DIRECT 算法的渐近无效现象并没有从理论上得到根本消除。当我们谈 MrDIRECT 算法的数值效果时，主要侧重于在一定的精度要求内，大幅缓解渐近无效现象，甚至在某些问题中可以达到完全消除的效果。从实践的角度来看，如果在一定精度要求内，看不到渐近无效现象了，那也就相当于消除了。如果要从理论上完全消除渐近无效现象，则需要对渐近无效现象有更深入的认识。我们认为渐近无效现象的根源在于全局最优化的理论困境：①在局部搜索的同时必须兼顾全局搜索以避免落入"局部陷阱"；②由于全局最优性条件的缺失，算法自身无法辨别是否已经找到全局最优解或其所在区域。这两个缺陷或限制相互作用，即使算法已经找到了全局最优解所在的区域，也仍然花费大量的成本去实施全局搜索，阻碍了快速的局部精炼。总体上，对一般的全局优化问题从理论上消除渐近无效现象可能非常困难，但也许可以消除某些特殊的全局优化问题的渐近无效现象。

第6章
递归深度群体搜索技术的更一般应用与探讨

前面将递归深度群体搜索技术应用到 DIRECT 算法,分析了该技术对渐近无效现象的作用。本章将该技术进一步应用到一般的分割式全局优化算法中,试图探究其普遍意义。然后,探讨递归深度技术与深度学习技术的联系与区别,并分析深度的增加对这类算法性能的影响。

6.1 基于分割的全局优化算法

本节我们首先提出一个基于分割的全局优化算法的一般框架,该框架可以认为是 DIRECT 算法的推广。我们称这个算法为基于分割的全局优化算法 (partition-based global optimization,PGO)。我们将证明 PGO 算法具有与 DIRECT 算法类似的收敛性。

PGO 算法的主要特点是搜索区域被分割成很多越来越小的部分,我们称之为细胞域 (cell regions)。细胞域总是凸多边形或者多面体。在 PGO 算法中,细胞域最重要的特点是它的大小,其定义如下。

定义 6.1 细胞域的大小是它的边长的函数,即

$$\sigma = g(l_1, \cdots, l_m) \tag{6.1}$$

其中,l_i 是第 i 条边的长度,m 是边的数量,函数 g 满足以下特性:

- g 是对称的,也就是说,$g(l_1, \cdots, l_m) = g(l_{s_1}, \cdots, l_{s_m})$ 对于 $1, \cdots, m$ 的任意序列 $s_1, \cdots, s_m$ 都成立。
- g 是 $\max_i\{l_i\}$ 的增函数,也就是说,当 $\max_i\{l_i\}$ 减小的时候 g 也会减小。

定义细胞域的大小有很多种方法。例如,在 DIRECT 算法中,细胞域就是超矩形,它的大小被定义为它的最长的边长[60]或者是它的对角线的一半[9]。在 PGO 算法中,需要抽样细胞域内 (或边界上) 的一个代表性的点,这个点我们称之为基点 (base point)。抽样的过程就是计算基点处的目标函数值。例如,在 DIRECT 算法中,超矩形 (细胞域) 的中心点被定义为基点。在 PGO 算法中,我们允许细胞域的任意点成为基点。

6.1.1 PGO 算法框架

在 PGO 算法中有两个关键过程。一个过程是确定潜在的最优细胞域,它可能包含全局最优值。另一个过程是对这些潜在的最优细胞域进一步划分。算法6.1描述了 PGO 算法

的框架。

算法 6.1 (PGO 算法框架)　*初始化: 在初始区域中采样一个点, 其函数值记为 $f_{\min}$。执行以下步骤, 直到停止条件成立:*

- *确定潜在最优细胞域;*
- *进一步分割潜在最优细胞域并更新 $f_{\min}$。*

在第一次迭代中, 整个搜索域是唯一的潜在最优细胞域。我们选择它然后将它分割成更小的细胞域。在下一次迭代中, 首先要确定潜在最优细胞域, 然后进一步分割它们。

下面分别介绍如何确定潜在最优细胞域以及如何分割它们。在 PGO 算法中, 允许按照满足以下分割规则的不同方法来分割潜在最优细胞域。

规则 1 (分割规则)　在 PGO 算法中, 分割过程应该满足以下规则: ① 当分割一个细胞域时, 至少有一条最长边被分割。② 当分割细胞域的一条最长边 (设它的长度为 l) 时, 它将被分成 m 个部分, 特别地, 设它们的长度为 $c_1l, c_2l, \cdots, c_ml$, 其中 $c_i > 0, i = 1, 2, \cdots, m$ 是给定的常数并满足 $\sum_{i=1}^{m} c_i = 1$。并且, 基点处的函数值越小, 所对应的细胞域越大。

在 PGO 算法中, 确定潜在最优细胞域比分割过程更重要。我们采用分割状态图来解释如何确定潜在最优细胞域, 这一方法也被 DIRECT 算法所采用。图 6.1 给出了一个分割状态图的示例。在图 6.1 中, 每个点都对应着一个细胞域, 纵坐标是它在基点处的函数值, 横坐标是细胞域的大小。在 PGO 算法中, 我们要求潜在最优细胞域的确定满足以下规则。

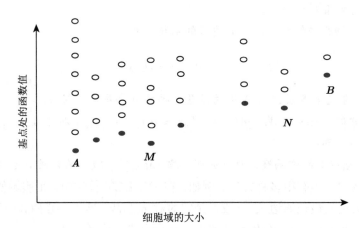

图 6.1　PGO 算法的分割状态图示例

规则 2 (潜最优细胞域的选择规则)　设潜最优细胞域的集合为 $\mathbb{P}$, 那么 $\mathbb{P}$ 满足

$$\underline{\mathbb{P}} \subseteq \mathbb{P} \subseteq \overline{\mathbb{P}} \tag{6.2}$$

其中, $\underline{\mathbb{P}}$ 由最大细胞域中基点函数值最小的细胞域组成, 而 $\overline{\mathbb{P}}$ 由大小相同的细胞域中基点函数值最小的所有细胞域组成。

例如在图 6.1 中，$\mathbb{P}$ 包含所有黑色点，而 $\underline{\mathbb{P}}$ 只包含点 B。规则 2 要求潜在最优细胞域应该至少包含点 B，最多可以包含所有黑色点。在原始 DIRECT 算法中，点 A, M, N, B 将成为潜最优超矩形。

根据规则 1 和规则 2，有以下引理。

引理 6.1　令 $\mathbb{C}_k$ 为 PGO 算法在 k 次迭代之后得到的细胞域集合，并令 $\mathbb{L}_k \subset \mathbb{C}_k$ 为最大细胞域组成的集合，其大小记为 $s_{\max}$。那么在有限次迭代中，每一个细胞域的大小都会比 $s_{\max}$ 小。

证明　根据规则 2，在每一次迭代中，至少有一个细胞域成为潜最优细胞域。而根据规则 1，潜最优细胞域的至少一条最长边会被分割。所以，再迭代一次后，只有以下三种可能情况：

- 集合 $\mathbb{L}_{k+1}$ 中的细胞域都比集合 $\mathbb{L}_k$ 中的要小，否则
- $|\mathbb{L}_{k+1}| < |\mathbb{L}_k|$，其中 $|\mathbb{L}_k|$ 为集合 $\mathbb{L}_k$ 中细胞域的数量，或者
- $|\mathbb{L}_{k+1}| = |\mathbb{L}_k|$，但是 $\mathbb{L}_{k+1}$ 中边长为 $s_{\max}$ 的边的数量比 $\mathbb{L}_k$ 要少。

因此，在有限次迭代中，不存在边长为 $s_{\max}$ 的边，也就是说，每一个细胞域的大小都小于 $s_{\max}$。　　　　□

引理 6.1 表明 PGO 算法分割得到的细胞域会变得越来越小。

定理 6.1　任一细胞域都会在有限次迭代中被分割。

证明　对于任一细胞域 $R \subset \mathbb{C}_k$，令 $\mathbb{R}$ 为包含所有大于 R 的细胞域的集合。那么，根据引理 6.1，在有限次迭代中，不存在大于 R 的细胞域，也就是指 R 在有限次迭代中成为最大的细胞域。于是，根据规则 2，R 会成为潜最优细胞域并会被分割。　　　　□

定理 6.2　设 F 是当前迭代中要分割的潜最优细胞域，σ_F 和 v_F 分别是 F 的大小和体积。那么，在有限次迭代中，存在 F 中分割而来的细胞域 $F_i, i = 1, 2, \cdots, K$，满足 $F_K \subset F_{K-1} \subset \cdots \subset F_1 \subset F$，且有

$$\sigma_{F_K} < \sigma_F, \quad v_{F_1} < v_F \tag{6.3}$$

证明　根据规则 1，F_1 中的所有边长都不大于 F 中的边长，而且 F_1 中至少有一条边长小于 F 中的边长。所以我们有 $v_{F_1} < v_F$。但是 F_1 和 F 可能有相同的最长边长，我们不能确保 $\sigma_{F_1} < \sigma_F$。根据定理 6.1，在有限次迭代中，F 的所有边都会被分割一次。令 $F_K \subset F$ 为所有边长都小于 F 的边长的细胞域，则有 $\sigma_{F_K} < \sigma_F$。　　　　□

定理 6.2 表明，PGO 算法的每一次迭代能减小潜最优细胞域的体积。但是，可能需要一次以上的迭代才能减小潜最优细胞域的大小。例如，原始 DIRECT 算法将潜最优超矩形的全部最长边三等分，这意味着每一次分割都可以减小潜最优超矩形的体积和大小。但是，DIRECT-1 算法[60] 只将潜最优超矩形的一条最长边三等分，这意味着每一次分割可以减小体积，但是可能需要不止一次分割来减小它的大小。

6.1.2　PGO 算法的收敛性

本节给出 PGO 算法的收敛性。首先给出簇 (cluster) 的定义。

定义 6.2　如果采样点的密度不均匀，则称密度较大的区域为簇。

粗略来说，簇就是采样点组成的云。图 6.2 给出了簇的例子，它是 DIRECT 算法在 Branin 函数 (带有或不带有加性校正) 测试问题中的采样点分布图。从图 6.2 中，可以清楚地看到，图 (a) 中存在三个密集但较小的簇，而在图 (b) 中存在一个松散但较大的簇。这两个图中的簇囊括了 Branin 测试函数的所有局部极小位置。

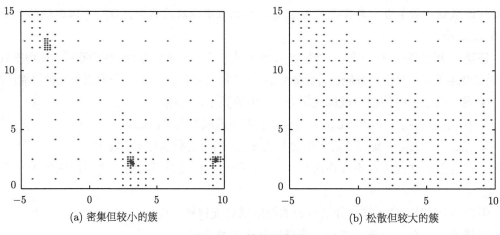

图 6.2   簇的示意图

下面的引理表明如果目标函数 $f(x)$ 在 Ω 中连续而且在 Ω 中只有一个局部极小值，那么 PGO 算法采样的点将会在有限次迭代后聚集于该局部最小值处。

引理 6.2   假设目标函数 $f(x)$ 在 Ω 中连续。令 $\overline{x}$ 为唯一的局部极小值也就是 Ω 中的全局最小值。那么，PGO 算法采样的点将会在有限次迭代内在 $\overline{x}$ 附近形成一个簇。

证明   用反证法。假定 PGO 算法已经进行了任意 $k_1 \in \mathbb{N}$ 次迭代，而且没有在 $\overline{x}$ 附近形成一个簇。那么这些采样点要么在 Ω 中均匀分布，要么在某个点 $\overline{y}$ 的附近形成簇，这里 $\overline{y} \neq \overline{x}$。

根据规则 2，函数值更小或大小更大（或二者兼有）的细胞域更有可能被分割，这意味着 PGO 算法采样的点在 Ω 中分布不均匀。

现在假定许多采样点集聚于点 $\overline{y}$ 周围。因为 $\overline{x}$ 是 Ω 内唯一的局部极小值，于是 $f(\overline{y}) > f(\overline{x})$。由 $f(x)$ 的连续性，可以选择 $\delta > 0$ 以及 $\overline{y}$ 附近的采样点的集合

$$\mathbb{C}_1 = \{y \,|\, |y - \overline{y}| < \delta, f(y) > f(\overline{x})\}$$

因此，跟 $\overline{x}$ 附近的采样点相比，在 $\mathbb{C}_1$ 中的所有细胞域都相应地有较小的大小 (由于集聚性) 和较大的函数值，也就是说，它们位于分割状态图的左边或左上角。

另一方面，设 $\hat{x}$ 为距离 $\overline{x}$ 最近的采样点，那么总是可以假定 $f(\hat{x}) < f(y), \forall y \in \mathbb{C}_1$(否则，给定更多但是有限次迭代，定理 6.1 会确保 PGO 算法会采样到一个离 $\overline{x}$ 足够近的点这样满足不等式)。这意味着基点为 $\hat{x}$ 的细胞域 (设为 c_2) 位于分割状态图的右下角。

这两个事实表明细胞域 c_2 比 $\mathbb{C}_1$ 中所有的细胞域更有可能被选作为潜最优细胞域。最后，细胞域 c_2 会被分割成更小的细胞域。f 的连续性确保了这些更小的细胞域中，必有一些细胞域，其基点处的函数值仍然满足 $f(y), \forall y \in \mathbb{C}_1$。所以这些细胞域比 $\mathbb{C}_1$ 中的细胞域仍然更可能被选为潜最优细胞域。这个过程会一直重复，直到 $\bar{x}$ 附近的细胞域的大小比 $\mathbb{C}_1$ 中的细胞域更小为止，也就是说，$\bar{x}$ 附近出现了一个簇。这样就得到一个矛盾的结论。□

下面的定理表明如果目标函数 $f(x)$ 在 Ω 中连续，那么 PGO 算法采样的点会在有限次迭代内，在 $f(x)$ 的任一局部极小点附近形成簇。

定理 6.3　假定目标函数 $f(x)$ 在 Ω 中是连续的且 $f(x)$ 所有局部极小值是离散的。令 $\bar{x}$ 为 $f(x)$ 在 Ω 中的任意局部极小点。那么 PGO 算法采样的点会在有限次迭代内，在 $\bar{x}$ 附近形成一个簇。

证明　假设函数 f 有 m 个局部极小点。因为 $f(x)$ 的所有极小点是离散的，我们可以选择 $\Omega_i \subset \Omega, i = 1, 2, \cdots, m$ 来包括所有这些局部极小值，每一个 Ω_i 包含一个局部极小值。为不失普遍性，假设 $\bar{x} \in \Omega_1$。定理 6.1 表明在有限次迭代中，PGO 算法至少会采样 Ω_1 中的一个点。然后引理 6.2 表明在有限次迭代中，PGO 算法采样的点会在 $\bar{x}$ 附近形成一个簇。□

6.2　基于递归深度群体搜索的一般分割式全局优化算法

本节我们将递归深度群体搜索技术应用到前面提出的 PGO 算法，构建多水平的分割式全局优化算法 (global optimization by multilevel partition，GOMP)。首先，构建一个基于二水平分割的全局优化算法，称为 GOMP-T 算法。GOMP 算法是 GOMP-T 算法的递归实现。

6.2.1　基于两水平分割的 GOMP-T 算法

GOMP-T 算法由两个 PGO 算法的搜索过程组成，一个是细层中的 PGO 搜索，一个是粗层中的 PGO 搜索。这两个搜索过程的关键区别是它们的搜索区域不同，为方便起见，分别称为细搜索域和粗搜索域。搜索域用一个集合来表示，集合中的每一个元素代表一个细胞域。细搜索域包含更多的细胞域，粗搜索域包含的细胞域是前者的真子集。

在 GOMP-T 算法中，首先执行细搜索域中的 PGO 算法搜索，即在初始搜索域中采样并将其进一步分割成更小的细胞域。经过少数几次迭代后，根据定理 6.3，采样得到的基点会在一些局部最小点附近形成簇。如果在这些簇中进一步进行搜索，将有更大希望快速提升解的精度。于是，我们将这些簇定义为粗搜索域，并在其上执行另一个 PGO 算法搜索。将采样得到的基点直接添加到细搜索域中的基点集中，并重新采用 PGO 算法在更新后的细搜索域中搜索。这个过程一直重复直到满足算法停止条件。详细步骤见算法 6.2。

算法 6.2 (GOMP-T 算法) *初始化*: 给定 $N_1, N_2, N_3, r_0 \in (0,1)$，以包含 Ω 基点的集合 $\mathbb{S}_1$ 表示细搜索域。

执行以下步骤，直到停止条件满足:

- **前优化**: 在细搜索域执行 PGO 算法 N_1 次，并更新 $\mathbb{S}_1$。
- **粗优化**: 执行算法 coarser(r_0) 将 $\mathbb{S}_1$ 的信息限制到代表粗搜索域的集合 $\mathbb{S}_0$。在 $\mathbb{S}_0$ 中执行 PGO 算法 N_3 次，并更新 $\mathbb{S}_0$。令 $\mathbb{S}_1 = \mathbb{S}_1 \bigcup \mathbb{S}_0$。
- **后优化**: 在细搜索域执行 PGO 算法 N_2 次，并更新 $\mathbb{S}_1$。

在算法 6.2中，coarser(r_0) 是一个子程序用于将细搜索域的信息传递到粗搜索域，这一过程称为搜索域的粗化。搜索域粗化的方式有很多种。例如，可以将当前的潜最优细胞域当作粗搜索域。本章采取一种更易于实现的策略来使搜索域粗化。

可以用 PGO 算法的分割状态图 (如图 6.1所示) 来解释我们的策略。分割状态图有以下两点特征。第一，定理 6.3表明集聚于局部最小点附近的基点，其对应的细胞域较小且基点处的函数值较小，也就是说，这些点位于分割状态图的左下角。第二，选择潜最优细胞域的规则表明，在大小相同的细胞域中，所有潜最优细胞域都在其基点处有最小的函数值。这意味着这些点都位于分割状态图的底部。为了粗化搜索域，我们需要找出位于分割状态图左下角的点，这一点执行起来并不容易。幸运的是，在粗搜索域中执行 PGO 算法时，我们需要的只是那些位于底部的点，也就是那些可能是潜最优化细胞域的点。因此，根据上述第二点事实，粗搜索域可以放大，只要包含左下角的点就行。于是，本章选择在状态图左侧 (而不是左下角) 的点作为粗搜索域。

上述策略有以下优点。首先，状态图左侧的点包括了左下角的点，而且这两个集合拥有相同的潜最优细胞域。其次，这一策略易于执行，因为只需要将细胞域按大小排序就可以获得粗搜索域。另外，这一策略不需要额外的计算成本，因为 PGO 算法在确定潜最优细胞域时已经将细胞域按大小排序了。

粗化搜索域的过程可以概括为如下的算法 6.3。

算法 6.3 (coarser(r)) *初始化*: 给定基点集合 $\mathbb{S}$，记 $|\mathbb{S}|$ 为集合 $\mathbb{S}$ 的元素个数。

  — 将基点对应的细胞域根据它们的大小进行排序;

  — 选择最小的 m 个基点，其中 $m = ceil(r|\mathbb{S}|)$;返回被选中的基点集合。

算法 6.3表明，粗搜索域是细胞域的集合，参数 $r \in (0,1)$ 决定了有多少点属于粗搜索域。更大的 r 表明粗搜索域含有更多的细胞域。这些细胞域都位于分割状态图的左侧，即它们都相对较小。虽然这些细胞域的一部分 (状态图左上角的点) 有较大的函数值，但它们不影响粗搜索域中的 PGO 搜索，因为它们不会成为潜最优细胞域，从而不会被分割。

6.2.2 基于多水平分割的 GOMP 算法

注意到全局优化的原问题和粗优化中的子问题具有相同的结构，PGO 算法求解这两个问题时，操作的对象都是一个由细胞域组成的集合。这意味着可以用 GOMP-T 算法本身来求解 GOMP-T 算法粗优化步骤中的子问题。这一思路产生了对 GOMP-T 的递归调用，就构建了具有多水平分割的全局最优化算法，称为 GOMP 算法。算法步骤详见算法 6.4。

> **算法 6.4** (GOMP(L))　初始化: 给定 $N_1, N_2, N_3, \gamma \in \mathbb{N}, r, r_0 \in (0,1)$，以包含 Ω 基点的集合 $\mathbb{S}_1$ 表示细搜索域。执行以下步骤，直到停止条件满足:
>
> - 如果水平参数 $L = 0$ (在最粗层上)，执行 PGO 算法 N_3 次，更新 $\mathbb{S}_L$。
> - 否则，执行以下步骤:
>   - 前优化: 在第 L 层上执行 PGO 算法 N_1 次，并更新 $\mathbb{S}_L$。
>   - 粗优化:
>   - 当 $L = 1$ 时，调用 coarser(r_0)，否则调用 coarser(r)，目的是将集合 $\mathbb{S}_L$ 的信息限制到 $\mathbb{S}_{L-1}$，构建 $L-1$ 层的搜索域；令 $L = L - 1$。
>   - 调用 GOMP(L) 算法自身 γ 次。
>   - 令 $L = L + 1, \mathbb{S}_L = \mathbb{S}_L \bigcup \mathbb{S}_{L-1}$。
>   - 后优化: 在第 L 层上执行 PGO 算法 N_2 次，并更新 $\mathbb{S}_L$。

在算法 6.4中，最细层的层数 L 是用户定义的，但是最粗层被设定为第 0 层。如果 $L = 1$，那么 GOMP 算法就退化成了 GOMP-T 算法。

在 GOMP 算法中，集合 $\mathbb{S}_i, 0 \leqslant i \leqslant L$ 包含 GOMP 算法采样得到的细胞域的信息 (细胞域大小及基点处的函数值)，代表了第 i 层搜索域。信息的交换就是通过这些集合来实现的。在第 1 次迭代时，集合 $\mathbb{S}_L$ 只包含 Ω 的基点。前优化后，$\mathbb{S}_L$ 的信息被限制到 $\mathbb{S}_{L-1}$，上述过程一直重复直到进入最粗层。然后，在最粗层执行后优化后，$mathbb{S}_0$ 的信息被返回 $\mathbb{S}_1$，第 1 层后优化后 $\mathbb{S}_1$ 的信息被返回 $\mathbb{S}_2, \cdots$，上述过程一直重复直到最细层。并为下一次迭代更新 $\mathbb{S}_L$，完成一次开始从最细到最粗再到最细的搜索过程。重复这些迭代，直到满足停止条件。

在 GOMP 算法中，我们采取了两个不同的参数来粗化搜索域。r_0 是用来获得最粗层搜索域的，r 是用于获得其他非最粗层搜索域的。这个策略允许更灵活地搜索局部最小点所在的区域。

在 GOMP 算法中，参数 γ 被称为循环参数，其值一般为 1 或 2。当 $\gamma = 1$ 时，GOMP 算法的每一次迭代从最细层搜索到最粗层搜索再返回到最细层搜索。而当 $\gamma = 2$ 时，GOMP 算法每次调用自身两次来求解子问题，因此在每一个粗层存在反复。图 6.3 给出了这两种

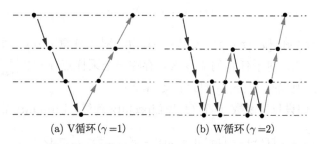

(a) V循环 ($\gamma = 1$)　　　　(b) W循环 ($\gamma = 2$)

图 6.3　GOMP 算法的 V 循环 ($\gamma = 1$) 和 W 循环 ($\gamma = 2$) 搜索模式示意图

最下面的虚线表示第 0 层，越往上层数越大

搜索模式的示意图。图 6.3(a) 描述了当 $\gamma = 1$ 时的情形，而图 (b) 描述了当 $\gamma = 2$ 时的情形。由于这两个图非常类似于 V 和 W 两个字母，因此分别称它们为 V 循环和 W 循环，相应地，对应的算法称为 GOMP-V 算法和 GOMP-W 算法。

6.2.3　GOMP 算法的收敛性

本节给出 GOMP 算法收敛性的一些结果。首先，可以证明 GOMP 算法采样得到的基点集合在搜索域 Ω 中稠密，从而如果目标函数 $f(x)$ 在全局最小点 x^* 的邻域内连续，那么 GOMP 算法可以至少采样到一个基点其函数值与 $f(x^*)$ 的误差足够小。其次，在目标函数在 Ω 中 Lipschitz 连续的假设下，可以证明，在 Clark 的非光滑分析意义下，存在采样点的某个子列，其任意聚点都满足一阶最优性必要条件 (见 1.2 节)。

引理 6.3　设 $\hat{x}$ 是可行域 Ω 中的任意一点。则对于任意 $\varepsilon > 0$，存在 $K \in \mathbb{N}$，使得对于任意 $k > K$，存在 $x \in \mathbb{S}_{L_{\max}}^{(k)}$，满足 $|x - \hat{x}| < \varepsilon$。其中 $L_{\max}$ 是最细层层数，$\mathbb{S}_{L_{\max}}^{(k)}$ 是 GOMP 算法迭代 k 次后采样得到的基点集合。

证明　用反证法证明。假设存在一个 $\delta > 0$，对于任意的 $K \in \mathbb{N}$，存在 $k > K$，对于任意点 $y \in \mathbb{S}_{L_{\max}}^{(k)}$，有 $|y - \hat{x}| \geqslant \delta$。这意味着

$$B(\hat{x}, \delta) \cap \mathbb{S}_{L_{\max}}^{(k)} = \varnothing, \quad \forall k \in \mathbb{N} \tag{6.4}$$

其中 $B(\hat{x}, \delta) = \{z | |z - \hat{x}| < \delta\}$。也就是说，存在 $\hat{x}$ 附近的一个区域，GOMP 算法无论迭代多少次，都无法抽样到这个区域中的任何一个点。

设 H 为 K_1 次迭代后包含 $B(\hat{x}, \delta)$ 的最小细胞域。那么根据定理 6.1，H 会在有限次迭代中被分割。假设 H 在第 $K_2 (K_2 > K_1)$ 次迭代中被分割，那么得到与式 (6.4) 相冲突的结论。否则，设 H' 为 K_2 次迭代后包含 $B(\hat{x}, \delta)$ 的最小细胞域。类似地，H' 将会在有限次迭代中被分割。重复这个步骤，可以证明 GOMP 算法会在有限次迭代中至少采样到 $B(\hat{x}, \delta)$ 中的一个点，这与式 (6.4) 相矛盾。　□

引理 6.3表明了，如果没有停止条件，那么 k 次迭代后被 GOMP 算法所采样的基点集合 $\mathbb{S}_{L_{\max}}^{(k)}$，当 $k \to +\infty$ 时，在搜索域 Ω 中稠密。

引理 6.4　假定目标函数 $f(x)$ 在全局最小点 x^* 的一个邻域内连续。那么，对于任意 $\delta > 0$，GOMP 算法可以采样至少一点 $x \in \mathbb{S}_{L_{\max}}^{(k)} \subset \Omega$，使下列不等式成立：

$$|f(x) - f(x^*)| < \delta \tag{6.5}$$

证明　假定 $f(x)$ 在 $\{x | |x - x^*| < \Delta\}$ 中连续。对于任意 $\delta > 0$，引理 6.3表明，存在 $0 < \varepsilon < \Delta$ 以及 $K \in \mathbb{N}$，对于任意的 $k > K$，存在一个采样点 $x \in \mathbb{S}_{L_{\max}}^{(k)}$ 使得 $|x - x^*| < \varepsilon$ 满足。根据连续性，所以有 $|f(x) - f(x^*)| < \Delta$。　□

下面更进一步，假设目标函数 f 在 Ω 上 Lipschitz 连续，Lipschitz 常数记为 λ。因此有

$$|f(x) - f(x^*)| < \lambda |x - x'|, \quad \forall x, x' \in \Omega \tag{6.6}$$

如果记 $\mathbb{B}_{L_{\max}}^{(k)}$ 为 GOMP 算法迭代 k 次后得到的最好位置的集合，即

$$\mathbb{B}_{L_{\max}}^{(k)} = \left\{ x \in \mathbb{S}_{L_{\max}}^{(k)} | f(x) \leqslant f(z), \ \forall z \in \mathbb{S}_{L_{\max}}^{(k)} \right\} \tag{6.7}$$

并令 $\mathbb{B}_{L_{\max}} = \bigcup_k \mathbb{B}_{L_{\max}}^{(k)}$，那么可以证明，在 Clark 非光滑分析的意义上[54]，$\mathbb{B}_{L_{\max}}$ 中的任意聚点满足一阶最优性必要条件。

定理 6.4　如果目标函数 $f(x)$ 在 Ω 内是 Lipschitz 连续的，那么对于 $\mathbb{B}_{L_{\max}}$ 的任意聚点 $\overline{x}$，一阶最优性必要条件成立，也就是说，f 在 $\overline{x}$ 点处的广义方向导数

$$f^o(\overline{x}; d) = \limsup_{\substack{y \to \overline{x}, y \in \Omega \\ t \downarrow 0, y + td \in \Omega}} \frac{f(y + td) - f(y)}{t} \geqslant 0 \tag{6.8}$$

其中 d 是如下定义的 Clark 方向锥中的任意方向，

$$T_{\Omega}^{Cl}(\overline{x}) = \{ d \in \mathbb{R}^n | \overline{x} + td \in \Omega \}$$

其中 t 为充分小的任意正数。

证明　用反证法证明。假定对于某个 $d \in T_{\Omega}^{Cl}(\overline{x})$ 有 $f^o(\overline{x}; d) < 0$。那么存在 $\delta > 0$，使得 $\overline{y} = \overline{x} + \delta d \in \Omega$ 且有 $f(\overline{y}) < f(\overline{x})$。

如果令

$$\Delta = \min \left\{ \frac{\delta}{2}, \frac{f(\overline{x}) - f(\overline{y})}{2\lambda} \right\} \tag{6.9a}$$

$$\mathcal{N} = \{ x | \|x - \overline{x}\| \leqslant \Delta \} \cap \Omega \tag{6.9b}$$

那么，对于所有 $x \in \mathcal{N}$，有

$$\begin{aligned}
f(x) &\geqslant f(\overline{x}) - \lambda\Delta \\
&\geqslant f(\overline{x}) - \frac{f(\overline{x}) - f(\overline{y})}{2} \\
&= \frac{f(\overline{x}) + f(\overline{y})}{2}
\end{aligned} \tag{6.10}$$

根据引理 6.3，存在 $K > 0$ 以及 $\hat{x} \in \mathbb{S}_{L_{\max}}^{(K)}$，使得

$$\|\hat{x} - \overline{y}\| \leqslant \Delta/2 \tag{6.11}$$

所以，对于所有 $x \in \mathbb{N}$，有

$$\begin{aligned}
f(\hat{x}) &\leqslant f(\overline{y}) + \frac{\Delta}{2}\lambda \\
&\leqslant f(\overline{y}) + \frac{f(\overline{x}) - f(\overline{y})}{4} \\
&< f(\overline{y}) + \frac{f(\overline{x}) - f(\overline{y})}{2} \\
&= \frac{f(\overline{x}) + f(\overline{y})}{2} \\
&\leqslant f(x)
\end{aligned} \tag{6.12}$$

另一方面，对于所有的 $k \geqslant K$ 以及任意 $x \in \mathbb{B}_{L_{\max}}^{(k)}$，有 $f(x) \leqslant f(\hat{x})$。因此，对于所有 $k \geqslant K$，有

$$\mathcal{N} \cap \mathbb{B}_{L_{\max}}^{(k)} = \varnothing$$

这与 $\overline{x}$ 是 $\mathbb{B}_{L_{\max}}$ 的聚点相矛盾。 □

6.3 递归深度搜索与深度学习

本节探讨递归深度搜索与深度学习的联系与区别。深度学习是目前很流行的一种机器学习方法。类似于递归深度搜索技术，深度学习也采用了多层结构。因此，我们首先简单介绍深度学习，然后比较递归深度搜索和深度学习在使用多层结构方面的不同策略，得出它们之间的联系和区别。

6.3.1 深度学习简介

深度学习 (deep learning) 是通过多层神经网络拟合训练样本分布的一种重要的机器学习方法[82-84]，目前在语音识别、图像处理以及其他一些复杂的学习应用中得到了非常好的结果。比如，Google 旗下的 DeepMind 公司开发的人工智能围棋 AlphaGO 采用了深度学习网络，在 2017 年打败了人类围棋冠军柯洁。

深度学习的前身是浅层学习 (shallow learning) 的人工神经网络 (artificial neural networks)，这类模型一般具有一个输入层，一个输出层和一个隐藏层。比如，早期基于反向传播算法 (back propagation) 的两层感知器 (two-layer perception) 就属于这一类。图 6.4 描述了一个三层的神经网络，其中 X 为输入层，Y 为输出层，S 为隐藏层 (由于输入层没有计算功能，只有其他两层有，所以称为两层的神经网络)。

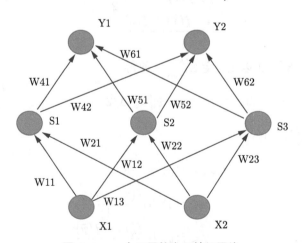

图 6.4　一个三层的人工神经网络

要构建一个人工神经网络，必须确定层数、每层的节点数、每个节点的激活函数 (变换函数) 以及连接的方式和权重。其中，层数、每层的节点数以及节点的变换函数通常取决于

实际问题的背景和计算成本。在确定了层数，每层节点数以及连接方式以后，人工神经网络模型的框架就定下来了，此时需要用样本来训练连接权重 (即图 6.4中的 W)。传统神经网络把整个网络作为一个整体来训练参数，目标是使得输出与样本之间的误差最小。这一策略一般采用梯度下降算法来求解，很难得到全局最优解。由于这一部分的困境，人工神经网络在早期没有得到广泛应用。

2006 年，加拿大多伦多大学的 Geoffrey Hinton 教授在逐层训练的基础上创造性地提出了一种快速学习算法 [82-83]，部分地解决了人工神经网络的参数优化问题，为人工神经网络往深度 (更多层数) 发展开启了新的方向。从 2006 年开始，作为人工神经网络的升级版本，深度学习得到了大量的关注，激发了新一轮的研究热潮 [84]。同时，深度学习也得到了大量的实际应用，全球很多大公司开始借助深度学习来开发新产品。

经过 15 年左右的发展，深度学习已经有了很多不同的模型。人们往往根据实际问题来设计深度学习模型，不仅仅改变层数和节点数等要素，还提出了层与层之间不同的连接和反馈方式。目前，比较常用的深度学习模型包括深度置信网络 (deep belief network)，递归神经网络 (recurrent neural network) 和卷积深度学习网络 (deep convolutional neural network) 等 [84]。图 6.5描述了一个深度置信网络的简单示意图，该网络的最上面两层实行无向连接，其他层之间是单向连接。

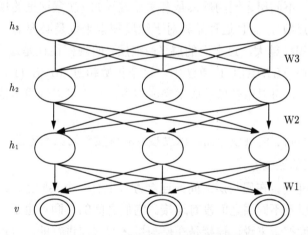

图 6.5　一个简单的深度置信网络

6.3.2　深度搜索与深度学习的联系与区别

首先要指出，深度搜索是一个优化技术，而深度学习是一种学习技术，它们属于两个不同的领域。因此，这里我们只比较它们使用多层结构时的不同策略。下面从 "层与节点的不同含义"，"不同层之间的规模差异" 和 "层与层之间的连接方式" 三个方面来进行比较。

(1) 层与节点的不同含义

在深度搜索中，一个层表示一个搜索空间，也就是很多点的集合。在 MrDIRECT 算法中，这些搜索空间包含了已采样到的所有超矩形的中心点 (或基点)；随着迭代的进行，这些点会越来越多，如果算法不停止，理论上可以有无穷多。在深度搜索中，并没有节点的概念。因此，层与层之间的连接并不是通过节点来连接的。比如，在图 4.3 和图 4.4 中，用一条虚线来形式化地表示一个层，其中并无节点。注意，虚线上的框和圈并不表示节点，只是描述了算法的操作 (框表示前优化或后优化，圈表示粗优化)。

在深度学习中，一个层是由节点来组成的，层本身并无实际含义，体现实际意义的是节点。一个节点可以看成一个编码器，有输入、输出，还有编码函数 (即变换函数或激活函数)。节点的输入、输出都是通过节点与节点之间的连接来实现的。值得注意的是，同一层的节点之间以及非相邻层的节点之间一般并无连接，只有在相邻层之间才有连接。由于这些特点，深度学习网络是一个数学意义上的图，其特殊之处是每个节点带有变换函数，能把输入和输出联系起来。而与之相对的图 4.3 和图 4.4 并不能看成是数学意义上的图。

(2) 不同层之间的规模差异

前面说过，深度学习模型的层数和每层节点数往往是根据实际问题以及可用的计算资源来设定的。在一定范围内，层数的增加可以降低模型的复杂度，但会大幅增加模型的参数从而变得更难训练。因此，必须根据实际问题的需要以及可用的计算资源来设定层数和每层节点数。一般来说，不同层的节点数之间在规模上不会相差很大。而且，可视层 (初始输入层和最终输出层) 往往节点数较少，而中间的隐藏层节点数相对较多。

对于深度搜索，不同层之间的规模是有明显差异的 (注意这里的规模指的是搜索空间的大小，并不是节点数)，而且这种差异对于深度搜索来说是必要的。一般来说，在深度搜索中，层数越高规模越大，最上面的层 (最细层) 的规模往往是最底层 (最粗层) 规模的很多倍。比如，在 MrDIRECT 算法中，这个倍数超过 10 倍 (1 : 0.09)。正是由于底层搜索空间的规模小，可以用较低的成本完成搜索，从而可以低成本地改善更高层的搜索结果。

由此可见，在不同层的规模方面，深度搜索和深度学习具有本质区别。

(3) 层与层之间的连接方式

深度学习和深度搜索在层与层之间的连接方式上有一个共同点：只有相邻层之间才有连接，同一层之间以及不同层之间没有连接。它们之间的不同点也是明显的，特别是在连接的含义上。对深度搜索来说，连接是在层与层之间双向进行的，有连接意味着层与层之间有信息的传递 (高层信息向低层的限制 (restriction)，以及低层信息向高层的延拓 (prolongation))。而对于深度学习来说，连接是在节点与节点之间 (可以单向也可以双向) 进行的，有连接意味着节点与节点之间有信息的输入、输出。

早期的深度学习网络，节点与节点之间的连接往往是单向的，类似于图 6.4 的连接方式。此时，输入层的信息不断向上传递，经过隐藏层节点的作用从输出层输出。这种信息不会向下反馈。但是，随着深度学习应用的不断拓展，不同种类的深度学习模型被不断提出。比如，图 6.5 描述的深度置信网络在最上面的两层之间就是双向连接的。随着前馈深度网络 (feed-forward deep network)，反馈深度网络 (feed-back deep network) 以及双向深度网络 (bi-directional deep network) 等模型的提出，深度学习层与层之间的连接方式逐渐多样化，不同层之间也有了更多的反馈[84]。

因此，在层与层之间连接方式上，深度搜索与深度学习各有各的特点。总体上，深度学习在连接方式上具有更多的选择。

最后，对于深度学习的 "深度"(也就是层数) 究竟有多深，我们给出一个简单的描述。由于层数增加带来的参数训练的计算成本增加很快，很多流行的深度学习网络的层数在 10 层以内。比如，2012 年 Google Brain 训练的深度神经网络有 9 层，包含 10 亿个连接;Facebook 的 DeepFace 项目采用了 5 层卷积神经网络。当然，也有一些深度学习模型可以认为有很多层。比如，递归神经网络 (recurrent neural network) 被认为是最 "深" 的神经网络，它对时间进行建模，使得隐藏层的输出不仅仅进入输出端，还进入了下一时间的隐藏层。因此，展开来看，递归神经网络可以有非常多层。另外，对同一类神经网络模型，对于越复杂的学习任务，一般深度越深。

6.4　搜索深度对算法的影响

受深度学习层数较多的启发，本节考虑层数对深度搜索的影响。为此，我们设计了一个具有 4 层搜索框架的 MrDIRECT 算法，为了与原始的 MrDIRECT 算法区分开来，把它记为 MrDIRECT-4 算法。然后，我们比较以下三个算法的数值效果:

- MrDIRECT-4: 具有 4 层搜索框架的 MrDIRECT 算法;
- DIRECT: 稳健 (符合齐次性[67]) 的 DIRECT-median 算法[45,69];
- MrDIRECT: 原始 MRDIRECT 算法[43]。

在这三个算法中，MrDIRECT 算法与 MrDIRECT-4 算法的区别在于搜索层数不同，前者是 3 层而后者是 4 层的。我们的目的是从这三个算法的数值比较中，发现 MrDIRECT-4 算法的数值性能好坏，并进一步理解搜索层数对 MRDIRECT 算法性能的影响。

MrDIRECT-4 算法指的是算法 4.4 中取 $L = 3$，从而有 $0,1,2,3$ 四层搜索空间，比 MrDIRECT 算法多一层。与 MrDIRECT 算法一样，这里采用 W 循环结构，也就是说，MrDIRECT-4 算法按照 "3-2-1-0-1-0-1-2-1-0-1-0-1-2-3" 的规则在不同搜索层之间进行循环搜索 (搜索示意图见图 4.4(c))。因为我们的目的是判断层数对算法性能的影响，所以没有去优化参数设置，直接采用 MrDIRECT 算法中的参数组合。

我们选择了两个测试函数集: Hedar 测试函数集[72] 和 GKLS 测试函数集[76]。它们都用于测试有界约束的优化算法。关于这两个测试函数集的更多介绍可参见附录 B。

对 Hedar 测试函数集，我们给定了 20000 次函数值计算次数的计算成本。借助 $20000 \times 68 \times 3$ 的函数值历史数据，采用 data profile 技术和 performance profile 技术进行分析。图 6.6给出了精度参数 $\tau = 10^{-7}$ 时的结果。

从图 6.6可以看到，MrDIRECT 算法对应的曲线几乎总是最高的，无论哪一种曲线，无论计算成本或性能比为多少。这说明，MrDIRECT 算法能求解的问题比例几乎总是最多的。所以，MrDIRECT 算法是 3 个算法中总体表现最好的。排在第 2 位的是 MrDIRECT-4 算法，而 DIRECT 算法是表现最差的。

从图 6.6(b) 的左端点可以看到，MrDIRECT 算法以最好的效率求解出了大约 45% 的问题 (31 个问题)，而 MrDIRECT-4 算法和 DIRECT 算法只求解出了约 35% 和 20% 的问题 (分别是 23 个问题和 14 个问题)。这三个数据之和等于 100%，说明这三个算法在不同的问题上显示出了最好的效率。考查图形 (无论是图 (a) 还是图 (b)) 的最右端，可以看到 MrDIRECT 算法最终求解出了约 80% 的问题，而 MrDIRECT-4 算法和 DIRECT 算法只分别求解出了 70% 和 53% 的问题。从图 (a) 可以看到，算法之间的性能差 (相同计算成本下曲线值之差) 在 $\kappa > 4000$ 后比较稳定，MrDIRECT 算法比 MrDIRECT-4 算法能多求解出 10% 的问题，比 DIRECT 算法多求解出 27% 的问题。

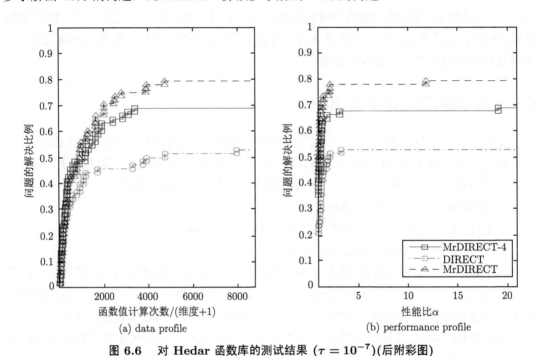

图 6.6　对 Hedar 函数库的测试结果 $(\tau = 10^{-7})$(后附彩图)

从 Hedar 测试函数库的比较结果来看，MrDIRECT-4 算法虽然表现比 DIRECT 算法好很多 (性能差为 17%)，但比 MrDIRECT 算法更差 (性能差为 −10%)。

下面考查对 GKLS 测试函数库的比较结果。我们给定 1000 次函数值的计算成本，该成本足以解出 2 维问题，但对大多数 20 维问题不能得到全局最优解。借助 $1000 \times 600 \times 3$ 的函数值历史数据，可以得到 data profile 和 performance profile。图 6.7 给出了精度参数 $\tau = 10^{-7}$ 时的比较结果。首先，总体结论与 Hedar 中的类似，即 MrDIRECT 算法表现最好，MrDIRECT-4 算法次之，DIRECT 算法最差。其次，MrDIRECT 算法与 MrDIRECT-4 算法之间的性能差 (相对 Hedar 中的结果) 变得更大了，达到了约 34%; 而 MrDIRECT-4 算法与 DIRECT 算法的性能差开始较大，但后来逐渐基本消失。实际上，MrDIRECT 算法在这两个函数库中的表现类似，最后都解出了约 80% 的问题，而 MrDIRECT-4 算法则差了很多 (能求解的问题比例从约 70% 降到了不足 50%)，DIRECT 也差了一些。

在 Hedar 函数库和 GKLS 函数库上的数值比较结果表明，MrDIRECT-4 算法的数值性能不如原始的 MrDIRECT 算法。这意味着对于以 DIRECT 型算法为基础的深度搜索算法来说，层数不宜大，我们大量的测试结果表明，3 层是一个很好的选择，它比 2 层和 4 层都要好。

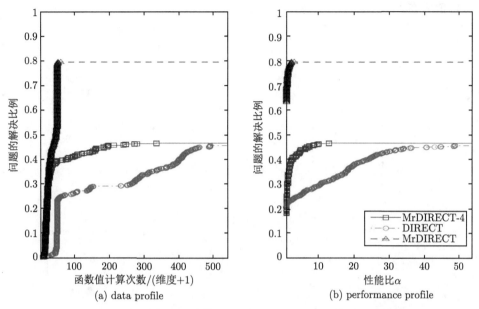

(a) data profile　　　　　　　　(b) performance profile

图 6.7　对 GKLS 函数库的测试结果 $(\tau = 10^{-7})$（后附彩图）

6.5　数值结果分析

本章提出的 GOMP 算法是一个基于递归深度群体搜索技术的一般分割式全局优化算法，第 5 章的 MrDIRECT 算法可以认为是它的一个特例。这里我们综合第 2 部分的数值结果，对于应用递归深度群体搜索技术后的各种 DIRECT 变种算法的特性，作出以下结论性判断。

- DIRECT 算法固有的群体搜索功能有助于平衡全局搜索与局部搜索，而本书提出的递归深度搜索技术有助于更好地实现这种平衡。这里更好的含义是，在不牺牲全局搜索能力的前提下，获得了更好的局部寻优能力，从而能够在相同成本下，找到精度更高的解。

- 递归深度群体搜索技术在 DIRECT 算法上的应用，产生了两水平搜索、三水平搜索和更多水平的搜索算法，每一种算法还可以采用 V 循环和 W 循环两种不同的搜索框架。我们的数值实验表明，三水平搜索的数值效果不仅优于两水平也优于更多水平的算法，而在同一种算法中，W 循环总体略好于 V 循环。

- 结合 DIRECT 算法的 ε 参数特性，在深度搜索中，不同水平上采用不同的 ε 参数值，对于进一步提升算法性能有重要影响。

- DIRECT 算法的渐近无效现象是本部分的关键主题，我们并没有在理论上对一般情形彻底解决这一问题。但是，所提出的 MrDIRECT 算法在大量的测试中显著缓解了这一问题。实践中，在用户的精度要求内，如果渐近无效现象没有出现，也就相当于消除了这一不良现象。这也是本书提出的递归深度群体搜索技术的重要实用价值所在。

第3部分

递归深度群体搜索技术在智能优化算法中的应用

第 7 章
粒子群优化算法

本书第 1 部分介绍了递归深度群体搜索技术，第 2 部分将该技术应用到一个确定性全局优化算法 (DIRECT 算法) 中。在这一部分，我们将该技术应用到一个随机性全局优化算法 (粒子群优化算法) 中去。

本章首先介绍粒子群优化算法。然后，在后续的第 8 章和第 9 章，分别深入探讨粒子群优化算法的两个理论性质：一个是其稳定性；另一个是其拓扑选择的优化。最后在第 10 章，介绍递归深度群体技术在粒子群优化算法中的应用。

7.1 粒子群优化算法

粒子群优化算法是目前群体智能优化的两大代表性算法之一，另一代表性算法是蚁群优化[10]。这里先简单介绍群体智能优化，然后介绍原始粒子群优化和经典粒子群优化两个算法。

7.1.1 群体智能优化简介

群体智能 (Swarm Intelligence) 研究的是分散的、去中心化的许多生物个体在集体层面上呈现出来的自组织、自适应等智能行为。如鸟类和鱼类的群体觅食行为，蚁群的觅食行为，等等。对这类现象进行仿真并用于求解优化问题就得到群体智能优化算法，如粒子群优化就是模拟鸟群和鱼群的觅食行为得到的[12,27]，而蚁群优化是通过模拟蚂蚁群体的觅食行为得到的[10]。除了这两个主流的群体智能优化算法外，一些新近提出来的算法，如萤火虫算法[85-86]、烟花算法[87] 和头脑风暴算法[13] 也得到了越来越多的关注。

群体智能优化算法跟演化优化算法有密切联系，后者包含基因算法、演化策略、演化规划等算法[24]。一般来说，以基因算法为代表的演化优化算法更看重基因重组、变异等微观层面的演化，而群体智能优化算法更重视种群等宏观层面的演化。因此，有时候，这两类算法都被认为是更广义的演化计算 (Evolutionary Computation) 的一部分，它们也共同组成了随机全局优化算法的重要组成部分。

7.1.2 原始粒子群优化算法

粒子群优化算法，它起源于对鸟群或鱼群觅食行为的仿真，与人工生命 (artificial life) 理论有密切连续[12]。这类研究的一个成果是可以对大量动物组成的群体行为进行动画模拟，如这个链接 http://www.red3d.com/cwr/boids/ 给出了一个简单演示。据称，影片《狮子王》中的牛群在峡谷奔跑的画面就用到了这类技术。在 20 世纪 90 年代初，这类研究发展成为一种强大的优化方法，用来解决如下的全局优化问题：

$$\min_x f(x), \quad \text{s.t.} \quad x \in \Omega \subseteq \mathbb{R}^n \tag{7.1}$$

1995 年，美国社会心理学家 James Kennedy 和电气工程师 Russell Eberhart 正式提出粒子群优化 (particle swarm optimization，PSO) 算法[12, 27]。

在粒子群优化算法中，食物被当成全局优化问题 (7.1) 的最优解，动物个体被抽象成粒子 (particle)，动物种群被抽象成粒子群 (particle swarm)。每个粒子具有两个属性，分别是其位置和速度。同时，粒子具有一定的记忆能力，每个粒子能够记住它曾经达到过的最好位置。另外，每个粒子具有与它临近的粒子进行信息交流的能力，并根据这些信息调整它的飞行速度。如果用 $\boldsymbol{x}_i, \boldsymbol{v}_i$ 分别表示第 i 个粒子的位置和速度，$i = 1, 2, \cdots, N$，这里 N 表示粒子的总数，也叫粒子群的规模，那么，可以把粒子调整其速度和位置的方程描述如下。

$$\boldsymbol{v}_{ij}(k+1) = \boldsymbol{v}_{ij}(k) + C_{1,ij}(\boldsymbol{p}_{ij}(k) - \boldsymbol{x}_{ij}(k)) + C_{2,ij}(\boldsymbol{g}_{ij}(k) - \boldsymbol{x}_{ij}(k)) \tag{7.2a}$$

$$\boldsymbol{x}_{ij}(k+1) = \boldsymbol{x}_{ij}(k) + \boldsymbol{v}_{ij}(k+1) \tag{7.2b}$$

其中，j 表示第 j 维，$j = 1, 2, \cdots, n$；k 表示迭代次数。也就是说，粒子群优化是按照不同维度在每次迭代中动态调整每个粒子的速度和位置的!

在式 (7.2a) 中，$\boldsymbol{p}_i(k)$ 和 $\boldsymbol{g}_i(k)$ 分别是粒子 i 的个体最优位置和邻域最优位置，其定义如下。

$$\boldsymbol{p}_i(k) = \arg \min_{0 \leqslant t \leqslant k} f(\boldsymbol{x}_i(t)), \quad \boldsymbol{g}_i(k) = \arg \min_{l \in N_i} f(\boldsymbol{p}_l(k)) \tag{7.3}$$

其中，N_i 是粒子 i 的邻域，即所有和粒子 i 相互传递信息的粒子组成的集合。这个集合的确定与 PSO 算法采用的种群拓扑结构有关。在粒子群优化中有许多不同的拓扑结构，星形拓扑和环形拓扑 (见图 1.3) 是流行的两个例子。关于 PSO 算法拓扑结构的选择和优化将会在第 9 章详细介绍。

在式 (7.2a) 中，C_1, C_2 是服从均匀分布的随机变量，而且对每个粒子的每一维在不同迭代中独立生成。具体来说，$C_{1,ij} \sim U(0, \phi_1), C_{2,ij} \sim U(0, \phi_2)$，其中 ϕ_1, ϕ_2 是原始粒子群优化算法中两个重要的参数。参数 ϕ_1 和 ϕ_2 通常被称为自我认知因子和社会学习因子，它们决定了对个体最优经验和社会最优经验的学习程度。在原始粒子群优化中，一般取参数 $\phi_1 = \phi_2 = 2$。

在式 (7.2a) 中，隐含着 PSO 算法的基本假设：在同一物种组成的社会之间进行信息共享有利于整个社会的演化。Kennedy 和 Eberhart 巧妙地将这一假设用数学模型 (7.2a) 表示出来: 粒子自身以及邻域中的其他粒子曾经达到过的最好位置对该粒子有重要的吸引作用。而且这一吸引力是随机的，随机性的引入被证明对于全局寻优有重要意义。

7.1.3 经典粒子群优化算法

研究发现，取 $\phi_1 = \phi_2 = 2$ 容易导致粒子飞行速度太大从而离开可行域范围。开始时，人们试图增加对飞行速度的限制 (即令 $|v| < v_{\max}$) 来解决这个问题。但是怎么去选取 $v_{\max}$ 却没有很好的理论指引，且会导致粒子的飞行轨迹不收敛[88]。

1998 年，文献 [89] 提出了一个很好的策略，该策略只增加了一个参数 ω。新的动态方程将式 (7.2a) 修订为如下形式，而式 (7.2b) 不变。

$$\boldsymbol{v}_{ij}(k+1) = \omega \boldsymbol{v}_{ij}(k) + C_{1,ij}(\boldsymbol{p}_{ij}(k) - \boldsymbol{x}_{ij}(k)) + C_{2,ij}(\boldsymbol{g}_{ij}(k) - \boldsymbol{x}_{ij}(k)) \tag{7.4}$$

参数 ω 被称为惯性权重 (inertial weight)，它的取值一般采用线性递减策略：一般先取 $\omega = 0.9$，随着迭代次数增加，线性递减到 $\omega = 0.4$。这一策略使得算法早期尽量探索 (exploration) 整个区域，然后在后期侧重于开发 (exploitation) 某些子区域。不过要注意的是，在 PSO 算法中，参数选取往往不是独立进行的，一般需要多个参数协同设定才能达到较好数值效果。

在惯性权重出现以后，$v_{\max}$ 的作用大大减小了，甚至可以完全不用它。不过仍有实验表明把 $v_{\max}$ 设定成一个很大的数仍然有助于改善 PSO 的数值效果[88]。在 PSO 算法的理论研究中，主要研究对象是取 ω 为常数且不采用 $v_{\max}$ 的经典 (canonical) 粒子群优化算法[28]。

7.2 粒子群优化算法的研究进展简介

自从粒子群优化算法于 1995 年提出以来，得到了大量的关注和应用[90-95]。到 2020 年 9 月 29 日，提出 PSO 算法的两篇文献 [12] 和文献 [27] 的 Google 引用次数都已经超过 60000 次，而且仍在快速增长中。这个引用量在整个全局优化或演化计算领域都是十分突出的。

本节简要介绍 PSO 算法的研究进展，主要从动态方程的改变、拓扑选择与优化、理论研究三个方面进行介绍。关于 PSO 算法的应用和其他改进，请参阅文献 [89]、[91]、[96]-[107]；关于 PSO 算法的更多全面介绍与回顾，请参阅文献 [88]、[108] 等。

7.2.1 动态方程的变化

经典 PSO 算法就是对原始 PSO 算法的动态方程进行了改进，本节介绍对动态方程的其他改进结果。值得注意的是，这些改进基本上都围绕第一个方程 (7.2a) 来展开。

(1) 压缩系数 (constriction coefficients)

2002 年，Clerc 和 Kennedy 在文献 [98] 中提出了一种带压缩系数的 PSO 模型，它把 (7.2a) 修订为如下形式：

$$\boldsymbol{v}_{ij}(k+1) = \chi \left(\boldsymbol{v}_{ij}(k) + C_{1,ij}(\boldsymbol{p}_{ij}(k) - \boldsymbol{x}_{ij}(k)) + C_{2,ij}(\boldsymbol{g}_{ij}(k) - \boldsymbol{x}_{ij}(k)) \right) \tag{7.5}$$

其中，参数要求满足 $\phi = \phi_1 + \phi_2 > 4$ 以及

$$\chi(\phi) = \frac{2}{\phi - 2 + \sqrt{\phi^2 - 4\phi}} \tag{7.6}$$

比较 PSO 的模型 (7.4) 和模型 (7.5)，如果令 $\omega = \chi, \phi_1 = \chi\phi_1, \phi_2 = \chi\phi_2$ (等式左边的参数来自模型 (7.4)，右边来自模型 (7.5))，那么这两个模型在代数上是等价的。本书把这两个模型一并认为是经典 PSO 算法。

根据文献 [98] 的收敛性分析，该文作者建议取 $\phi = 4.1$，从而有 $\chi = 0.7298$。在 $\phi_1 = \phi_2$ 的条件下，这相当于在模型 (7.4) 中取 $\omega = 0.7298, \phi_1 = \phi_2 = 1.49618$。注意到这一参数取值策略不同于惯性权重线性递减的策略[89]。本书中，把 ω 取常数 0.7298 和线性递减这两种策略，都看成是经典 PSO 算法的常用策略。在理论分析中，前者更常用。

(2) 完全影响的粒子群 (fully informed particle swarm，FIPS)

2002 年，Kennedy 和 Mendes 在文献 [103] 中提出了一种每个粒子受它所有邻居影响的 PSO 模型，被称为 FIPS 模型。该模型将式 (7.4) 替换为如下形式：

$$\boldsymbol{v}_{ij}(k+1) = \omega\boldsymbol{v}_{ij}(k) + \sum_{s \in N_i} C_{sj}(k)(\boldsymbol{p}_{sj}(k) - \boldsymbol{x}_{ij}(k)) \tag{7.7}$$

其中，$C_{sj}(k)$ 独立同 $U(0,\phi)$ 分布，$\boldsymbol{p}_s(k)$ 表示粒子 i 的第 s 个邻居曾经达到过的最好位置，N_i 是粒子 i 邻居集合。

在标准 PSO 算法中，粒子只受到邻域最好经验和自身最好经验的影响，而在 FIPS 模型中，粒子除了受到自身最优经验影响外，还受到它的所有 "邻居" 粒子最好经验 (显然包括邻域最好经验) 的影响。因此，FIPS 是标准 PSO 的一般化。在好的参数设定下，FIPS 的数值效果通常比标准 PSO 更好。但是，FIPS 的缺点是比标准 PSO 更依赖于粒子群的拓扑结构，即邻居是怎么定义的[103]。

(3) 其他变异或改进

除了以上介绍的变异或改进以外，PSO 算法还有非常多的变异或改进。下面仅粗略地列举其中一些，有兴趣的读者请参阅文献 [88] 等。比如，用于求解离散最优化问题的二进制 (binary)PSO 算法[102]，骨干 (bare-bones)PSO 算法，自适应 (adaptive) PSO 算法[107]，以及大量吸收演化计算和其他技术的混合 (hybrids)PSO 算法，等等。

7.2.2 拓扑选择与优化

本节介绍 PSO 算法中粒子群的拓扑结构，即每个粒子的邻居是怎么定义的。

在 PSO 算法的初期，每个粒子的邻居被定义为是距离在一定范围内的粒子。这种拓扑结构被称为是几何邻域 (geographical neighborhood)。虽然几何邻域的拓扑结构比较符合实际经验，但是缺点也很明显，那就是每次迭代计算大量距离的成本太大。因此，后来的 PSO 拓扑结构很少采用这种几何距离上的邻域结构，而是改用基于连接的拓扑结构。只要两个粒子之间有连接，它们就可以进行信息的共享，而不管它们之间的实际距离有多大。

图 7.1给出了四个具体例子，它们分别称为环形结构 (局部最优结构)、星形拓扑 (全局最优结构)、随机结构和轮形结构。

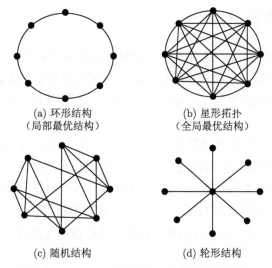

(a) 环形结构
（局部最优结构）

(b) 星形拓扑
（全局最优结构）

(c) 随机结构

(d) 轮形结构

图 7.1　PSO 中常见的通信网络拓扑结构

环形结构 (局部最优结构) 和全局最优结构是由文献 [27] 首先提出的，又叫做 lbest 结构和 gbest 结构。后者实际上就是全连接拓扑，整个群中的每对粒子之间都能相互分享信息。在 gbest 拓扑结构中，种群的最优粒子 (当前迭代中拥有最好历史位置的粒子) 对每个粒子都有直接影响，从而较容易引导整个种群收敛于某个局部最优。而在 lbest 拓扑结构中，种群的最优粒子只能影响其周围的两个粒子，多次迭代后才能逐渐影响到更远的粒子。这一特点使得它不容易落入局部最优，因此更适合于全局搜索。lbest 结构和 gbest 结构都属于静态拓扑结构，即每个粒子的邻居不会随着迭代的进行发生变化。更多的静态拓扑结构可参见文献 [103]、[109]-[110]。

关于静态拓扑，一个重要的研究内容是，是否存在一个拓扑结构，使得 PSO 算法的数值性能最好？大量的研究表明，这个问题的答案是否定的。换句话说，PSO 算法的最优拓扑结构是问题依赖的，没有找到对所有问题都具有明显优势的拓扑结构[29,103,109-110]。更进一步，理解拓扑结构对数值效果的影响，还要考虑算法数值效果的度量方式[110]，即数值性能最好的具体含义是什么。比如，经常用最后得到的函数值来度量算法的好坏，也可以用多次测试中的成功率来度量，前者相对更重视局部搜索能力，而后者相对更重视全局搜索能力。不管如何，不同的度量方式下的最优拓扑也可能是不一样的[110]。

动态拓扑的研究试图通过动态的调整拓扑参数 (粒子数，连接模式，度数等)，找到比任何单个静态拓扑更好更稳健的拓扑结构。一种自然的做法是，早期使用 lbest 结构，逐渐转换到 gbest 结构。这样做可以保证早期有充分的全局搜索 (exploration)，而后期更专注局部开发 (exploitation)。另一种策略是，每次迭代或隔几次迭代就重新随机产生每个粒子的拓扑结构。还有的做法是 (根据某些指标) 不断增加或减少每个粒子的邻居。文献 [29] 考虑了一般的正则拓扑，这类拓扑的每个粒子具有相同的度数，可以把 lbest 和 gbest 作为度数最小和最大两个极端的例子纳入统一框架。大量的分析与测试表明，最优拓扑虽然是问题依赖的，但仍有一定的规律性可循。具体内容详见文献 [29] 或第 9 章。

7.2.3 理论研究进展

由于 PSO 算法的简洁以及兼有社会科学和自然科学的背景，所以受到了社会科学和自然科学相关人员的喜爱，在算法改进和应用方面有大量的研究文献。虽然 PSO 的理论研究文献相对较少，但仍然得到了长足的发展，特别是在粒子轨迹、算法稳定性和参数稳定域等方面。

作为一个主流的群体智能优化算法或随机性全局优化算法，PSO 算法的理论研究受到了以下因素的制约。一是算法固有的随机性，加上粒子的智能特征 (有记忆和学习能力)，使得动态方程呈现高阶差分方程性质，数学上难以分析；二是种群有多个粒子，比单点迭代的优化算法更难以分析；三是算法的数值性能依赖于问题的特性，阻碍了一般性的数学分析。

下面介绍 PSO 算法的一些重要的理论结果，先从确定性假设入手，然后给出去除确定性假设后的结果。

(1) 确定性 PSO 的理论分析

由于随机性导致的分析困难，早期的 PSO 理论分析往往假设不考虑随机性，即学习因子 ϕ_1, ϕ_2 都是确定性的常数。下面给出一些结果。

- 1998—1999 年，Ozcan 和 Mohan 在文献 [111]、[112] 研究了停滞 (stagnation) 状态假设下的粒子轨迹 (trajectories) 怎么随着参数的变化而变化。研究表明，当 $\phi = \phi_1 + \phi_2 > 4$ 时，粒子振荡不断加大，而 $\phi < 4$ 时会出现周期性的振荡。该文的一个重要贡献是引入了停滞状态假设，该假设指的是所有粒子的最好位置都不再更新的一种状态。由于这一假设只需要考虑一个最好粒子的任意一维，避免了粒子多导致的分析困难，因此成为 PSO 算法理论分析的重要基础。后续很多理论分析都基于某种程度的停滞性假设，只不过假设要求越来越弱。

- 2002 年，Clerc 和 Kennedy 在文献 [98] 中在停滞状态假设下，通过分析线性离散动力系统，研究了粒子轨迹及其收敛问题。在该文中还引入了带压缩系数的 PSO 模型。

- 2002 年，van den Bergh 在其博士论文[113]中详细研究了停滞状态假设下带惯性权重的 PSO 模型，发现粒子会被一个不动点吸引，该不动点是邻域最好点与个体最好点的加权和。他在文中还指出，加入随机性后结论仍成立。其博士论文还指出，PSO 可能收敛到非最优解。然后，他提出了一些改进方法，并证明了改进方法能够在概率意义下收敛到全局最优解。

- 2003—2005 年，Blackwell 分析了粒子群在空间上的分布怎么随着时间而变化。结果表明，空间广度随着时间 t 而按照 $(\sqrt{\kappa})^t$ 指数式递减[114]，所做的实验很好地证实了这些结果 [115-116]。这一理论分析推广了文献 [113] 的结果。

- 2006 年，Campana 等人在文献 [117]-[118] 把 Clerc 和 Kennedy 的动力系统分析

推广到 FIPS，并把粒子的轨迹分解为自由响应 (free response) 部分和被动响应 (forced response) 部分，后者取决于目标函数。通过对主动响应部分的分析，对粒子群的初始化提出了建议。

(2) 考虑随机性的理论分析

在 PSO 算法提出约 10 年后，其理论分析开始去除确定性假设，回归真正的随机性本性。以下分析都考虑了随机性。

- 2006 年，Clerc 在文献 [119] 中指出带惯性权重的 PSO 的飞行速度更新公式可以看成三部分的和: 向前的力 Fv_t，向后的力 Bv_{t-1} 以及噪声 $N(p_i - g_i)$。其中，F, B, N 都是随机变量，且有 $E(F) = \omega - \phi_1^2 \ln(2)$，$E(B) = 2\omega \ln(2)$。Clerc 用这些分析来帮助优化算法参数，比如为了实现无偏搜索，他令 $E(F) = E(B)$。Clerc 在一系列理论研究后，提出了标准粒子群体优化算法 (standard particle swarm optimization, SPSO)[36]，成为 PSO 算法的一个有影响的实现方式。

- 2007 年，Poli 等人在停滞状态假设下，在文献 [120]-[121] 中研究了 PSO 中的抽样分布随时间变化的规律，并研究了抽样分布的均值、方差、偏度和峰度等。

- 2015 年，本书作者在文献 [28] 中综述了 PSO 算法稳定性的相关研究，特别比较分析了前期研究中采用的不同假设条件和不同的稳定性含义。然后在弱停滞性 (weak stagnation) 假设下分析了 PSO 算法的二阶稳定性，给出了标准 PSO 算法三大参数的二阶稳定域:

$$\omega \in (-1, 1), \quad \phi_1 = \phi_2 \in \left(0, \frac{12(1 - \omega^2)}{7 - 5\omega}\right) \tag{7.8}$$

在该区域内的任何一个参数组合，都可以保证标准 PSO 算法是稳定的。这一研究为 PSO 算法的稳定性分析提供了易于比较的平台，吸引了更多研究人员投入这一方向[122]。更多详细内容请参阅第 8 章。

第 8 章
粒子群优化算法的稳定性分析

粒子群优化得到了大量的成功应用，同时这个算法的理论分析——特别是稳定性分析和收敛性分析——也有长足的发展。一个优化算法的收敛性分析，要求证明该算法的迭代搜索能够找到 (可以在无限逼近的意义上) 所求解的最优化问题的解。如果这个解是全局最优解，则对应的收敛性称为全局收敛性; 如果是局部极值，则称为局部收敛性[4]。而如果不要求这个解是全局最优解，也不要求它是局部极值，则对应的分析称为稳定性[28]。显然，稳定性要求最低，更容易分析，而局部收敛性更难，全局收敛性最难。事实上，对一般最优化问题，由于全局最优化可能是 NP-hard 问题 (详见第 1 章的分析)，要证明优化算法的全局收敛性是非常困难的，甚至是不可能的。因此，往往退而求其次，去证明优化算法的局部收敛性或稳定性: 数学规划类算法一般要证明其局部收敛性，而智能优化算法对局部收敛不感兴趣，所以往往追求其稳定性。

本章的内容主要依据文献 [28] 来介绍粒子群优化的稳定性分析，只在最后一节增加了该文献后续的一些研究进展。在文献 [28] 之前，粒子群优化的稳定性分析主要集中在粒子群的动态行为、粒子轨迹、抽样分布以及参数稳定域等[98, 112, 123-131]。在这些分析中，通常采用严格的停滞性假设，即每个粒子的个体最优位置不再改变，从而是一个常量。很明显这种假设并不现实。此外，在这些分析中，采用了不同的稳定性定义。这些在一定程度上阻碍了对粒子群优化算法的理论洞察。

文献 [28] 对当时已有的稳定性分析进行了综述。然后提出了一个弱停滞性假设——只要求种群找到的最好位置是一个常量，并基于该假设推导了粒子群优化的稳定性分析。从而将粒子群优化算法的稳定性分析推进到了一个更符合实际的程度。文献 [28] 创造性地将粒子群优化的稳定性分析聚焦于弱化停滞性假设，引发了后续大量研究。目前已证明，粒子群优化的稳定性可以在没有任何停滞性假设的条件下得到保证。这为粒子群优化算法的更广阔应用奠定了坚实的理论基础。

8.1 稳定性分析的一个综述

本节介绍粒子群优化算法稳定性研究的一个综述，主要聚焦于文献 [28] 之前已有的稳定性分析结果，特别关注稳定性定义和得到的参数稳定域。

早期的分析通常假设不存在随机性[98, 130-131]，因此一个自然的稳定性定义是

$$\lim_{t \to \infty} \boldsymbol{x}(t) = \boldsymbol{y} \tag{8.1}$$

其中，$\{\boldsymbol{x}(t)\}$ 是算法每代种群得到的最好解系列 $\boldsymbol{y}$ 是一个常量向量。然后通过求解一个确定性差分方程[131] 或者一个确定性动力系统 [98,130]，可以得到参数稳定域

$$\phi_1 + \phi_2 < 2(1 + \omega), \quad \omega \in (0, 1) \tag{8.2}$$

或者

$$\phi_1 + \phi_2 < 2(1 + \omega), \quad \omega \in (-1, 1) \tag{8.3}$$

由于大多数文献采用 $\omega \in (-1, 1)$，为了便于比较，我们只考虑 (8.3) 给出的参数稳定域。

在获得稳定区域 (8.3) 后，如果要考虑 C_1, C_2 的随机性，可以有两个不同的途径。第一个是简单地用它们的最大值 ϕ_1 和 ϕ_2 分别代替 C_1, C_2，得出的结果与稳定区域 (8.3) 相同。第二个方法是用它们的期望值 $\phi_1/2$ 和 $\phi_2/2$ 分别代替 C_1, C_2，这将得到稳定区域

$$\phi_1 + \phi_2 < 4(1 + \omega), \quad \omega \in (-1, 1) \tag{8.4}$$

然而当 C_1 和 C_2 是随机变量时，$\{\boldsymbol{x}(k)\}$ 是一个随机变量序列，因此稳定性的定义 (8.1) 几乎没有意义。当随机性出现时，一个更流行的稳定性定义为

$$\lim_{t \to \infty} E[\boldsymbol{x}(t)] = \boldsymbol{y} \tag{8.5}$$

其中，$E(\boldsymbol{x})$ 是随机变量 $\boldsymbol{x}$ 的数学期望。这个定义等价于文献 [129] 提出的一阶稳定性。

定义 8.1　如果条件 (8.5) 成立，则粒子群优化是一阶稳定的，相应的参数区域称为一阶稳定域。

因此，区域 (8.3) 和区域 (8.4) 分别是不考虑和考虑 C_1, C_2 的随机性条件下的一阶稳定域。

为了更好地处理随机性，在文献 [127] 中，定义了一个无源系统的均衡解，并采用 Lyapunov 稳定性分析得到了充分但不必要的稳定域

$$\begin{cases} \phi_1 + \phi_2 < 2(1 + \omega), & \omega \in (-1, 0] \\ \phi_1 + \phi_2 < \dfrac{2(1 - \omega)^2}{1 + \omega}, & \omega \in (0, 1) \end{cases} \tag{8.6}$$

遗憾的是，Lyapunov 理论比较保守，以至于条件 (8.6) 受到了过多的限制。而且，区域 (8.6) 并没有包括粒子群优化常用的最佳参数组合[128]。因此，在文献 [125] 中，稳定域 (8.6) 被进一步推广到更大的区域：

$$\begin{cases} \phi_1 + \phi_2 < \dfrac{24(1 + \omega)}{7}, & \omega \in (-1, 0] \\ \phi_1 + \phi_2 < \dfrac{24(1 - \omega)^2}{7(1 + \omega)}, & \omega \in (0, 1) \end{cases} \tag{8.7}$$

因为稳定域 (8.6) 和稳定域 (8.7) 都采取了 Lyapunov 理论，为了方便起见，我们称它们为 Lyapunov 稳定域。

在文献 [126] 和文献 [129] 中已经指出，对 PSO 算法来说，一阶稳定性是不足以保证收敛的，还必须满足二阶稳定性条件，以确保方差或者标准偏差的收敛。在文献 [126] 中，下面这个条件

$$\lim_{t \to \infty} E[\boldsymbol{x}(t) - \boldsymbol{y}]^2 = 0 \tag{8.8}$$

被用来确保二阶稳定性，其中 $\boldsymbol{y} = \lim\limits_{t \to +\infty} E[\boldsymbol{x}(t)]$。条件 (8.8) 实际上要求 $\boldsymbol{x}(t)$ 均方收敛于 $\boldsymbol{y}$ 向量[132]。基于均方收敛条件，可得到参数稳定域 (应用了条件 ($\phi_1 = \phi_2 = \phi$))

$$\frac{5\phi - \sqrt{25\phi^2 - 336\phi + 576}}{24} < \omega < \frac{5\phi + \sqrt{25\phi^2 - 336\phi + 576}}{24} \tag{8.9}$$

另一方面，在文献 [129] 中，采用了下面这个条件

$$\lim_{t \to \infty} E[\boldsymbol{x}^2(t)] = \beta_0, \quad \lim_{t \to \infty} E[\boldsymbol{x}(t)\boldsymbol{x}(t-1)] = \beta_1 \tag{8.10}$$

来保证二阶稳定性，其中 β_0 和 β_1 是常数向量。然后，在停滞性假设和 $\phi_1 = \phi_2 = \phi$ 下，可得到曲线

$$\phi = \frac{12(1 - \omega^2)}{7 - 5\omega}$$

在这条曲线上的参数组合使得一个重要矩阵 $\boldsymbol{M}$ 的最大特征值的大小为 1。换句话说，文献 [129] 隐含提出了二阶稳定域

$$\phi < \frac{12(1 - \omega^2)}{7 - 5\omega} \tag{8.11}$$

注意到稳定域 (8.11) 等价于

$$12\omega^2 - 5\phi\omega + 7\phi - 12 < 0$$

而这可以推导出不等式 (8.9)。因此，式 (8.9) 和式 (8.11) 描述了相同的稳定域。为了方便起见，我们称式 (8.9) 和式 (8.11) 为二阶稳定区域。

其他一些文献也得到了类似的结果。比如，文献 [128] 提出了一个一般的连续 PSO，并将文献 [130] 和文献 [129] 中的稳定性定义及参数稳定域进行了推广。另外在文献 [124] 中提出了 PSO 的一般随机差分方程 (SDE)，以下的条件

$$E[\boldsymbol{x}(t)] = \boldsymbol{y} \tag{8.12}$$

和

$$E[\boldsymbol{x}(t) - \boldsymbol{y}][\boldsymbol{x}(t-k) - \boldsymbol{y}] = \gamma_k, \quad k = 0, 1, 2, \cdots \tag{8.13}$$

被分别用以定义一阶稳定性和二阶稳定性。其中，$\boldsymbol{y}$ 和 γ_k 是常数向量，它们都没有明确给出。这些条件实际上是时间序列的弱平稳性条件，即要求期望和所有 $\boldsymbol{x}(t)$ 的协方差都一直是常数。对标准粒子群优化，弱平稳性假设可以得到如下的参数稳定域

$$\phi_1 + \phi_2 < \frac{24(1-\omega^2)}{7-5\omega}, \quad \omega \in (-1, 1) \tag{8.14}$$

为了方便起见，我们称区域 (8.14) 为弱平稳性稳定域。当 $\phi_1 = \phi_2$ 时，这个稳定域和二阶稳定域 (8.11) 等价。

8.2　弱停滞性假设

8.1 节回顾了现有稳定性分析通常采用停滞性假设，这要求每个粒子找到的最好位置都不再更新。这不是一个现实的假设。本节我们建议采用弱停滞性假设 (weak stagnation assumption)，其定义如下。

定义 8.2　如果整个粒子群找到的最好位置 $\boldsymbol{x}_i(K)$ 自第 K 次迭代以来一直保持不变，直到第 $K+M(M \geqslant 3)$ 次迭代，则称粒子群优化在第 $(K, K+M)$ 次迭代期间处于弱停滞状态，并称 $\boldsymbol{x}_i(K)$ 为停滞点，粒子 i 在迭代 $(K, K+M)$ 之间称为占优粒子。

弱停滞性假设的第一个优势在于它比停滞性假设更加现实。停滞性假设要求每个粒子找到的最好位置保持不变，这在现实中通常永远不会发生。然而，在弱停滞性假设中，只要求整个种群找到的最好位置不再更新，而其他粒子的个体最优位置允许不断更新。这种状态在数值实验中并不罕见[133]，而且如果全局最优解已经找到了，那么整个种群必定会停留在弱停滞状态。

另外，弱停滞性假设允许将粒子分为占优粒子和几个非占优粒子类型，这种分类可以更好地分析不同类型粒子之间共享信息的条件，也有助于分析不同类型粒子的行为。

8.2.1　粒子分类和知识传播

在弱停滞状态期间，我们可以将所有的粒子划分为以下四类：
- I 型粒子: 即占优粒子，该粒子的个体最优位置也是整个种群的最优位置；
- II 型粒子: 跟占优粒子相连接的粒子，也就是，邻域最优粒子为占优粒子的粒子；
- III 型粒子: 除占优粒子以外的邻域最优粒子；
- IV 型粒子: 跟 III 型粒子连接的粒子。

我们用 $T_i(i = 1, 2, 3, 4)$ 分别表示这四种类型的粒子集。

显然，以上的粒子分类依赖于拓扑结构 (社会网络)。例如，对于 gbest 拓扑结构，就不存在 III 型和 IV 型粒子，所以 $T_3 = T_4 = \varnothing$。对于 gbest 以外的其他拓扑结构，通常四种粒子类型都是存在的。

给定任何拓扑结构，I 型粒子拥有最优的经验和知识，II 型粒子的经验次之，而 IV 型粒子如果存在的话，其拥有的经验最差。下面讨论在什么条件下，IV 型粒子可以和 I 型粒子共享最优经验。为方便论述，如果非占优粒子可以和占优粒子共享最优经验，则称占优粒子的最优经验是可扩散的。

定理 8.1　I 型粒子的最优经验是可扩散的，当且仅当 $T_3 = \varnothing$ 或者 $T_2 \cap T_3 \neq \varnothing$。

证明 如果 $T_3 = \varnothing$，那么只有 I 型粒子是邻域最优粒子，从而拓扑结构必定是 gbest 拓扑。在这种情况下，显然 I 型粒子的知识扩散是直接的。

如果 $T_3 \neq \varnothing$，那么这个拓扑结构必定不是 gbest 拓扑。为了保证 IV 型粒子能够与 I 型粒子共享知识，T_2 必须与 T_3 有交集，即 $T_2 \cap T_3 \neq \varnothing$。也就是说，I 型粒子把知识分享给 II 型粒子后，后者需要把这个知识分享给 IV 型粒子。如果没有 II 型粒子成为 III 型粒子，知识扩散是不可能的。 □

值得注意的是，当 $T_3 \neq \varnothing$ 时，$T_2 \cap T_3 \neq \varnothing$ 可能只在某些迭代中成立，换句话说，在弱停滞期间，从 I 型粒子到 IV 型粒子的知识分享可能是断断续续的。当知识传播在某些迭代中停止时，III 型粒子和 IV 型粒子组成的集合将完全独立于 I 型粒子和 II 型粒子组成的集合。从而，种群的多样性受益于最优经验的无法扩散。

8.2.2 占优粒子的领导行为

从 PSO 算法的动态方程式 (7.2a) 和式 (7.2b)，可以得到第 i 个粒子的第 j 维满足如下的随机差分方程

$$\boldsymbol{x}_{ij}(k+1) = \alpha_1 \boldsymbol{x}_{ij}(k) + \alpha_2 \boldsymbol{x}_{ij}(k-1) + \alpha_3 \boldsymbol{p}_{ij}(k) + \alpha_4 \boldsymbol{g}_{ij}(k) \tag{8.15}$$

其中 $i = 1, 2, \cdots, N; j = 1, 2, \cdots, n$ 以及

$$\begin{aligned}
\alpha_1 &= 1 + \omega - C_{1,ij} - C_{2,ij} \\
\alpha_2 &= -\omega \\
\alpha_3 &= C_{1,ij} \\
\alpha_4 &= C_{2,ij}
\end{aligned} \tag{8.16}$$

为了方便起见，这里用 $\alpha_1, \alpha_2, \alpha_3$ 和 α_4 分别表示 $\alpha_{1,ij}(k)$，$\alpha_{2,ij}(k)$，$\alpha_{3,ij}(k)$ 和 $\alpha_{4,ij}(k)$。如果存在多次迭代，将用 $\alpha_1(k)$ 表示 α_1 在第 k 次迭代的值。

随机差分方程 (8.15) 已在 PSO 算法的一些文献中出现过[123,126,128]。在文献 [124] 中，还推出了一个比方程 (8.15) 更一般的随机差分方程。

尽管粒子群优化有一个简单的理论等式，随机差分方程 (8.15) 可一点也不简单。主要原因是变量邻域最优位置 g 和个体最优位置 p 是动态的，而且系数 $\alpha_i (i = 1, 3, 4)$ 通常是随机变量。这些使得随机差分方程 (8.15) 很难求解。

从式 (8.16) 可以看出 $\alpha_i (i = 1, \cdots, 4)$ 总是满足下面的条件

$$\alpha_1 + \alpha_2 + \alpha_3 + \alpha_4 = 1 \tag{8.17}$$

这意味着 $\boldsymbol{x}_{ij}$ 在第 k 代的值总是 $\boldsymbol{x}_{ij}(k)$，$\boldsymbol{x}_{ij}(k-1)$，$\boldsymbol{p}_{ij}(k)$ 和 $\boldsymbol{g}_{ij}(k)$ 的随机凸组合。也就是说，随机差分方程 (8.15) 的系数之和总是等于 0。这一点对于求解方程 (8.15) 是很有帮助的。

在一般情况下，占优粒子会随着迭代次数的增加而改变。然而，当整个粒子群处于弱停滞状态时，占优粒子将不再改变。因此，假设在迭代 $(K, K+M)$ 期间 PSO 算法处于弱

停滞状态，且粒子 d 是占优粒子，则粒子 d 的个体最优等于它的邻域最优也等于种群的最优位置。于是有 $\boldsymbol{p}_d(k) = \boldsymbol{g}_d(k) = \boldsymbol{x}_d(K)$，$k \in [K, K+M)$，这里 $\boldsymbol{x}_d(K)$ 是停滞点。因此，对于占优粒子 d，在 $k \in [K, K+M)$ 时，可以得到以下更简单的随机差分方程

$$\boldsymbol{x}_d(k+1) = \alpha_1 \boldsymbol{x}_d(k) + \alpha_2 \boldsymbol{x}_d(k-1) + \tilde{\alpha}_3 \boldsymbol{x}_d(K) \tag{8.18}$$

其中，$\tilde{\alpha}_3 = \alpha_3 + \alpha_4$。注意，这里省略了维数 j。

因为 $\alpha_1, \tilde{\alpha}_3$ 是随机变量，所以不能通过求解它的特征方程来求解方程 (8.18)。但是可以用递归的方式来求解它。

定理 8.2　假设 PSO 算法在迭代 $(K, K+M)$ 期间处于弱停滞状态，$\boldsymbol{x}_d(K)$ 是停滞点，粒子 d 是占优粒子。那么随机差分方程 (8.18) 的解满足公式

$$\boldsymbol{x}_d(K+t) = \boldsymbol{x}_d(K) + R(t)(\boldsymbol{x}_d(K+1) - \boldsymbol{x}_d(K)), \quad t \in [0, M) \tag{8.19}$$

其中 $R(t)$ 满足递归公式

$$R(t+1) = \alpha_1(K+t)R(t) - \omega R(t-1), \quad R(0) = 0, \quad R(1) = 1 \tag{8.20}$$

证明　用归纳法证明。当 $t = 0$ 和 $t = 1$ 时，方程 (8.19) 意味着

$$\boldsymbol{x}_d(K) = \boldsymbol{x}_d(K)$$

$$\boldsymbol{x}_d(K+1) = \boldsymbol{x}_d(K) + (\boldsymbol{x}_d(K+1) - \boldsymbol{x}_d(K))$$

这显然是对的。

假设方程 (8.19) 对于 $t = k-1$ 和 $t = k$ 成立，则有下面的等式

$$\boldsymbol{x}_d(K+k-1) = \boldsymbol{x}_d(K) + R(k-1)(\boldsymbol{x}_d(K+1) - \boldsymbol{x}_d(K))$$

$$\boldsymbol{x}_d(K+k) = \boldsymbol{x}_d(K) + R(k)(\boldsymbol{x}_d(K+1) - \boldsymbol{x}_d(K))$$

下面证明方程 (8.19) 对于 $t = k+1$ 也是成立的。

从方程 (8.18) 可得

$$\boldsymbol{x}_d(K+k+1) = \alpha_1(K+k+1)\boldsymbol{x}_d(K+k) + \alpha_2 \boldsymbol{x}_d(K+k-1) + \tilde{\alpha}_3 \boldsymbol{x}_d(K)$$

结合 $\alpha_2 = -\omega$ 和 $\alpha_1 + \alpha_2 + \tilde{\alpha}_3 = 1$，可得

$$\boldsymbol{x}_d(K+k+1) = \boldsymbol{x}_d(K) + R(k+1)(\boldsymbol{x}_d(K+1) - \boldsymbol{x}_d(K))$$

其中 $R(k+1)$ 满足 $R(k+1) = \alpha_1(K+k+1)R(k) - \omega R(k-1)$。于是得证。　□

如果在方程 (8.18) 中令 $k = K$，结合 $\alpha_2 = -\omega$，得到

$$\boldsymbol{x}_d(K+1) - \boldsymbol{x}_d(K) = \omega(\boldsymbol{x}_d(K) - \boldsymbol{x}_d(K-1))$$

再结合方程 (8.19)，可以发现在弱停滞期间，占优粒子采样的任何点都不仅取决于停滞点 $\boldsymbol{x}_d(K)$，而且取决于 $\boldsymbol{x}_d(K+1)$ 和 $\boldsymbol{x}_d(K-1)$。

从方程 (8.19) 可以得出关于占优粒子领导行为的以下结论:

- 占优粒子的领导行为主要被 $R(t)$ 控制，而 $R(t)$ 主要由 α_1 的值所影响。
- 如果 $R(t)$ 在每一维上都相同 (例如当参数 C_1, C_2 是常数时)，那么所有被占优粒子抽样的点将位于由 $\boldsymbol{x}_d(K+1)$ 和 $\boldsymbol{x}_d(K)$ 确定的直线上。
- 通常 $R(t)$ 在每一维上是不同的，因此占优粒子采样的点在 $\boldsymbol{x}_d(K)$ 周围随机分布，其实际分布取决于 α_1。

8.3　二阶稳定性分析

本节在前面提出的弱停滞性假设下，分析 PSO 算法的二阶稳定性。首先提出二阶稳定性的定义，然后推导出相应参数的二阶稳定域。

在本书后续部分，记随机事件 A 的概率为 $P(A)$，随机变量 X 的方差为 $D(X)$。

8.3.1　稳定性定义

定义 8.3　假设种群永远处于弱停滞状态。那么如果

$$\lim_{t\to\infty} D[\boldsymbol{x}_d(K+t)] = 0 \tag{8.21}$$

成立，其中 $\boldsymbol{x}_d(K)$ 是停滞点；粒子 d 是占优粒子，则称粒子群优化算法是稳定的。

上述定义暗示，粒子群优化的稳定性只取决于占优粒子。尽管在某些迭代中，$T_2 \cap T_3$ 可能等于空集，从而有一些粒子的演化独立于占优粒子。然而，只要粒子群优化算法在足够长的迭代中处于弱停滞状态 (全局最优解找到时这一定会发生)，所有的粒子将会被占优粒子所吸引。因此，这个假设是现实的，至少在极限意义上是这样的。

因为定义 8.3要求方差收敛于 0，所以它满足二阶稳定性。下面的定理表明它也满足一阶稳定性。

定理 8.3　定义 8.3满足一阶稳定性。特别地，当 $P\{C_1 + C_2 \neq 0\} = 1$，即 $C_1 + C_2$ 几乎必然不等于 0 时，有等式

$$\lim_{t\to\infty} E[\boldsymbol{x}_d(K+t)] = \boldsymbol{x}_d(K) \tag{8.22}$$

成立。

证明　因为

$$D[\boldsymbol{x}_d(K+t)] = E[\boldsymbol{x}_d(K+t) - E(\boldsymbol{x}_d(K+t))]^2$$

所以 $\lim_{t\to\infty} D[\boldsymbol{x}_d(K+t)] = 0$ 意味着当 $t > 0$ 时，$E[\boldsymbol{x}_d(K+t)]$ 几乎必然存在，而且存在常数向量 $\boldsymbol{y}$，使得 $\boldsymbol{x}_d(K+t)$ 几乎必然收敛到 $\boldsymbol{y}$(参考文献 [132])。换句话说，有

$$P\{\lim_{t\to\infty} \boldsymbol{x}_d(K+t) = \boldsymbol{y}\} = 1$$

因此,

$$\lim_{t \to \infty} E[\boldsymbol{x}_d(K + t)] = \boldsymbol{y}$$

所以, 定义 8.3 满足一阶稳定性。

下面用反证法证明 $\boldsymbol{y} = \boldsymbol{x}_d(K)$。

一方面, $\boldsymbol{x}_d(K + t)$ 收敛到常数向量意味着, 如果在方程 (7.2a) 中取极限 (为方便起见去除了下标 i, j), 则可得到

$$\lim_{t \to \infty} \boldsymbol{v}_d(K + t) = \frac{(C_1 + C_2)(\boldsymbol{x}_d(K) - \boldsymbol{y})}{1 - \omega}$$

另一方面, 在方程 (7.2b) 取极限, 可得

$$\lim_{t \to \infty} \boldsymbol{v}_d(K + t) = 0$$

因此, 如果有 $P\{C_1 + C_2 \neq 0\} = 1$, 那么就有 $\lim_{t \to \infty} E[\boldsymbol{x}_d(K + t)] = \boldsymbol{y} = \boldsymbol{x}_d(K)$。 □

因此, 稳定性定义 8.3 既满足了一阶稳定性又满足了二阶稳定性。从定理 8.2 和方程 (8.22) 还可以直接导出如下的推论。

推论 8.1　假设种群永远处于弱停滞状态, 粒子群优化算法是稳定的。如果 $P\{C_1 + C_2 \neq 0\} = 1$, 那么有

$$\lim_{t \to \infty} E[R(t)] = 0 \tag{8.23}$$

下面这个引理提供了一个更简单的方法去验证 PSO 算法是否稳定。

引理 8.1　假设种群永远处于弱停滞状态, 则 PSO 算法是稳定的当且仅当

$$\lim_{t \to \infty} D[R(t)] = 0 \tag{8.24}$$

证明　根据定理 8.2, 在弱停滞状态, 占优粒子具有动态行为

$$\boldsymbol{x}_d(K + t) = \boldsymbol{x}_d(K) + R(t)(\boldsymbol{x}_d(K + 1) - \boldsymbol{x}_d(K))$$

因为停滞点 $\boldsymbol{x}_d(K)$ 和 $\boldsymbol{x}_d(K + 1)$ 是常数向量, 则

$$D[\boldsymbol{x}_d(K + t)] = D[R(t)][\boldsymbol{x}_d(K + 1) - \boldsymbol{x}_d(K)]^2$$

因此 $\lim_{t \to \infty} D[\boldsymbol{x}_d(K + t)] = 0$ 与 $\lim_{t \to \infty} D[R(t)] = 0$ 等价。 □

因为 $E[R^2(t)] = D[R(t)] + [E(R(t))]^2$, 以下推论可以直接从引理 8.1 和推论 8.1 中得出。

推论 8.2　假设种群永远处于弱停滞状态, 如果 $P\{C_1 + C_2 \neq 0\} = 1$ 成立, 则 PSO 算法是稳定的当且仅当

$$\lim_{t \to \infty} E[R^2(t)] = 0 \tag{8.25}$$

对于经典 PSO 算法及其许多变体，$C_1 + C_2$ 始终大于 0，因此 $P\{C_1 + C_2 \neq 0\} = 1$ 总是成立的。所以，在本章后续部分，假设下面的条件总成立。

假设 8.1 PSO 算法的参数 C_1, C_2 满足 $P\{C_1 + C_2 \neq 0\} = 1$。

根据以上分析，接下来我们计算 $E[R^2(t)]$，然后推出保证 PSO 算法稳定的参数组合，即参数的二阶稳定域。记

$$\mu = E(\alpha_1), \quad \sigma^2 = D(\alpha_1) \tag{8.26}$$

对于经典粒子群优化算法，有

$$\mu = 1 + \omega - \frac{\phi_1 + \phi_2}{2}, \quad \sigma^2 = \frac{\phi_1^2 + \phi_2^2}{12}$$

8.3.2 计算 $E[R^2(t)]$

从式 (8.20) 可得到

$$R^2(t+1) = \alpha_1^2(K+t)R^2(t) + \omega^2 R^2(t-1) - 2\omega\alpha_1(K+t)R(t)R(t-1)$$

和

$$R(t+1)R(t) = \alpha_1(K+t)R^2(t) - \omega R(t)R(t-1)$$

于是有

$$E[R^2(t+1)] = (\mu^2 + \sigma^2)E[R^2(t)] + \omega^2 E[R^2(t-1)] - 2\mu\omega E[R(t)R(t-1)] \tag{8.27}$$

以及

$$E[R(t+1)R(t)] = \mu E[R^2(t)] - \omega E[R(t)R(t-1)] \tag{8.28}$$

从式 (8.27) 可以求出 $E[R(t)R(t-1)]$ 和 $E[R(t+1)R(t)]$ 并代入式 (8.28)，得到

$$E[R^2(t+2)] + (\omega - \mu^2 - \sigma^2)E[R^2(t+1)] + (\omega\mu^2 - \omega\sigma^2 - \omega^2)E[R^2(t)] - \omega^3 E[R^2(t-1)] = 0 \tag{8.29}$$

且满足

$$E[R^2(0)] = 0, \quad E[R^2(1)] = 1, \quad E[R^2(2)] = \mu^2 + \sigma^2 \tag{8.30}$$

方程 (8.29) 的特征方程为

$$\Phi(r) = r^3 + (\omega - \mu^2 - \sigma^2)r^2 + (\omega\mu^2 - \omega\sigma^2 - \omega^2)r - \omega^3 = 0 \tag{8.31}$$

这一结果与文献 [126] 中的相同。通过求解特征方程可以得到 3 个根。令 $\lim\limits_{t \to \infty} E[R^2(t)] = 0$，并让这 3 个根的范数都小于 1，就可以得到下面的定理。

定理 8.4 设 $E[R^2(t)]$ 是方程 (8.29) 的解，那么 $\lim\limits_{t \to \infty} E[R^2(t)] = 0$ 成立的充分必要条件是

$$(1-\omega)\mu^2 + (1+\omega)\sigma^2 < (1+\omega)^2(1-\omega) \tag{8.32}$$

证明　证明围绕怎样让 3 个根的范数都小于 1 展开。针对 ω 的取值，分以下 3 种情况分别证明。

当 $\omega = 0$ 时，方程 (8.31) 有三个实根 $0, 0, \mu^2 + \sigma^2$。$\lim\limits_{t \to \infty} E[R^2(t)] = 0$ 成立要求

$$\mu^2 + \sigma^2 < 1$$

当 $\omega \in (-1, 0)$ 时，因为有

$$\Phi(\omega) = -2\omega^2 \mu^2 < 0, \quad \Phi(0) = -\omega^3 > 0, \quad \Phi(-\omega) = -2\omega^2 \upsilon^2 < 0, \quad \Phi(+\infty) = +\infty$$

所以，$\lim\limits_{t \to \infty} E[R^2(t)] = 0$ 成立只要求 $\Phi(1) > 0$，也就是

$$(1 - \omega)\mu^2 + (1 + \omega)\sigma^2 < (1 + \omega)^2(1 - \omega) \tag{8.33}$$

当 $\omega \in (0, 1)$ 时，因为有

$$\Phi(\omega) = -2\omega^2 \sigma^2 < 0, \quad \Phi(+\infty) = +\infty$$

$\lim\limits_{t \to \infty} E[R^2(t)] = 0$ 成立要求 $\Phi(1) > 0$，从而条件 (8.33) 必须满足。此外，还需要保证方程 (8.31) 的另外两个根的范数小于 1。

基于条件 (8.33)，可以确保特征方程 (8.31) 有一个根 $r_3 \in (\omega, 1)$。此外，可以将方程 (8.31) 重写为以下形式：

$$\Phi(r) = (r - r_3)\left[r^2 + (\omega - \mu^2 - \sigma^2 + r_3)r + \frac{\omega^3}{r_3}\right] = 0 \tag{8.34}$$

从而可以得到方程 (8.31) 的另外两个根

$$r_{4,5} = \frac{(\mu^2 + \sigma^2 - \omega - r_3) \pm \sqrt{\Delta_1}}{2}$$

其中 $\Delta_1 = (\mu^2 + \sigma^2 - \omega - r_3)^2 - 4\omega^3/r_3$。$\lim\limits_{t \to \infty} E[R^2(t)] = 0$ 成立要求 $\max\{|r_4|, |r_5|\} < 1$，也就是要求下面的不等式满足

$$\omega + r_3 - 1 - \frac{\omega^3}{r_3} < \mu^2 + \sigma^2 < \omega + r_3 + 1 + \frac{\omega^3}{r_3} \tag{8.35}$$

注意到条件 (8.33) 要求

$$(\mu^2 + \sigma^2) < (1 + \omega)^2 - 2\omega\sigma^2/(1 - \omega)$$

考虑到 $r_3 \in (\omega, 1) \subset (0, 1)$，从不等式 (8.35) 可推出

$$\omega + r_3 + 1 + \frac{\omega^3}{r_3} \geqslant (1 + \omega)^2$$

这意味着不等式 (8.35) 中的右边不等式是不必要的。

此外，从方程 (8.31) 可得到

$$\begin{aligned}\Phi(-1) &= -1 + (\omega - \mu^2 - \sigma^2) - (\omega\mu^2 - \omega\sigma^2 - \omega^2) - \omega^3 \\ &= -(1-\omega)(1-\omega^2) - (1+\omega)\mu^2 - (1-\omega)\sigma^2 \\ &< 0\end{aligned}$$

而从式 (8.34) 有

$$\Phi(-1) = (-1 - r_3)\left[1 - (\omega - \mu^2 - \sigma^2 + r_3) + \frac{\omega^3}{r_3}\right]$$

这意味着

$$\mu^2 + \sigma^2 > \omega + r_3 - 1 - \frac{\omega^3}{r_3}$$

总是成立，因此不等式 (8.35) 的左边不等式也是不必要的。

以上分析表明条件 (8.33) 是 $\lim\limits_{t\to\infty} E[R^2(t)] = 0$ 成立的充分必要条件。 $\square$

8.3.3 参数的稳定域

从推论 8.2 和定理 8.4，可以得到 PSO 算法的参数稳定域。

定理 8.5 粒子群优化算法是稳定的，当且仅当参数 ω, ϕ_1 和 ϕ_2 满足条件

$$\begin{cases} \omega \in (-1, 1) \\ (1-\omega)\mu^2 + (1+\omega)\sigma^2 < (1+\omega)^2(1-\omega) \end{cases} \tag{8.36}$$

其中 μ, σ^2 由式 (8.26) 定义。

根据前面的分析，只要 PSO 算法可以由差分方程 (8.15) 来描述，其参数的稳定域就可以用条件 (8.36) 来表示，其中 C_1, C_2 是满足 $P\{C_1 + C_2 \neq 0\} = 1$ 的任何随机变量。

一个相似的结果已经在文献 [124] 中提出了，可用于更通用的 PSO。然而，需要更严格的条件才能得出文献 [124] 中的公式 (14)。关于这一点，在 8.4 节有更多的讨论与比较。

通过在不等式 (8.36) 中取

$$\mu = 1 + \omega - \frac{\phi_1 + \phi_2}{2}, \quad \sigma^2 = \frac{\phi_1^2 + \phi_2^2}{12}$$

可以直接得到下面的推论。

推论 8.3 标准 PSO 算法是稳定的当且仅当参数满足

$$\omega \in (-1, 1)$$

以及

$$3(1-\omega)(\phi_1 + \phi_2)^2 + (1+\omega)(\phi_1^2 + \phi_2^2) - 12(1-\omega^2)(\phi_1 + \phi_2) < 0$$

推论 8.4 当且仅当下面等式

$$\begin{cases} \omega \in (-1, 1) \\ \phi \in \left(0, \dfrac{12(1-\omega^2)}{7 - 5\omega}\right) \end{cases} \tag{8.37}$$

成立时，带有 $\phi_1 = \phi_2 = \phi$ 的经典 PSO 算法是稳定的。

很明显，参数稳定域 (8.37) 与式 (8.9)，式 (8.11) 以及式 (8.14) 描述的二阶稳定区域是等价的。图 8.1 显示了这个参数稳定域。在这个区域的任何一对参数组合 (ω, ϕ) 都可以保证 PSO 算法的二阶稳定性。当 $\omega = 1.4 - \sqrt{0.96} \approx 0.42$ 时，ϕ 达到了它的最大值 2.0170。在我们的数值实验中，最佳参数组合 $(\omega = 0.42, \phi = 1.55)$ 位于 $\omega = 0.42$ 这条线上。

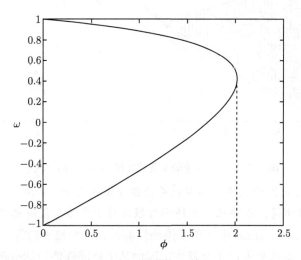

图 8.1　经典粒子群算法的参数稳定域 ($\phi_1 = \phi_2 = \phi$)

最后需要指出的是，由于我们的分析只需要研究占优粒子的领导行为，因此本章的结果可以适用于采用任意拓扑的经典 PSO 算法。

8.4　比较和讨论

在 8.1节回顾了已有的稳定性分析，特别是围绕稳定性的不同定义以及得到的参数稳定域。本节结合 8.3节的分析结果，进一步深入比较它们之间的异同与优缺点。由于现有的稳定性分析基于不同的 PSO 模型，有些考虑了很一般的情况[124]，为了便于比较，本节聚焦于 $\phi_1 = \phi_2 = \phi$ 的经典 PSO 算法。

首先，将本文涉及的所有参数稳定域放入同一幅图中。如图 8.2所示，三角形区域 ABC 和 ABF 分别是一阶稳定域 (8.3) 和稳定域 (8.4)，凹三角形 ABD(用水平线覆盖) 和 ABE(用垂直线覆盖) 分别是 Lyapunov 稳定域 (8.6) 和稳定域 (8.7); 凸的 $ABGE$ 区域是二阶稳定域 (8.37)。根据 8.1节的分析，Lyapunov 方法比较保守和严格，得到的区域是二阶稳定域的子集。而根据定理 8.3，二阶稳定性蕴含着一阶稳定性，所以二阶稳定域是一阶稳定区 ABF 的子集。

由于一阶稳定性不足以确保 PSO 的收敛[126,129]，因此我们重点比较二阶稳定域。特别是文献 [124]、[126]、[129] 中提出的二阶稳定性分析与本文提出的分析进行比较。

首先必须指出，尽管这四个稳定性分析采用了不同的停滞性假设和不同的稳定性定义，对于带 $\phi_1 = \phi_2 = \phi$ 的经典 PSO 算法，它们得到了相同的二阶稳定域 (8.37)。这一事实直接导致了以下的命题。

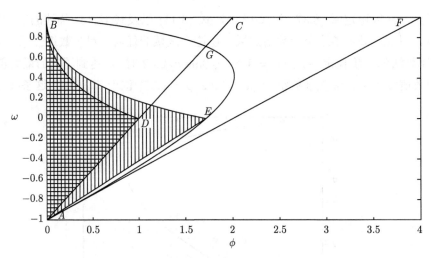

图 8.2　本文讨论的所有稳定域 ($\phi_1 = \phi_2 = \phi$)

命题 8.1　本文提出的弱停滞性假设足以推导出具有 $\phi_1 = \phi_2 = \phi$ 的经典 PSO 算法的二阶稳定域。换句话说，以前采用的停滞性假设过于严格，没有必要。

在文献 [124]、[126]、[129] 中采用了停滞性假设，每个粒子的每一维都被独立地看待。然而，由于停滞性状态几乎永远不会发生，因此基于停滞性假设的分析没有实际意义。幸运的是，命题 8.1表明，类似的分析可以在更具现实性的弱停滞性假设下进行。在弱停滞状态中，虽然只有占优粒子是独立行动的，但是其行为也可以产生二阶稳定区域。文献 [126] 也将他们的分析扩展到了只固定种群最优位置而其他粒子的个体最优位置可以更新的状态。

下面开始比较稳定性的定义。

在文献 [129] 中，稳定性的条件包括式 (8.10) 和式 (8.12)，这不仅限制了期望和方差，也限制了协方差 $E[\boldsymbol{x}(t) - \boldsymbol{y}][\boldsymbol{x}(t-1) - \boldsymbol{y}]$。在文献 [124] 中，根据条件 (8.13)，所有协方差都需要随时间保持不变，这个条件更加严格。在文献 [126] 和本章的分析中，并没有对协方差的限制。根据本章的稳定性定义和定理 8.3，方差收敛于 0 不仅可以确保二阶稳定性而且可以确保一阶稳定性。因此，有下面的命题。

命题 8.2　定义 8.3足够推导出具有 $\phi_1 = \phi_2 = \phi$ 的经典 PSO 算法的二阶稳定域。换句话说，让占优粒子位置的方差收敛于 0 就足够推导出具有 $\phi_1 = \phi_2 = \phi$ 的经典 PSO 算法的二阶稳定域，并不需要其他额外条件。

然后，我们来比较本章提出的稳定性定义和文献 [126] 中提出的稳定性定义式 (8.13)。

首先，令 $\boldsymbol{y} = \lim\limits_{t \to \infty} E[\boldsymbol{x}(t)]$，于是有

$$E[\boldsymbol{x}(t) - \boldsymbol{y}]^2 = E\big[\boldsymbol{x}(t) - E[\boldsymbol{x}(t)] + E[\boldsymbol{x}(t)] - \boldsymbol{y}\big]^2$$
$$= D[\boldsymbol{x}(t)] + (\boldsymbol{y} - E[\boldsymbol{x}(t)])^2$$

这意味着 $E[\boldsymbol{x}(t) - \boldsymbol{y}]^2 > D[\boldsymbol{x}(t)]$ 一般是成立的。然而，在极限状态有

$$\lim_{t \to \infty} E[\boldsymbol{x}(t) - \boldsymbol{y}]^2 = \lim_{t \to \infty} D[\boldsymbol{x}(t)]$$

因此，文献 [126] 中提出的稳定性定义与本章提出的定义是等价的。所以，它们产生了相同的稳定域也就不奇怪了。

然而，因为 $E[\boldsymbol{x}(t) - \boldsymbol{y}]^2 > D[\boldsymbol{x}(t)]$ 一般都成立，因此本章的定义可以看成是文献 [126] 中定义的精炼。另一方面，为了计算 $E[\boldsymbol{x}(t) - \boldsymbol{y}]^2$，需要去计算 $\lim\limits_{t \to \infty} E[\boldsymbol{x}(t)]$ 和 $D[\boldsymbol{x}(t)]$。因此，本章的定义更容易计算。而且，本章的定义不需要讨论一阶稳定性，这是由定理 8.3 自动保证的。

以上的比较表明，本章的稳定性定义可以看作是文献 [124, 126, 129] 中提出的定义的精炼。尽管本章的定义采用了最弱的条件，但是，对于 $\phi_1 = \phi_2$ 的经典 PSO 算法来说，这已经足够得到二阶稳定性了，其他额外的条件是不需要的。根据定理 8.5，本节给出的两个命题适用于更一般的 PSO。换句话说，弱停滞性假设和定义 8.3 足以保证更一般的 PSO 算法的二阶稳定性。

8.5　数值实验

本节一些实验结果的主要目的是去验证:

- 一个稳定 PSO 算法是否比不稳定的 PSO 算法更好?
- 是否有参数组合比一些已知的好参数组合更好?

8.5.1　算法配置和测试问题

特别地，我们选择了 14 个有代表性的参数组合，分别将它们应用到采用 gbest 拓扑且种群大小为 20 的经典 PSO 算法。表 8.1给出了这些参数组合 $(\omega, \phi_1 = \phi_2 = \phi)$，它们在稳定域中的分布如图 8.3所示。

表 8.1　本章测试的 14 个参数组合, 应用于经典 PSO 算法

算法	PSO-1	PSO-2	PSO-3	PSO-4	PSO-5	PSO-6	PSO-7
ω	$1/(2\ln 2)$	0.7298	0.7298	1	0.9	0.9	0.42
ϕ	$0.5 + \ln 2$	1.49618	2.1	2	1.8	0.5	2

算法	PSO-8	PSO-9	PSO-10	PSO-11	PSO-12	PSO-13	PSO-14
ω	0.42	0.2	-0.2	-0.2	-0.42	-0.7	0.42
ϕ	2.6	0.8	1.4	0.5	1	0.4	1.55

在 14 个参数组合中，有 4 个组合是不稳定的 (PSO-3，PSO-4，PSO-5，PSO-8)，其他 10 个组合都是稳定的。在稳定的组合中，PSO-1 是 SPSO2011[36] 采用的参数组合，而 PSO-2 是文献 [99] 提出的参数组合。这两个参数组合都是比较主流的，可以认为是已知的最佳参数组合。在其他 8 个稳定参数组合中，有一半 (PSO-6，PSO-7，PSO-9，PSO-14) 位于区域 $\omega \in (0, 1)$ 内，另一半 (PSO-10，PSO-11，PSO-12，PSO-13) 位于 $\omega \in (-1, 0)$ 内。

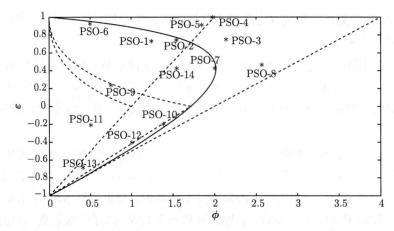

图 8.3   测试的 14 个参数组合的分布图，每个星号表示 1 个参数组合

实验采用的测试函数集包括 25 个 CEC 2005 测试函数和其他 26 个其他测试函数。这 51 个测试函数曾用于测试 SPSO2011，其代码由 Maurice Clerc 教授提供。表 8.2 和表 8.3 分别给出了 CEC 2005 测试函数和非 CEC 2005 测试函数的重要信息，d 是测试函数的维度。总的来说，我们一共测试了 90 个函数。

表 8.2   50 个 CEC 2005 测试函数的信息

函数名	d	最小值	搜索空间
CEC 2005 F1	10, 30	−450	$[-100, 100]^d$
CEC 2005 F2	10, 30	−450	$[-100, 100]^d$
CEC 2005 F3	10, 30	−450	$[-100, 100]^d$
CEC 2005 F4	10, 30	−450	$[-100, 100]^d$
CEC 2005 F5	10, 30	−310	$[-100, 100]^d$
CEC 2005 F6	10, 30	390	$[-100, 100]^d$
CEC 2005 F7	10, 30	−180	$[0, 600]^d$
CEC 2005 F8	10, 30	−140	$[-32, 32]^d$
CEC 2005 F9	10, 30	−330	$[-5, 5]^d$
CEC 2005 F10	10, 30	−330	$[-5, 5]^d$
CEC 2005 F11	10, 30	90	$[-0.5, 0.5]^d$
CEC 2005 F12	10, 30	−460	$[-100, 100]^d$
CEC 2005 F13	10, 30	−130	$[-3, 1]^d$
CEC 2005 F14	10, 30	−300	$[-100, 100]^d$
CEC 2005 F15	10, 30	120	$[-5, 5]^d$
CEC 2005 F16	10, 30	120	$[-5, 5]^d$
CEC 2005 F17	10, 30	120	$[-5, 5]^d$
CEC 2005 F18	10, 30	10	$[-5, 5]^d$
CEC 2005 F19	10, 30	10	$[-5, 5]^d$
CEC 2005 F20	10, 30	10	$[-5, 5]^d$
CEC 2005 F21	10, 30	360	$[-5, 5]^d$
CEC 2005 F22	10, 30	360	$[-5, 5]^d$

续表

函数名	d	最小值	搜索空间
CEC 2005 F23	10, 30	360	$[-5,5]^d$
CEC 2005 F24	10, 30	260	$[-5,5]^d$
CEC 2005 F25	10, 30	260	$[-2,5]^d$

表 8.3　40 个非 CEC 2005 测试函数的信息

函数名 (缩写)	d	最小值	搜索空间
Sphere (f26)	10, 30	0	$[-100,100]^d$
Rastrigin (f27)	10, 30	0	$[-5.12,5.12]^d$
Six Hump Camel Back (f28)	2	-1.031628	$[-5,5]^d$
Step (f29)	10, 30	0	$[-100,100]^d$
Rosenbrock (f30)	10, 30	0	$[-2,2]^d$
Ackley (f31)	10, 30	0	$[-32,32]^d$
Griewank (f32)	10, 30	0	$[-600,600]^d$
Salomon (f33)	10, 30	0	$[-100,100]^d$
Normalized Schwefel (f34)	10, 30	-418.9828872724338	$[-512,512]^d$
Quartic (f35)	10, 30	0	$[-1.28,1.28]^d$
Rotated hyper-ellipsoid (f36)	10, 30	0	$[-100,100]^d$
Norwegian (f37)	10, 30	1	$[-1.1,1.1]^d$
Alpine (f38)	10, 30	0	$[-10,10]^d$
Branin (f39)	2	0.397887	$[-5,15]^d$
Easom (f40)	2	-1	$[-100,100]^d$
Goldstein Price (f41)	2	3	$[-2,2]^d$
Shubert (f42)	2	-186.7309	$[-10,10]^d$
Hartmann (f43)	3	-3.86278	$[0,1]^d$
Shekel (f44)	4	-10.5364	$[0,10]^d$
Levy (f45)	10, 30	0	$[-10,10]^d$
Michalewicz (f46)	10	-9.66015	$[0,\pi]^d$
Shifted Griewank (f47)	10, 30	-180	$[-600,600]^d$
Design of a Gear Train (f48)	4	$2.7e-12$	$[12,60]^d$
Pressure Vessel (f49)	4	7197.72893	$[1.125\ 0.625\ 0\ 0]$ $\times[12.5\ 12.5\ 240\ 240]$
Tripod (f50)	2	0	$[-100,100]^d$
Compression Spring (f51)	3	2.6254214578	$[1\ 0.6\ 0.207]\times[70\ 3\ 0.5]$

8.5.2　数据分析技术

为了比较具有不同参数组合的经典 PSO 算法的数值性能，我们采用了 data profile 技术[73]，该技术常被用于比较无导数优化 (DFO) 算法。因为 PSO 也是一个无导数算法，这一技术非常适合我们的目的。

特别地，用每一个 PSO 算法 $s \in \mathcal{S}$ 去求解每一个问题 $p \in \mathcal{P}$，并独立运行 50 次以控制随机误差，$\mathcal{S}$ 是 14 个 PSO 算法的集合，$\mathcal{P}$ 是 90 个测试问题的集合。在每一次运行中，直到用光了 3100 个函数值计算次数算法才会停止。在求解过程中，要记录找到的最小函数值历史。具体来说，在每一次独立求解中，得到一个向量，其长度是 3100，第 k 个元素是在前 k 次函数值计算中发现的最小函数值。在独立运行 50 次后，计算 50 个向量的平均。然后，将平均向量看作是算法 s 对问题 p 的平均行为的度量。

在所有的测试完成后，得到一个 $3100 \times 90 \times 14$ 阶的矩阵。data profile 技术试图恰当地评估这些原始数据以说明算法的性能。在文献 [73] 中，data profile 被定义为如下的累积分布函数

$$d_s(\kappa) = \frac{1}{|\mathcal{P}|} \text{size} \left\{ p \in \mathcal{P} : \frac{t_{p,s}}{n_p + 1} \leqslant \kappa \right\} \tag{8.38}$$

其中，$|\mathcal{P}|$ 是集合 $\mathcal{P}$ 的元素个数，n_p 是问题 p 的维度，$t_{p,s}$ 是找到能满足如下条件的 x 所需的函数值计算次数。

$$f(x_0) - f(x) \geqslant (1 - \tau)(f(x_0) - f_L) \tag{8.39}$$

这里的 x_0 是初始种群的最好位置，且它在每次独立运行中都是固定的；$\tau > 0$ 是控制精度的常数；f_L 是在给定 $\mu_f = 3100$ 次函数值计算次数中，所有算法找到的最小函数值。如果条件 (8.39) 始终无法满足，则令 $t_{p.s} = \infty$。

从条件 (8.39) 可以看出，参数 τ 控制着 x 到 f_L 的精度。τ 越小意味着需要的精度越高。在实践中，经常采用 $\tau = 10^{-k}, k = 1, 3, 5, 7$。在本章的实验分析中，$\tau \leqslant 10^{-7}$ 对应高精度，而 $\tau \geqslant 10^{-1}$ 对应低精度。

data profile 技术的一个好处是，可以将 $d_s(\kappa)$ 解释为 κ 个单纯形梯度的计算成本内可以求解出的问题的百分比。理由是计算一个单纯形梯度刚好需要 $n_p + 1$ 个函数值计算次数。设置 $\mu_f = 3100$ 可以使得最高维数 $(d = 30)$ 的问题拥有至少 100 个单纯形梯度的计算成本。这一设置标准由文献 [73] 提出。

在文献 [73] 中，还提出将 performance profile 技术和 data profile 技术一起使用，以更好地分析算法性能。算法 s 的 performance profile 被定义为如下的累积分布函数

$$\rho_s(\alpha) = \frac{1}{|\mathcal{P}|} \text{size} \left\{ p \in \mathcal{P} : r_{p,s} \leqslant \alpha \right\}, \tag{8.40}$$

其中性能比 $r_{p,s}$ 定义为

$$r_{p,s} = \frac{t_{p,s}}{\min\{t_{p,s}, s \in \mathcal{S}\}} 。 \tag{8.41}$$

由此可以看到，$\rho_s(1)$ 是 s 算法表现最佳的问题比例，而对于足够大的 α，$\rho_s(\alpha)$ 是算法 s 能最终求解的问题比例。而且有 $\rho_s(+\infty) = d_s(+\infty)$，即这两种技术分析出的问题求解比例最终是相等的。

8.5.3 稳定性和效率

现在来回答本节开始提出的第一个问题，即稳定的 PSO 算法比不稳定的 PSO 算法性能更好吗？

图 8.4和图 8.5分别给出了当 $\tau = 10^{-1}$ 时的 data profile 和 performance profile 分析结果。从图 8.4和图 8.5中可以清楚地得出 PSO-14，PSO-1，PSO-12，PSO-10，PSO-6 是表现更好的 PSO 算法，它们可以求解至少 80% 的问题；而 PSO-3，PSO-4，PSO-5，PSO-8 是表现更差的 PSO 算法，它们只能求解不超过 30% 的问题。有趣的是，所有不稳定的 PSO 算法的性能都比任何稳定的 PSO 算法差。例如，PSO-8 是不稳定算法中最好的，但是它只能求解大约 27% 的问题。然而，即使最差的稳定算法 (PSO-11) 也可以解决大约 54% 的问题。在最差的稳定算法 (PSO-11) 和最好的不稳定算法 (PSO-8) 之间的性能差达到 27%(54% − 27%)。

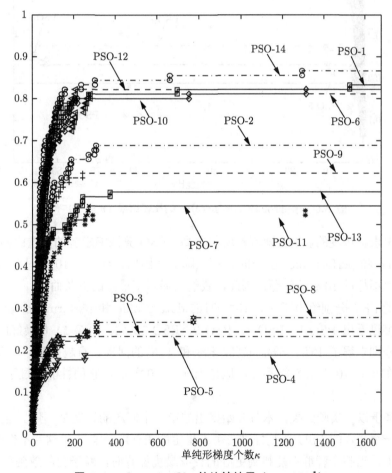

图 8.4 data profile 的比较结果 $(\tau = 10^{-1})$

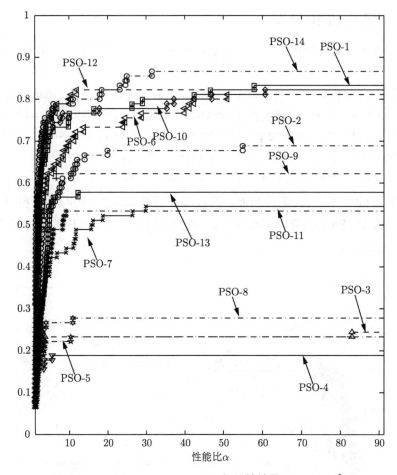

图 8.5   performance profile 的比较结果 ($\tau = 10^{-1}$)

现在考虑求解精度的影响。随着精度的提高，PSO 算法能求解的问题比例在降低，因此 data profile 和 performance profile 也都在降低。例如，当 $\tau = 10^{-7}$ 时，许多 PSO 算法都只能求解不超过 10% 的问题，因此，我们仅显示了最好的五条曲线。

图 8.6和图 8.7 分别给出了 $\tau = 10^{-7}$ 时的 data profile 和 performance profile 的比较结果。从中可以看出 PSO-1，PSO-8，PSO-9，PSO-12 and PSO-14 是最好的 5 个 PSO 算法，它们分别求解了 16%，5%，17%，8% 和 40% 的问题。有趣的是，尽管 PSO-8 是不稳定的，在 $\tau = 10^{-1}$ 时性能不好，但是当 $\tau = 10^{-7}$ 时，它的性能超过了 6 个稳定的 PSO。

因此，基于以上实验结果，本节开始提出的第一个问题的答案是 "不"。也就是说，我们不能保证一个稳定的 PSO 总是好过一个不稳定的 PSO。实际上，这并不奇怪。PSO 的稳定分析要求，当整个种群不能找到更好的种群最优位置时，粒子会收敛到种群的最佳位置。因此不能保证一个稳定的 PSO 算法在数值性能上一定优于不稳定的 PSO 算法。

然而，我们的实验结果也表明，当解的精度要求不高 ($\tau = 10^{-1}$) 时，所有稳定 PSO 算法的数值性能都好过所有不稳定 PSO 算法。从这个意义上来说，参数的稳定域 (8.37) 仍然是很有意义的。

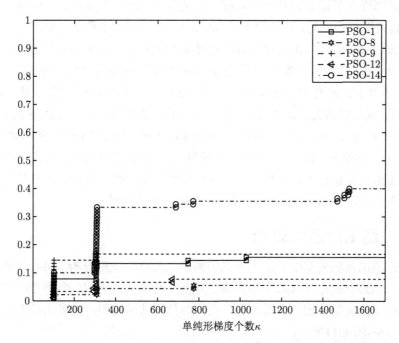

图 8.6　基于 data profile 技术的比较结果 ($\tau = 10^{-7}$，只提供了表现最好的 5 个算法)

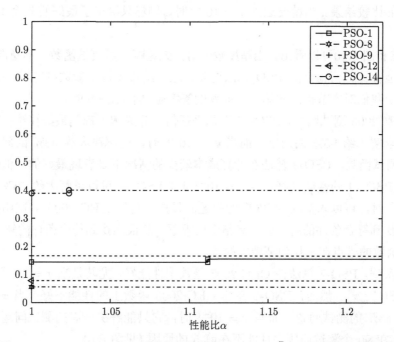

图 8.7　基于 performance profile 技术的比较结果 ($\tau = 10^{-7}$，只提供了表现最好的 5 个算法)

8.5.4 "最佳"参数设置

下面开始回答本节提出的第 2 个问题,即是否存在好的参数组合,比现有已知的一些组合更好?首先要指出的是,对于经典 PSO 算法来说,可能不存在一般意义上最好的参数组合设置。我们的目的只是在所考虑的基准测试函数集上,寻找"最佳"的参数设置。

从图 8.4~图 8.7显示的实验结果来看,两个流行的参数组合对应的 PSO-1 ($\omega = 1/(2\ln 2), \phi = 0.5 + \ln 2$) 和 PSO-2 ($\omega = 0.7298, \phi = 1.49618$) 数值性能良好,尤其是 PSO-1。然而,从本章的实验结果来看,有一组参数比它们都更好。这就是 PSO-14 对应的参数组合 ($\omega = 0.42, \phi = 1.55$)。当精度高 ($\tau = 10^{-7}$) 时,PSO-14 比 PSO-1 能多求解大约 24%($40\% - 16\%$) 的测试问题,比 PSO-2 多求解约 35% 的测试问题。当精度降为 $\tau = 10^{-1}$ 时,性能差虽然没有那么大,但仍好于这两个传统主流参数。因此,本节开头提出的第二个问题的答案是"是",($\omega = 0.42, \phi = 1.55$) 就是一个具体例子。

8.5.5 测试问题的影响

下面讨论测试问题的难度对上述答案的影响。为此,我们分析了 14 个参数组合对应的 PSO 算法,分别在 50 个 CEC 2005 测试函数 (见表 9.2) 和 40 个非 CEC 2005 测试函数 (见表 9.3) 上的性能比较。一般来讲,在这两类测试函数中,前者比后者更难求解。分析结果如图 8.8~图 8.11所示。

图 8.8和图 8.9分别显示了精度为 $\tau = 10^{-1}$ 和 $\tau = 10^{-7}$ 时,在 50 个 CEC 2005 测试问题中的 data profile 比较结果。类似地,图 8.10 和图 8.11 显示了在 40 个非 CEC 2005 测试问题上的比较结果。当精度达到 $\tau = 10^{-7}$ 时,仍然只给出了最好的 5 个 PSO 算法的比较结果。

从图 8.8和图 8.10可以看出,当精度较低时,无论哪一类测试函数,不稳定的 PSO 算法的数值性能都比任何稳定的 PSO 算法更差。这个结果支持了参数稳定域 (8.37) 是有意义的,也表明我们对本节提出的第一个问题的答案是具有稳健性的。

对于 CEC2005 测试函数,PSO-14 在几乎任何计算成本下都是最好算法。当 $\tau = 10^{-1}$ 时,它可以求解大约 95% 的问题,而当 $\tau = 10^{-7}$ 时,能解决大约 38% 的问题。对于非 CEC 2005 测试函数,PSO-9 算法在计算成本较少的情况下是表现最好的,但计算成本较高时仍然是 PSO-14 的性能最好。当 $\tau = 10^{-1}$ 时,PSO-14 可以求解大约 78% 的问题,而当 $\tau = 10^{-7}$ 时,可以求解大约 43% 的问题。显然,对于 CEC 2005 测试函数,低精度要求下不难找到符合条件的解,但在高精度要求下,却很难找到符合条件的解。换句话说,CEC 2005 函数的难点在于找到高精度的解。

我们注意到,PSO-2 算法在 CEC 2005 函数中性能好,尤其是当 $\tau = 10^{-7}$ 时,它是 5 个最好的 PSO 之一。然而,PSO-2 在非 CEC 2005 函数上的性能不好,当 $\tau = 10^{-1}$ 时,它只能解决 48% 的测试问题,而当 $\tau = 10^{-7}$ 时,它只能解决 5% 的测试问题。这就是为什么 PSO-2 在 90 个测试问题中性能不在前 5 的原因 (见图 8.6)。

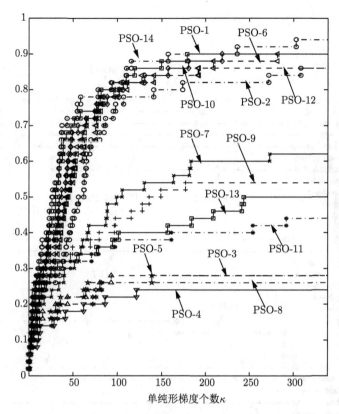

图 8.8 在 50 个 CEC 2005 测试函数上的 data profile 比较结果 ($\tau = 10^{-1}$)

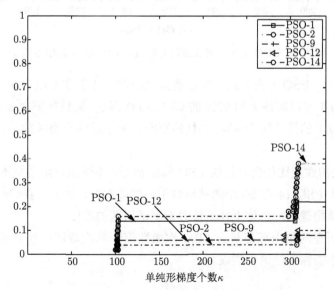

图 8.9 在 50 个 CEC 2005 测试函数上的 data profile 比较结果
($\tau = 10^{-7}$，只提供最好的 5 个算法的结果)

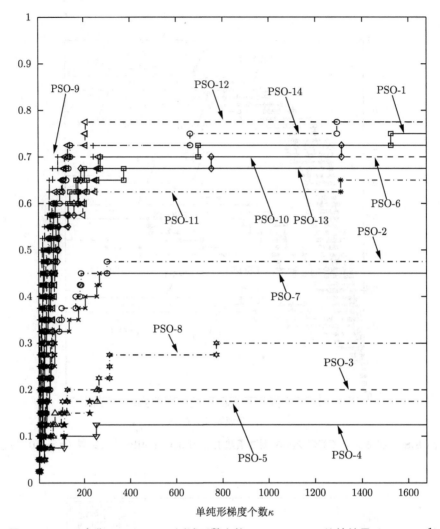

图 8.10　40 个非 CEC 2005 测试函数上的 data profile 比较结果 ($\tau = 10^{-1}$)

与 PSO-2 类似，PSO-1 在 CEC 2005 函数上的性能优于非 CEC 2005 函数。例如，当 $\tau = 10^{-7}$ 时，PSO-1 可以解决大约 22% 的 CEC 2005 问题，而只能解决 8% 的非 CEC 2005 问题。然而，PSO-1 的性能比 PSO-2 的性能更好，无论对哪一类函数，它始终是最好的 5 个 PSO 之一。

PSO-14 算法的性能比任何其他的 PSO 算法都好，不管测试函数是不是 CEC 2005 函数。这就是为什么 PSO-14 在 90 个测试函数中的性能都好。因此，我们对本节提出的第 2 个问题的答案也是稳健的，总体上并不依赖于测试问题的难度。

当然，本节所有的结论都是基于 3100 次函数值计算次数这一计算成本得出的。当计算成本改变时，不能保证结论仍然成立。

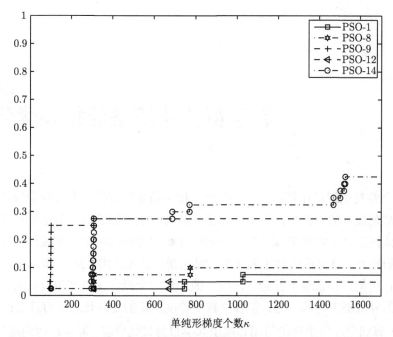

图 8.11　40 个非 CEC 2005 测试函数上的 data profile 比较结果
（$\tau = 10^{-7}$，只提供最好的 5 个算法的结果）

8.6　总结与展望

本章综述了 PSO 算法的稳定性研究，并基于弱停滞性假设和弱的二阶稳定性定义推导了 PSO 算法的二阶稳定域，特别关注了经典 PSO 算法的二阶稳定性，并比较了不同停滞性假设和不同稳定性定义下的相关研究成果。本章内容主要基于文献 [28]，该文献的工作表明，对于经典 PSO 算法的二阶稳定性，更严格的停滞性假设是不必要的，在二阶稳定性定义中，对协方差的严格要求也没有必要。

本章的实验结果表明，尽管一个稳定 PSO 算法不足以保证成为一个高效的 PSO 算法，但是当解的精度较低时，稳定 PSO 算法通常会比不稳定的 PSO 算法数值性能更好。在这个意义上，关于参数稳定域的研究是很有意义和价值的。本章的实验也表明，具有稳定参数组合（$\omega = 0.42, \phi = 1.55$）的经典 PSO 算法数值性能很好，在许多基准测试问题上，它甚至比 PSO 的某些已知最佳参数组合还要好。

文献 [28] 的工作指出了 PSO 算法稳定性分析的关键，即停滞性假设和稳定性定义的弱化。这激发了后续许多的研究工作。比如，Andries P. Engelbrecht 的研究团队，将这一分析应用到了 FIPSO 算法[134] 和自适应 PSO 算法[135] 中并进一步研究了不稳定 PSO 算法的数值性能[136]；Zbigniew Michalewicz 的研究团队将文献 [28] 的工作推广到了没有停滞性假设的条件下[137]；Andries P. Engelbrecht 又将 PSO 算法的二阶稳定性推广到了非停滞性假设的条件下[122]，并在文献 [138] 中进一步探讨了 PSO 算法的三阶稳定性，等等。

第 9 章
粒子群优化算法的拓扑优化分析

第 8 章介绍粒子群优化算法的稳定性时，指出稳定性分析和参数稳定域的结果对于任何拓扑结构都是成立的。但是，粒子群的拓扑结构虽然不影响整个算法的稳定性，却能影响算法的数值性能。本章就来探讨粒子群的拓扑结构怎样影响算法的数值性能，以及怎样选择更合适的拓扑。本章的内容主要依据文献 [29]。首先指出，PSO 算法的拓扑结构有时称为社会拓扑结构，在数学上就是一幅图，因此这三个概念在不产生歧义的前提下会在本书中混用。另外根据图论的概念，拓扑中粒子的度数指的是跟该粒子有连接的粒子数。

在 PSO 算法中，每个粒子与相邻粒子共享自身最优经验 (即曾经达到过的最优位置)，并从相邻粒子的最优经验中进行学习。而拓扑结构决定了每个粒子的邻居，因此，拓扑结构对于 PSO 算法的整体性能有重要影响，对拓扑结构的优化是一项颇具挑战性的研究任务[88,103,110]。

在 PSO 算法提出之初，就提出了两种至今仍流行的拓扑，它们分别是全局最优 (gbest) 拓扑和局部最优 (lbest) 拓扑。在 gbest 拓扑中，每个粒子都与所有其他粒子相连，它是一个完全图。而在 lbest 拓扑中，每个粒子只与它最邻近的 K 个粒子相连。在大多数出版物以及本章内容中，默认设置 $K = 2$。

为了优化 PSO 算法的拓扑结构，许多学者致力于研究不同的拓扑结构对 PSO 算法性能的影响。例如，在文献 [109] 中，包括环形、轮形、星形和一些可能具有小世界性质的随机图在内的社会拓扑，都在标准测试函数上进行了测试。在文献 [103] 和文献 [110] 中则进行了更多的测试，分别有 1343 种拓扑和 3289 种拓扑参与了测试比较。这些研究表明 PSO 算法的性能受到其拓扑结构的显著影响，虽然 von Neumann 拓扑在某些数值标准下相对优越，但是没有一个拓扑在所有测试函数上都优于其他所有拓扑[103]。简而言之，到目前为止，最优拓扑是问题依赖的，不同的问题通常需要不同的拓扑结构才能产生最好的数值效果。

从文献 [103] 和文献 [110] 的测试结果发现，单一拓扑通常很难平衡局部搜索和全局搜索；而由于只使用了少数测试函数，随机拓扑又很难得到最优参数。此外，还有一些重要问题有待解决。例如，文献 [103] 和文献 [110] 都表明拓扑的度数在 3~5 度之间表现更好 (如 von Neumann 拓扑的度为 4)，但至今没有给出原因。

基于以上的观察，本章试图回答以下两个问题:

(1) 给定粒子数 m，粒子群优化中拓扑的最优度是多少，如何确定?

(2) 此外，最优粒子数是多少以及如何确定?

为了寻求这些问题的答案，我们将在一个具有代表性的大测试集合上测试各种拓扑，并研究其数值表现。首先，我们将采用一类称为正则拓扑 (regular topology) 的确定性拓扑结构，它把 gbest 和 lbest 拓扑作为两个极端包含在内。其次，我们将选择足够多的一组基准测试函数来产生统计显著性。最后，以 "求解出的函数比例" 来度量算法性能，它比传统的 "成功率" 能更严谨地度量 "短期性能" 和 "长期性能"。

具体来说，本章将在 90 个基准测试函数上测试 198 个包含 9 个不同粒子数的正则拓扑的数值性能。在分析实验产生的大量数据时，采用了文献 [73] 中提出的 data profile 技术。该技术有助于更好地动态分析这些大量数据表现出的 "短期性能" 和 "长期性能"，从而有助于对 PSO 算法的拓扑结构进行优化。

本章在 9.1 节回顾 PSO 算法已有的拓扑优化研究; 在 9.2 节给出正则拓扑的定义和生成规则，并推导基于正则拓扑的 PSO 算法的拓扑参数优化; 在 9.3 节进行大量的数值测试，以验证或支撑所推导的结果; 在 9.4 节给出研究结论。

9.1　拓扑优化研究回顾

本节简要回顾 PSO 算法在拓扑优化方面的已有工作，主要关注静态拓扑的优化。这里，静态拓扑指的是拓扑结构不随迭代的进行而改变。

9.1.1　静态拓扑优化的现有工作

文献 [109] 是 PSO 算法拓扑优化的第 1 篇文章，考虑了包括环形、轮形、星形、具有 N 个粒子和 N 条边的随机图等四种社会拓扑，在以下四个常用函数上进行了测试: sphere 函数、Griewank 函数、Rastrigin 函数和 Rosenbrock 函数。所有函数都是 30 维的。对于轮型拓扑和环型拓扑，还考虑了 $k(k = 0, 1, 2, 3, 4, 5)$ 个小世界捷径 (small-world shortcuts) 的情况，并采用方差分析 (ANOVA) 技术对数据进行分析。结果表明，拓扑结构对 PSO 算法的性能具有显著影响，并且这种影响是测试函数依赖的[109]。

文献 [103] 进一步测试更多的拓扑结构，包括 1343 个随机拓扑和 6 个特殊拓扑。这 6 个特殊拓扑包括 gbest 拓扑、lbest 拓扑、pyramid 形拓扑、星形拓扑、"small" 拓扑和 von Neumann 拓扑。所有这些随机拓扑都含有 20 个粒了，平均拓扑度数在 3 度、5 度和 10 度左右，且具有高或低的聚类系数。针对这些随机拓扑，比较了三种数值性能指标: 第一种是用 "标准化性能"(standard performance) 作为衡量局部搜索能力的指标; 第二种是成功率，作为衡量全局搜索能力的指标; 最后一种是最终所需的平均迭代次数。不过测试函数仍然很少，只测试了五个函数，包括文献 [109] 中采用的四个函数和 Shaffer 的 f6 函数 (2 维)，得出主要研究结论如下:

(1) PSO 算法的整体性能不仅取决于所求解函数的类型，还取决于所采用的拓扑结构和性能的度量指标。

(2) 虽然 von Neumann 拓扑被证明是相对优越的，但是没有一个拓扑在所有函数和所有度量指标上都优于所有其他拓扑。

(3) 当计算成本为 1000 次迭代时，最优平均度数为 5 度，而当计算成本为 10000 次迭代时，最优平均度数减少到 3 度。

文献 [110] 更进一步地测试了 3289 种拓扑。这些拓扑包含 20 个粒子，平均拓扑度数为 3~10 度，聚类系数从 0~1。针对这些拓扑，采用 "标准化性能" 和成功率来衡量 PSO 算法的性能，测试了 6 个函数，包括文献 [103] 中采用的 5 种函数和 Ackley 函数 (30 维)，比较了两种不同的 PSO 算法: 经典粒子群优化算法和全信息粒子群 (FIPSO) 算法。结果再次表明，PSO 算法的整体性能不仅取决于函数类型，还取决于拓扑结构和性能指标。此外，似乎无法在两种度量指标之间找到折中办法。因此，对于不同的性能指标，推荐采用不同的拓扑结构。

以上的系列研究表明，在静态随机拓扑中很难找到好的拓扑。因此，一些研究者寻求在规则网络或复杂网络中去寻找好的拓扑结构，如简单正则拓扑[139]、小世界网络[140] 和无标度网络[139,141]。这些工作得出的结论是，在合适的规则拓扑下 PSO 算法可能获得良好的性能[141]，而复杂网络有助于提高性能[139,140]。

9.1.2 结论

从早期的研究[103, 109-110] 中得出的结论是，即使在基准测试函数上，也不存在任何特定的拓扑能够超越所有其他拓扑。这鼓励研究人员转向动态拓扑[142-146] 和层次拓扑 (hierarchy topology)[147-154]。然而，为了设计一个好的动态拓扑或层次拓扑，对静态拓扑结构有一个清晰而深入的理解仍然是非常重要的。遗憾的是，之前的工作没有提供足够清晰的认识。下面讨论一些可能的原因。

首先，前期研究采用了大量的随机拓扑结构[103,110]，这使得对拓扑参数的更精确控制变得困难。因此，往往很难理解是什么使得拓扑运行的好或不好。相反，确定性的简单拓扑由于更容易控制其图统计量 (如度数、平均路径长度和平均聚类系数)，这就是为什么规则拓扑开始流行[141]，特别是具有某种复杂网络行为的规则拓扑[139,140]。事实上，即使在早期的文献 [103] 中，所推荐的也是一种确定性的拓扑——von Neumann 拓扑。但是 von Neumann 拓扑过于复杂，很难用于动态拓扑设计[145]。

其次，前期研究往往只测试很少量的函数，这阻碍了可能的统计规律出现。在文献 [103] 和文献 [110] 中，测试了大量的拓扑，但只测试了不超过 6 个标准函数。根据中心极限定理[132]，正态性的出现需要足够大的独立样本。根据经验，样本量要求不少于 30 个，较好的选择是不少于 50 个。

再次，没有方便的技术来分析实验中收集的数据，这妨碍了对大量测试函数的测试。在之前的工作中，经常采用某种测试技术来验证拓扑之间的性能是否存在显著性差异。例如文献 [103] 和文献 [110] 采用了方差分析 (ANOVA)。然而，这些技术通常需要一些条件，而这些条件可能并不适用。而且，这些技术不适合大量的标准测试函数。在本文中，我们将采用新近提出的 data profile 技术[73] 来分析实验产生的数据。这种技术非常适用于对大量测试函数的测试。具体内容请参见附录 B 的介绍。

最后，在之前的工作中，采用了一些性能指标，如 "标准化性能"、成功率和最终所需的迭代次数等[103,110]。然而，不同的度量指标常常导致不同函数的结果混淆，同一个函数的不同指标的结果不相一致，又很难把这些指标的结果综合起来。实际上，成功率与成功所需的迭代次数是相关的，因此在文献 [110] 中取消了后一个指标。此外，虽然已经证明 "标准化性能" 与成功率无关[110]，但本质上它们只是用了不同的计算成本预算来衡量粒子群优化的相同性能。具体来说，"标准化性能" 衡量的是寻找到好的解的短期性能，而成功率则衡量长期性能。然而，短期性能和长期性能并没有截然的界限。因此，本章我们只考虑不同的拓扑结构对 PSO 算法短期性能的影响，这是大多数用户关心的问题[73]，并且通过增加计算成本预算，短期性能很容易变成长期性能 (只要用户需要)。

9.2　基于正则图的粒子群优化及其拓扑优化

在图论中，m 个粒子的 r-正则图 (正则拓扑) 指的是一个有 m 个节点且每个节点与其他 r 个节点相连的图[155]。由于图与拓扑的对应，以及图的节点与拓扑中的粒子的对应，在本章的后续内容中，在不产生歧义的情况下，会混用正则图与正则拓扑以及节点与粒子这两对概念。

虽然正则拓扑通常包括 gbest 拓扑和 lbest 拓扑，但是由于生成方法的不同，正则拓扑的种类也不同。例如文献 [141] 中采用的是简单正则拓扑。本章采用另一种生成正则拓扑的方法，它允许包含一个小世界捷径 (small-world shortcut)，因此比文献 [141] 更有代表性。

9.2.1　正则拓扑的生成

给定粒子数 m 和度数 r，只要满足 mr 为偶数，下面的算法可以生成 m 个粒子的 (无向)r-正则图。

算法 9.1　给定粒子数 m 和度数 r，且满足 mr 为偶数，则 m 个粒子的 r-正则图可以构建如下：

(1) 把粒子摆成一圈，给粒子标号为 $0,1,2,\cdots,m-1$。

(2) 如果 r 是偶数，则对任何第 i 个粒子，让它与粒子 $\mathrm{mod}(j,m)$ 相连接，这里 $\mathrm{mod}(\ )$ 是取模操作，$j=i-\dfrac{r}{2},i-\dfrac{r}{2}+1,\cdots,i-1,i+1,\cdots,i+\dfrac{r}{2}-1,i+\dfrac{r}{2}$。

(3) 如果 r 是奇数，那么 m 必须是偶数。对任何第 i 个粒子，让它与粒子 $\mathrm{mod}\left(i+\dfrac{m}{2},m\right)$ 和粒子 $\mathrm{mod}(j,m)$ 相连接，其中 $j=i-\dfrac{r-1}{2},i-\dfrac{r-1}{2}+1,\cdots,i-1,i+1,\cdots,i+\dfrac{r-1}{2}-1,i+\dfrac{r-1}{2}$。

算法 9.1生成的正则图要求，如果 r 是偶数，任何粒子与其最近的 r 个邻居粒子相连；如果 r 是奇数，则任何粒子都与其最近的 $r-1$ 个邻居粒子及其对面的粒子相连。这里的最近邻居都是在编号意义上的，比如 2 号粒子的最近邻居为 1 号及 3 号粒子，而 0 号粒子与 1 号及 $m-1$ 号粒子最近。

算法 9.1生成的正则拓扑至少具有两个优点。首先，它们的拓扑参数很容易控制，特别是容易分析粒子数和度数是如何影响粒子群优化算法的整体性能，从而优化拓扑结构。其次，将简单正则拓扑[141] 与"小世界捷径"[109,140] 相结合，降低了平均路径长度，同时增加了整个网络的平均聚类系数 (详见 9.2.2 节的计算)。由于这种捷径只在 r 为奇数的时候出现，故称其为"奇捷径"(odd shortcut)。

图 9.1展示了 6 个粒子的 3-正则拓扑和 6 个粒子的 4-正则拓扑，其中"奇捷径"用虚线表示。

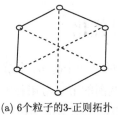

(a) 6个粒子的3-正则拓扑　　　　(b) 6个粒子的4-正则拓扑

图 9.1　具有 6 个粒子的 3-正则拓扑和具有 6 个粒子的 4-正则拓扑

9.2.2　平均路径长度和平均聚类系数

首先给出网络平均路径长度和平均聚类系数的定义[155]，然后推导出在正则拓扑中计算这两个指标的公式。

定义 9.1　具有 m 个节点的网络的平均路径长度 (average path length，APL) 为

$$\mathrm{APL} = \frac{2}{m(m-1)} \sum_{j>i} d_{ij} \tag{9.1}$$

其中 d_{ij} 为节点 i 到节点 j 的路径长度。

定义 9.2　节点 i 的聚类系数定义为

$$C_i = \frac{2E_i}{k_i(k_i-1)} \tag{9.2}$$

其中，k_i 为与节点 i 有连接的节点数；E_i 为这 k_i 个节点之间连接的边数。由于 $k_i(k_i-1)/2$ 是这 k_i 个节点中允许的最大边数，因此 C_i 度量了节点 i 的邻居节点之间仍然彼此相邻的程度。

定义 9.3　有 m 个节点的网络的平均聚类系数 (average clustering coefficient，ACC) 定义为

$$\mathrm{ACC} = \frac{1}{m} \sum_i C_i \tag{9.3}$$

其中 C_i 节点 i 的聚类系数。

下面两个定理给出了怎样在具有 m 个粒子的 r-正则拓扑中计算 APL 和 ACC。

定理 9.1　具有 m 个粒子的 r-正则拓扑的 APL 计算如下:

(1) 如果 m 是奇数, r 是偶数, 那么

$$\mathrm{APL} = \frac{(a+1)(ar+4b)}{2(m-1)}, \quad b = \mathrm{mod}\left(\frac{m-1}{2}, \frac{r}{2}\right), \quad a = \frac{m-1-2b}{r} \tag{9.4}$$

(2) 如果 m 和 r 都是偶数, 则

$$APL = \begin{cases} \dfrac{a((a+1)r-2)}{2(m-1)}, & b = 0 \\[3mm] \dfrac{(a+1)(ar+4b-2)}{2(m-1)}, & b \neq 0 \end{cases}, \quad b = \mathrm{mod}\left(\frac{m}{2}, \frac{r}{2}\right), \quad a = \frac{m-2b}{r} \tag{9.5}$$

(3) 如果 m 是偶数, r 是奇数, 则

$$\mathrm{APL} = \begin{cases} \dfrac{4+(r-1)(a^2+4a)+4(a+2)b}{4(m-1)}, & a\text{为偶数} \\[3mm] \dfrac{4+(r-1)(a^2+4a-1)+4(a+3)b}{4(m-1)}, & a\text{为奇数} \end{cases} \tag{9.6}$$

其中 $b = \mathrm{mod}\left(\dfrac{m-2}{2}, \dfrac{r-1}{2}\right)$, $a = \dfrac{m-2-2b}{r-1}$。

证明　用 $P_1 = [d_{12}, \cdots, d_{1m}]$ 表示路径长度向量, 其中 d_{1j} 是从粒子 1 到粒子 j 的路径长度, $j = 2, \cdots, m$。

粒子 2 的路径长度向量 P_2, 其值满足 $P_1 = [P_2, d_{1m}]$。换句话说, 如果把 P_1 的最后一个元素去掉, 就能得到 P_2。这一过程可以持续到 $P_{m-1} = [d_{12}]$。将所有这些路径长度向量中的元素相加, 然后 APL 就等于总和除以 $m(m-1)/2$。

因此, 证明这个定理的关键是计算 P_1。由于对称性, 我们只需要计算 P_1 的左半部分。

(1) 如果 m 是奇数, 则 r 是偶数, 设 $b = \mathrm{mod}\left(\dfrac{m-1}{2}, \dfrac{r}{2}\right)$, $a = \dfrac{m-1-2b}{r}$。于是有 $P_1 = [P_{1L}, P_{1R}]$, 其中 P_{1R} 是 P_{1L} 的镜像, 且有

$$P_{1L} = \left[\underbrace{1, \cdots, 1}_{r/2}, \cdots, \underbrace{a, \cdots, a}_{r/2}, \underbrace{(a+1), \cdots, (a+1)}_{b}\right]$$

其中 $\underbrace{1, \cdots, 1}_{r/2}$ 表示有 $r/2$ 个 1, 其余含义类似。

将 $P_k(k = 1, \cdots, m-1)$ 的所有元素相加并除以 $m(m-1)/2$, 得到

$$\mathrm{APL} = \frac{(a+1)(ar+4b)}{2(m-1)}$$

(2) 如果 m 和 r 都是偶数，则 $b = \mathrm{mod}\left(\dfrac{m}{2}, \dfrac{r}{2}\right)$，$a = \dfrac{m-2b}{r}$。如果 $b = 0$，那么 $P_1 = [P_{1L}, a, P_{1R}]$，其中 P_{1R} 是 P_{1L} 的镜像，并且

$$P_{1L} = \Big[\underbrace{1, \cdots, 1}_{r/2}, \cdots, \underbrace{(a-1), \cdots, (a-1)}_{r/2}, \underbrace{a, \cdots, a}_{r/2-1}\Big]$$

否则当 $b \neq 0$，有 $P_1 = [P_{1L}, a+1, P_{1R}]$，并且

$$P_{1L} = \Big[\underbrace{1, \cdots, 1}_{r/2}, \cdots, \underbrace{a, \cdots, a}_{r/2}, \underbrace{(a+1), \cdots, (a+1)}_{b-1}\Big]$$

将 $P_k(k = 1, \cdots, m-1)$ 的所有元素相加并除以 $m(m-1)/2$，得到

$$\mathrm{APL} = \begin{cases} \dfrac{a((a+1)r - 2)}{2(m-1)}, & b = 0 \\[3mm] \dfrac{(a+1)(ar + 4b - 2)}{2(m-1)}, & b \neq 0 \end{cases}$$

(3) 如果 m 是偶数而 r 是奇数，设 $b = \mathrm{mod}\left(\dfrac{m-2}{2}, \dfrac{r-1}{2}\right)$，$a = \dfrac{m-2-2b}{r-1}$。如果 a 是偶数，有 $P_1 = [P_{1L}, 1, P_{1R}]$，其中

$$P_{1L} = \Big[\underbrace{1, \cdots, 1}_{(r-1)/2}, \cdots, \underbrace{\frac{a}{2}, \cdots, \frac{a}{2}}_{(r-1)/2}, \underbrace{\frac{a}{2}+1, \cdots, \frac{a}{2}+1}_{b+(r-1)/2}, \underbrace{\frac{a}{2}, \cdots, \frac{a}{2}}_{(r-1)/2}, \cdots, \underbrace{2, \cdots, 2}_{(r-1)/2}\Big]$$

如果 a 是奇数，则 $P_1 = [P_{1L}, 1, P_{1R}]$，且

$$P_{1L} = \Big[\underbrace{1, \cdots, 1}_{(r-1)/2}, \cdots, \underbrace{\frac{a+1}{2}, \cdots, \frac{a+1}{2}}_{(r-1)/2}, \underbrace{\frac{a+3}{2}, \cdots, \frac{a+3}{2}}_{b},$$

$$\underbrace{\frac{a+1}{2}, \cdots, \frac{a+1}{2}}_{(r-1)/2}, \cdots, \underbrace{2, \cdots, 2}_{(r-1)/2}\Big]$$

将 $P_k(k = 1, \cdots, m-1)$ 的所有元素相加并除以 $m(m-1)/2$，得到

$$\mathrm{APL} = \begin{cases} \dfrac{4 + (r-1)(a^2 + 4a) + 4(a+2)b}{4(m-1)}, & a\text{为偶数} \\[3mm] \dfrac{4 + (r-1)(a^2 + 4a - 1) + 4(a+3)b}{4(m-1)}, & a\text{为奇数} \end{cases} \qquad \Box$$

定理 9.2 具有 m 个粒子的 r-正则拓扑的 ACC 计算如下：

(1) 如果 r 是偶数，则

$$ACC = \begin{cases} \dfrac{3(r-2)}{4(r-1)}, & 2 \leqslant r < \dfrac{2m}{3} \\[3mm] \dfrac{12r^2 - 12dm + 12r - 12m + 4m^2 + 8}{4r(r-1)}, & \dfrac{2m}{3} \leqslant r < m \end{cases} \tag{9.7}$$

(2) 如果 r 是奇数，则

$$ACC = \begin{cases} \dfrac{3r-9}{4r}, & 2 \leqslant r \leqslant \dfrac{m}{2} \\[3mm] \dfrac{3r^2 + 12r - 12m + 9}{4r(r-1)}, & \dfrac{m}{2} < r \leqslant \dfrac{2m}{3} \\[3mm] \dfrac{12r^2 - 12dm + 12r - 12m + 4m^2 + 8}{4r(r-1)}, & \dfrac{2m}{3} < r < m \end{cases} \tag{9.8}$$

证明　根据正则图的性质，每个粒子都有相同的聚类系数，因此只需要计算任何一个粒子 i 的聚类系数即可。

(1) 如果 r 是偶数，则粒子 i 与 $i - \dfrac{r}{2}, \cdots, i-1, i+1, \cdots, i + \dfrac{r}{2}$ 相连接。

如果 $2 \leqslant r < \dfrac{2m}{3}$，则粒子 $i - \dfrac{r}{2}$ 不与粒子 $i + \dfrac{r}{2}$ 连接。根据定义 9.2 和定义 9.3，得到

$$ACC = \frac{C_r^2 - 1 - \cdots - r/2}{C_r^2} = \frac{3(r-2)}{4(r-1)}$$

如果 $\dfrac{2m}{3} \leqslant r < m$，则粒子 $i - \dfrac{r}{2}$ 与粒子 $i + \dfrac{r}{2}, i + \dfrac{r}{2} - 1, \cdots, i - r + m$ 相连接。类似地，粒子 $i - \dfrac{r}{2} + 1$ 与粒子 $i + \dfrac{r}{2}, i + \dfrac{r}{2} - 1, \cdots, i - r + m + 1$ 相连接; $\cdots$, 粒子 $i + r - m$ 与粒子 $i + \dfrac{r}{2}$ 相连接。因此

$$ACC = \frac{C_r^2 - 1 - \cdots - r/2 + \left[1 + \cdots + \left(\dfrac{3r}{2} - m + 1\right)\right]}{C_r^2}$$

$$= \frac{12r^2 - 12dm + 12r - 12m + 4m^2 + 8}{4k(k-1)}$$

(2) 如果 r 是奇数，则 m 必须为偶数，并且粒子 i 与粒子 $i - \dfrac{r-1}{2}, \cdots, i-1, i+1, \cdots, i + \dfrac{r-1}{2}$ 和粒子 $i + \dfrac{m}{2}$ 相连接。

如果 $2 \leqslant r \leqslant \dfrac{m}{2}$，则粒子 $i - \dfrac{r-1}{2}$ 不与粒子 $i + \dfrac{r-1}{2}$ 相连接，粒子 $i + \dfrac{m}{2}$ 也不与粒子 $i \pm \dfrac{r-1}{2}$ 相连接。因此

$$ACC = \frac{C_r^2 - 1 - \cdots - (r-1)/2 - (r-1)}{C_r^2} = \frac{3r-9}{4r}$$

如果 $\frac{m}{2} < r \leqslant \frac{2m}{3}$，则粒子 $i - \frac{r-1}{2}$ 不与粒子 $i + \frac{r-1}{2}$ 相连接。但是，粒子 $i + \frac{m}{2}$ 与粒子 $i - \frac{r-1}{2}, \cdots, i + \frac{r-1}{2} - \frac{m}{2}$ 和粒子 $i + \frac{r-1}{2}, \cdots, i - \frac{r-1}{2} + \frac{m}{2}$ 相连接。而且，粒子 $i + \frac{r-1}{2} - j$ 与 $i - \frac{r-1}{2} + j (j = 0, 1, \cdots, r - \frac{m}{2} - 1)$ 相连接。因此

$$\mathrm{ACC} = \frac{C_r^2 - 1 - \cdots - (r-1)/2 - (r-1) + 3\left(r - \dfrac{m}{2}\right)}{C_r^2}$$

$$= \frac{3r^2 + 12r - 12m + 9}{4r(r-1)}$$

如果 $\frac{2m}{3} < r < m$，则粒子 $i + \frac{m}{2}$ 与粒子 $i - \frac{r-1}{2}, \cdots, i + \frac{r-1}{2} - \frac{m}{2}$ 和粒子 $i + \frac{r-1}{2}, \cdots, i - \frac{r-1}{2} + \frac{m}{2}$ 相连接；粒子 $i + \frac{r-1}{2} - j$ 与粒子 $i - \frac{r-1}{2} + j\left(j = 0, 1, \cdots,\right.$ $\left. r - \frac{m}{2} - 1\right)$ 相连接。而且，粒子 $i - \frac{r-1}{2}$ 与粒子 $i + \frac{r-1}{2}, \cdots, i + m - r$ 相连接。类似地，粒子 $i - \frac{r-1}{2} + 1$ 与粒子 $i + \frac{r-1}{2}, \cdots, i + m - r + 1$ 相连接；$\cdots$；粒子 $i + r - m$ 与粒子 $i + \frac{r-1}{2}$ 相连接。

因此

$$\mathrm{ACC} = \frac{C_r^2 - 1 - \cdots - (r-1)/2 - (r-1) + 3\left(r - \dfrac{m}{2}\right) + \left[1 + \cdots + \left(\dfrac{3(r-1)}{2} - m + 1\right)\right]}{C_r^2}$$

$$= \frac{12r^2 - 12dm + 12r - 12m + 4m^2 + 8}{4r(r-1)} \qquad \square$$

推论 9.1 当 $r = 2$ 时，即为 lbest 拓扑时，有 $\mathrm{ACC} = 0$ 和

$$\mathrm{APL} = \begin{cases} \dfrac{m^2}{4(m-1)}, & m \text{ 为偶数} \\[2mm] \dfrac{m+1}{4}, & m \text{ 为奇数} \end{cases} \tag{9.9}$$

推论 9.2 当 $r = m - 1$ 时，即为 gbest 拓扑时，得到的正则图是一个完全图。因此有 $\mathrm{ACC} = \mathrm{APL} = 1$。

一般来说，给定任意 m，当 r 从 2 增加到 $m - 1$ 时，ACC 从 0 增加到 1，而 APL 从大于 1 的数减少到 1。然而，"奇捷径"让这种趋势出现振荡。图 9.2 和图 9.3 分别给出了 m 粒子 r-正则图的 APL 和 ACC 曲线，其中 $m = 15, 20, 25, 30, 35, 40, 45, 50$，且 m 为奇数时 r 为偶数，m 为偶数时 $r = 2, \cdots, m - 1$。从图 9.2 和图 9.3 可以看出，APL 呈下降趋势，而 ACC 呈上升趋势，但这些趋势因为"奇捷径"而出现局部振荡。当 m 为奇数时，度数总是偶数，因此不存在"奇捷径"，也不存在振荡。

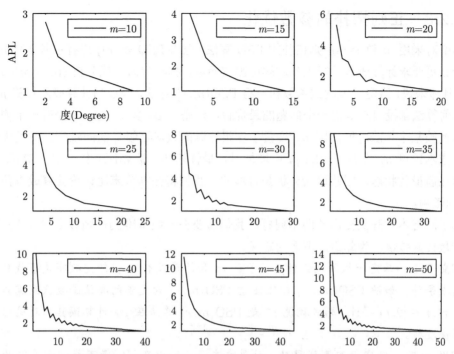

图 9.2 m 个粒子的 r-正则图的平均路径长度，当 m 为奇数时，$r = 2, 4, \cdots, m-1$，当 m 为偶数时，$r = 2, 3, \cdots, m-1$。当 m 为偶数时，"奇捷径"会产生振荡

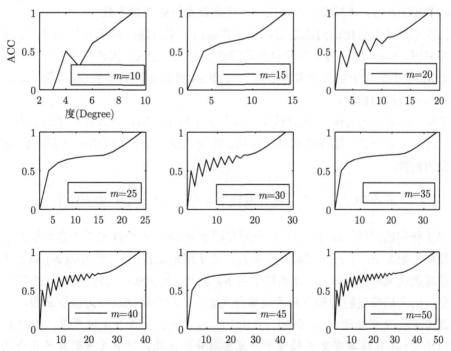

图 9.3 m 个粒子的 r-正则图的平均聚类系数，当 m 为奇数时，$r = 2, 4, \cdots, m-1$；m 为偶数时，$r = 2, 3, \cdots, m-1$。当 m 为偶数时，"奇捷径"会产生振荡

9.2.3 正则拓扑的参数优化

本节对采用 m 粒子 r-正则拓扑的 PSO 算法 (记为 PSO(m,r)) 进行参数优化分析。由于这一分析要求计算成本不能大于求解出测试函数,称其为前最优分析 (pre-optimal analysis)。具体来说,给定一组测试函数和一组 PSO(m,r) 算法,假设当计算成本预算 $\mu_f < \bar{\mu}_f$ 时,任何算法都没有求解出一个问题的最优解,但是当 $\mu_f \geqslant \bar{\mu}_f$ 时,至少有一个测试函数的最优解被某个算法求解,则 $\bar{\mu}_f$ 度量了这组测试函数对这组算法的难度。前最优分析考查计算成本预算 μ_f 在范围 $(0, \bar{\mu}_f)$ 内增加时,最优拓扑参数如何变化。由于 PSO 算法经常停留在前最优状态,因此这一分析是合适的。我们将在本节末尾讨论计算成本预算大于 $\bar{\mu}_f$ 时的影响。

为了回答本章开头提出的两个问题,我们需要在一组基准测试函数上找到 PSO(m,r) 算法的最优参数值。为此给出下面的定义。

定义 9.4 给定一组测试函数,粒子数 m 和计算成本 μ_f,给定判断是否找到满意解的准则或条件,如果 PSO(m,r^*) 能比任意 PSO(m,r) 为更多的测试函数找到满意解,其中 $r \neq r^*, r \in [2, m-1]$,那么就说 r^* 是 PSO(m,r) 算法在 μ_f 计算预算内对这组测试函数的最优度数。

定义 9.5 给定一组测试函数,计算成本 μ_f,以及判断是否找到满意解的准则或条件,如果 PSO(m^*, r^*) 能比任意 PSO(m,r) 为更多测试函数找到满意解,其中 r^* 是 PSO(m^*, r) 的最优度数,且 $m = m^*, r \neq r^*$ 或 $m \neq m^*, r \in [2, m-1]$,则说 m^* 是 PSO(m,r) 算法在 μ_f 计算成本内在这组测试函数上的最优粒子数。

在回答本章开头提出的问题之前,我们先提出一个命题。许多文献 [27]、[103]、[110] 的实验都表明,lbest 拓扑具有更好的全局搜索能力,而 gbest 拓扑具有更好的局部搜索能力,因此 lbest 更适合于复杂的多峰函数,而 gbest 更适合于单峰函数。实际上,这个结果可以推广到更一般的情况。

在 PSO(m,r) 算法的每一次迭代中,都有 r 个粒子跟随种群最优粒子来开发当前的最优区域,而 $m-r$ 个粒子则在探索其他区域。换句话说,对于 PSO(m,r) 算法的每次迭代,粒子被分为两类:

$$m \text{ 个粒子} = r \text{ 个局部开发粒子} + (m-r) \text{ 个全局探索粒子} \tag{9.10}$$

因此,对于任何给定的 m,都要在 r 个开发粒子和 $m-r$ 个探索粒子之间进行数量的权衡。假设粒子数为 m 且 r_1, r_2 满足 $r_1 < r_2$,则 PSO(m, r_1) 比 PSO(m, r_2) 具有更少的粒子在当前最优区域进行开发,但探索粒子更多。因此,与 PSO(m, r_2) 相比,PSO(m, r_1) 往往具有更好的全局探索能力和更弱的局部开发能力。我们将此总结为以下命题。

命题 9.1 给定粒子数 m 和 r_1, r_2 且满足 $r_1 < r_2$,则在每次迭代中,PSO(m, r_1) 算法比 PSO(m, r_2) 算法具有更少的粒子开发当前最优区域,但有更多的粒子在全局范围内探索。因此,与 PSO(m, r_2) 相比,PSO(m, r_1) 具有更好的全局探索能力和更弱的局部开发能力;反之,PSO(m, r_2) 则具有更弱的全局探索能力和更好的局部开发能力。

在上述定义和命题 9.1 的基础上，我们尝试回答本章开头提出的第一个问题：给定 m，PSO(m,r) 的最优度数是多少，是由什么决定的。

我们已经知道，对于任何一个 PSO(m,r) 算法，都有 r 个粒子在开发当前找到的最好区域，而有 $m-r$ 个粒子在探索其他区域。当计算成本 μ_f 很小时，因为 m 是固定的，进化的代数也很少，在这种情况下，利用当前最好区域有更大的概率找到更好的解。换言之，当计算成本很小时，增强局部搜索 (根据命题 9.1，即取 r^* 较大) 是一个更好的选择。

随着计算成本 μ_f 的增加 (由于前最优分析的要求，它总是小于 $\bar{\mu}_f$)，允许的进化代数也会增加 (因为 m 固定)。在这种情况下，全局搜索带来了越来越多的好处。一方面，更多的全局搜索增加了找到更好位置的概率。另一方面，在新找到的最优位置周围进行开发有助于找到更好的位置。因此，随着计算成本 μ_f 的增加，增强全局搜索是更好的选择 (根据命题 9.1，即取更小的 r^*)。我们把这一分析结果归纳为以下命题。

命题 9.2　给定粒子数 m 和一组测试函数 $\mathbb{P}$，假设任何测试函数 $p \in \mathbb{P}$ 的全局最优位置都无法在 $\bar{\mu}_f$ 计算成本内由 PSO(m,r) 算法找到，其中 $r \in [2, m-1]$。设 r_1^*, r_2^* 分别是计算成本预算为 μ_{f1}, μ_{f2} 时的最优度数，若 $\mu_{f1} < \mu_{f2} \leqslant \bar{\mu}_f$，则 $r_1^* \geqslant r_2^*$。

命题 9.2 很好地支持了文献 [103] 中提到的数值结果。由文献 [103](也见 9.1.1 节的回顾) 可知，当计算成本预算为 1000 次迭代时，最优平均度为 5；但当计算预算增加到 10000 次迭代时，最优平均度降低到 3。

现在采用前优化分析来回答第二个问题：PSO 算法的最优粒子数是多少，是什么决定了它。

首先，假设计算成本预算 μ_f 是给定的。由于

$$\mu_f = m \times \mu \tag{9.11}$$

其中 m 是粒子数，而 μ 是进化的代数 (迭代次数)，因此 m 越小则 μ 越大，m 越大则 μ 越小。换句话说，给定 μ_f，在进化的代数 μ 和粒子数 m 之间存在一个权衡。实际上，这是在未来演化和当前评估之间进行的权衡。

然后，让计算成本预算 μ_f 增加。此时有三种可能的策略：

(1) 同时增加 m 和 μ(记为策略 S1)；

(2) 增大 μ，但保持 m 不变甚至减小 (记为策略 S2)；

(3) 增加 m，同时保持 μ 不变甚至降低 (记为策略 S3)

很明显，策略 S1 同时增强了未来演化和当前评估，策略 S2 只增强了未来演化，而策略 S3 只增强了当前评估。因为增强当前评估有助于找到更好的区域，这使得未来演化更有效。相反，丰富的未来演化而缺乏当前评估往往导致停滞在局部最优区域内。因此，策略 S1 的性能通常优于 S2 和 S3。我们把这个分析结果归纳为以下命题。

命题 9.3　给定一组测试函数 $\mathbb{P}$，假设任何测试函数 $p \in \mathbb{P}$ 的全局最优位置都无法在 $\bar{\mu}_f$ 计算成本内由 PSO(m,r) 算法找到，其中 $r \in [2, m-1]$。设 m_1^*, m_2^* 分别是计算成本预算为 μ_{f1}, μ_{f2} 时的最优粒子数，若 $\mu_{f1} < \mu_{f2} \leqslant \bar{\mu}_f$，则 $m_1^* \leqslant m_2^*$。

命题 9.2 和命题 9.3 表明，最优粒子数 m^* 随计算成本的增加而非严格递增；而给定粒子数时，最优度数 r^* 随计算成本的增加而非严格递减。这些结论的唯一条件是计算成本预算 μ_f 不能超过 $\bar{\mu}_f$，后者是衡量测试函数集难度的计算成本。当然，值得注意的是，本节的 3 个命题只在统计意义上是正确的，即只有在观察大量独立运行时才有意义。此外，当 $\mu_{f1} - \mu_{f2}$ 或 $r_2 - r_1$ 越大时，效果越显著。

最后，我们讨论当计算成本预算大于 $\bar{\mu}_f$ 时的影响。基于前最优分析，给定粒子数 m，可以假设当计算成本 μ_f 增加到 $\bar{\mu}_f$ 时，最优度 r^* 减小到 $\bar{r}$。换句话说，$PSO(m, \bar{r})$ 至少找到一个测试函数的全局最优解。当 $\mu_f > \bar{\mu}_f$ 时，其他一些 $PSO(m, r)$ 也可能找到该函数的最优解，即包括 $\bar{r}$ 在内的几个不同的 r 同时是最优的。因此，命题 9.2 给出的最优度数非严格递减的趋势变得有点模糊。但是，如果我们仍然选择 r^* 作为最优度数，那么非严格递减的趋势仍然存在。类似地，对于第二个问题，当 $\mu_f > \bar{\mu}_f$ 时，几个不同的 m 可能同时是最优粒子数，从而模糊了非单调递增的趋势。相似的选择策略可以保持非单调递增的趋势。

9.3 数值实验

本节报告一些数值实验结果，主要目的是验证上节提出的理论分析结果。

9.3.1 实验设置

许多具有不同 (m, r) 参数组合的 $PSO(m, r)$ 算法被用来求解大量的测试函数。表 9.1 给出了 (m, r) 的所有组合，其中 $m = 10, 15, 20, 25, 30, 35, 40, 45, 50$，对这些 m，测试了所有可能的度数，总共测试了 9 种不同粒子数 m 的 198 个度数。

本章采用的测试函数包括 25 个 CEC 2005 测试函数和 26 个其他测试函数。这 51 个测试函数曾用于对 SPSO2011[36] 进行测试。表 9.2 和表 9.3 显示了这些测试函数的关键参数。由于一些函数具有不同的维数，总共有 90 个测试函数。

表 9.1　粒子数 m 及其对应的度数 r，共有 9 个不同的 m 及 198 个度数

粒子数 m	度数 r	总度数
10	$2, 3, \cdots, 8, 9$	8
15	$2, 4, \cdots, 12, 14$	7
20	$2, 3, \cdots, 18, 19$	18
25	$2, 4, \cdots, 22, 24$	12
30	$2, 3, \cdots, 28, 29$	28
35	$2, 4, \cdots, 32, 34$	17
40	$2, 3, \cdots, 38, 39$	38
45	$2, 4, \cdots, 42, 44$	22
50	$2, 3, \cdots, 48, 49$	48

表 9.2　25 个 CEC 2005 测试函数的关键参数

函数名	维度	最小值	搜索空间
CEC 2005 F1	10, 30	−450	$[-100, 100]^d$
CEC 2005 F2	10, 30	−450	$[-100, 100]^d$
CEC 2005 F3	10, 30	−450	$[-100, 100]^d$
CEC 2005 F4	10, 30	−450	$[-100, 100]^d$
CEC 2005 F5	10, 30	−310	$[-100, 100]^d$
CEC 2005 F6	10, 30	390	$[-100, 100]^d$
CEC 2005 F7	10, 30	−180	$[0, 600]^d$
CEC 2005 F8	10, 30	−140	$[-32, 32]^d$
CEC 2005 F9	10, 30	−330	$[-5, 5]^d$
CEC 2005 F10	10, 30	−330	$[-5, 5]^d$
CEC 2005 F11	10, 30	90	$[-0.5, 0.5]^d$
CEC 2005 F12	10, 30	−460	$[-100, 100]^d$
CEC 2005 F13	10, 30	−130	$[-3, 1]^d$
CEC 2005 F14	10, 30	−300	$[-100, 100]^d$
CEC 2005 F15	10, 30	120	$[-5, 5]^d$
CEC 2005 F16	10, 30	120	$[-5, 5]^d$
CEC 2005 F17	10, 30	120	$[-5, 5]^d$
CEC 2005 F18	10, 30	10	$[-5, 5]^d$
CEC 2005 F19	10, 30	10	$[-5, 5]^d$
CEC 2005 F20	10, 30	10	$[-5, 5]^d$
CEC 2005 F21	10, 30	360	$[-5, 5]^d$
CEC 2005 F22	10, 30	360	$[-5, 5]^d$
CEC 2005 F23	10, 30	360	$[-5, 5]^d$
CEC 2005 F24	10, 30	260	$[-5, 5]^d$
CEC 2005 F25	10, 30	260	$[-2, 5]^d$

在我们的实验中，PSO 算法的参数采用 $\omega = 1/(2\ln 2), \phi_1 = \phi_2 = 0.5 + \ln 2$，即 SPSO 的参数[36]。对每个 PSO$(m, r)$ 算法和每个函数独立测试了 30 次，以控制随机数的影响。在每次独立测试中，PSO 算法直到消耗了 20000 次函数值计算次数才会停止。对于每个函数的求解，存储发现的最好函数值的历史。具体来说，每次求解结束后，得到一个长度为 20000 的向量，第 k 个元素是在 k 次函数值计算中找到的最小函数值。在完成 30 次独立求解后，计算 30 个向量的平均。该平均向量可以看作是 PSO(m, r) 算法在该测试函数上的平均数值性能的度量。最后，我们得到一个大小为 $20000 \times 90 \times 198$ 的矩阵 $\boldsymbol{H}$，其中元素 $H(k, j, i)$ 表示在第 i 个粒子群优化算法测试第 j 个函数时在 k 个函数值计算次数内中找到的最好函数值，其中 $k = 1, 2, \cdots, 20000, j = 1, 2, \cdots, 90, i = 1, 2, \cdots, 198$。

为了分析这些庞大的数据，采用 data profile 技术来展示这些数据并度量各个 PSO(m, r) 算法的综合性能。data profile 技术是一种有用的统计综合技术[73]，很适合于无导数优化

(deriva-tive-free optimizaiton，DFO) 算法的比较。由于粒子群优化算法也是一种 DFO 算法，因此该数据分析技术非常适用于我们的研究。

表 9.3　26 个非 CEC 2005 测试函数的关键参数最小值

函数名	维度	最小值	搜索空间
Sphere (f26)	10, 30	0	$[-100, 100]^d$
Rastrigin (f27)	10, 30	0	$[-5.12, 5.12]^d$
Six Hump Camel Back (f28)	2	-1.031628	$[-5, 5]^d$
Step (f29)	10, 30	0	$[-100, 100]^d$
Rosenbrock (f30)	10, 30	0	$[-2, 2]^d$
Ackley (f31)	10, 30	0	$[-32, 32]^d$
Griewank (f32)	10, 30	0	$[-600, 600]^d$
Salomon (f33)	10, 30	0	$[-100, 100]^d$
Normalized Schwefel (f34)	10, 30	-418.9828872724338	$[-512, 512]^d$
Quartic (f35)	10, 30	0	$[-1.28, 1.28]^d$
Rotated hyper-ellipsoid (f36)	10, 30	0	$[-100, 100]^d$
Norwegian (f37)	10, 30	1	$[-1.1, 1.1]^d$
Alpine (f38)	10, 30	0	$[-10, 10]^d$
Branin (f39)	2	0.397887	$[-5, 15]^d$
Easom (f40)	2	-1	$[-100, 100]^d$
Goldstein Price (f41)	2	3	$[-2, 2]^d$
Shubert (f42)	2	-186.7309	$[-10, 10]^d$
Hartmann (f43)	3	-3.86278	$[0, 1]^d$
Shekel (f44)	4	-10.5364	$[0, 10]^d$
Levy (f45)	10, 30	0	$[-10, 10]^d$
Michalewicz (f46)	10	-9.66015	$[0, \pi]^d$
Shifted Griewank (f47)	10, 30	-180	$[-600, 600]^d$
Design of a Gear Train (f48)	4	$2.7e-12$	$[12, 60]^d$
Pressure Vessel (f49)	4	7197.72893	[1.125 0.625 0 0] $\times$[12.5 12.5 240 240]
Tripod (f50)	2	0	$[-100, 100]^d$
Compression Spring (f51)	3	2.6254214578	[1 0.6 0.207] $\times$ [70 3 0.5]

9.3.2　数据分析技术

　　data profile 技术以累积分布函数的形式展示原始数据，以度量算法在一个测试函数集上的综合性能。该技术在数学规划领域非常流行，并得到了演化计算领域越来越多的关注，

例如文献 [28]、[156]。

具体地说，给定 9.3.1 节中产生的数据矩阵 H，可以为每个算法生成 data profile。根据文献 [73]，第 i 个 PSO(m,r) 算法的 data profile 定义为

$$d_i(\beta) = \frac{1}{90}\text{size}\left\{j \in \mathbb{P} : \frac{t_{j,i}}{n_j + 1} \leqslant \beta\right\} \tag{9.12}$$

其中，$\mathbb{P}$ 是由表 9.2 和表 9.3 中描述的 90 个测试函数的集合；n_j 是第 j 个测试函数的维数；$t_{j,i}$ 是第 i 个 PSO(m,r) 算法找到满足下列条件的位置 x 所需要的函数值计算次数。

$$f(x_0) - f(x) \geqslant (1 - \tau)(f(x_0) - f_L) \tag{9.13}$$

这里 x_0 是整个种群的初始最优位置，它在每次运行和每个组合 (m,r) 中都是固定的。在条件 (9.13) 中，f_L 是所有 PSO(m,r) 算法在 20000 个函数值计算次数中找到的最小函数值。如果条件 (9.13) 在 20000 次函数值计算次数内无法满足，则令 $t_{j,i} = \infty$。在条件 (9.13) 中，$\tau > 0$ 是一个精度参数，本章采用 $\tau = 10^{-7}$。

如果将

$$\frac{t_{j,i}}{n_j + 1} \tag{9.14}$$

解释为计算成本的相对度量，那么 $d_i(\beta)$ 描述了 β 个相对计算成本度量内算法能够求解的函数的比例。关于 data profile 技术的更多细节可参考附录 B 及文献 [73]。

9.3.3　给定粒子数情况下的最优度数

本节我们研究粒子数 m 给定的情况下最优度数 r^* 是如何变化的，主要目的是验证命题 9.2 提出的结论——最优度数随计算成本的增加而非严格递减。

虽然 data profile 技术可以同时比较多个算法，但当算法数量较多时，图形比较杂乱。因此，我们每次只比较两个度，为便于比较，其中一个度保持不变，另一个度在每次比较中变化。图 9.4 和图 9.5 显示了 PSO$(15,r)$ 的 data profile 比较结果，计算成本分别为 $\mu_f = 2000$ 和 $\mu_f = 20000$ 次函数值计算次数。在图 9.4 和图 9.5 的每个子图中，不变的度数是 2 度；水平轴表示的是计算成本的相对度量 (见式 (9.14))，纵轴是 PSO$(15,r)$ 算法求解出的函数比例。

根据 data profile 的定义 (9.12)，对于每条曲线和任何给定 β 值，对应 $d_i(\beta)$ 值衡量了 PSO$(15,r)$ 算法在相对计算成本 β 内可以求解的函数占所有测试函数的比例。曲线越高，对应的 PSO$(15,r)$ 算法的性能越好，从而相应的 r 值就越好。当 β 达到最大值时，$d_i(\beta)$ 度量了 PSO$(15,r)$ 算法最终 (在计算成本 μ_f 内) 可以求解的函数比例。

例如，从图 9.4 的第一个子图可以看到，PSO$(15,2)$ 算法最终可以求解大约 30% 的函数，而 PSO$(15,4)$ 算法可以解决大约 80% 的函数。因此，它们的性能差为 $-50\%(30\%-80\%)$。同样，其他子图得到的性能差分别约为 $-60\%,-42\%,-29\%,-18\%$ 和 6%。也就是说，PSO$(15,2)$ 的性能优于 PSO$(15,14)$，而低于 PSO$(15,4)$、PSO$(15,6)$、PSO$(15,8)$、PSO$(15,10)$ 和 PSO$(15,12)$，性能差分别为 $-50\%,-60\%,-42\%,-29\%$ 和 -18%。因此，当

$\mu_f = 2000$ 时，最优阶数 $r^* = 6$。类似地，图 9.5显示，对于任何 $r \neq 2$，PSO(15, 2) 算法比 PSO(15,r) 算法性能更好。因此，当 $\mu_f = 20000$ 时，最优度数 $r^* = 2$。

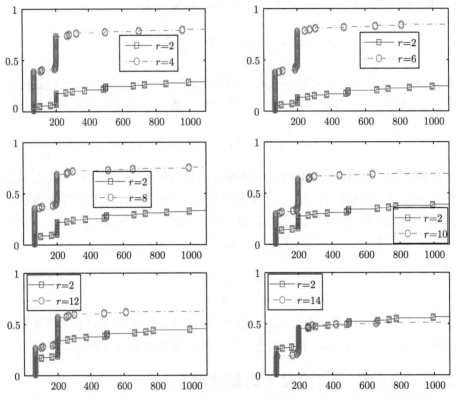

图 9.4 PSO(15,r) 算法不同度数的 data profile 比较结果 ($\tau = 10^{-7}$)，计算成本是 2000 个函数值计算次数。从图中可以发现最优度数 $r^* = 6$(后附彩图)

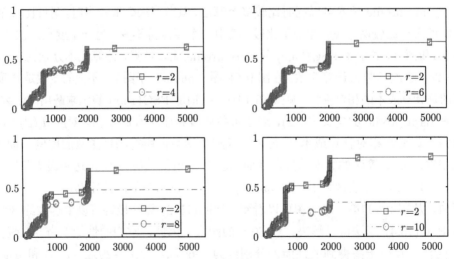

图 9.5 PSO(15,r) 算法的 data profile 比较结果 ($\tau = 10^{-7}$)，计算成本是 20000 个函数值计算次数。从图中可以发现最优度数 $r^* = 2$(后附彩图)

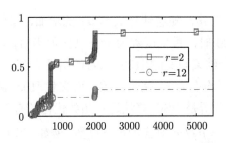 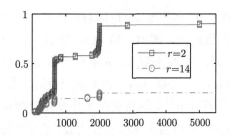

图 9.5　（续）

将上述分析扩展到可变的计算成本 $\mu_f = 2000t$，$t = 1, \cdots, 10$，可以得到不同粒子数 m 和不同计算成本 μ_f 下的最优度数 r^*。表 9.4 给出了 $m = 10, 15, 20, 25, 30, 35, 40, 45, 50$ 时的结果，图 9.6 给出了相应的变化曲线。

表 9.4　不同粒子数 m 对应的最优度 r^*

m	计算成本 μ_f									
	2000	4000	6000	8000	10000	12000	14000	16000	18000	20000
10	3	2	2	2	2	2	2	2	2	2
15	6	6	6	4	4	2	2	2	2	2
20	11	7	5	5	5	5	5	5	5	5
25	12	12	6	6	6	6	4	4	4	4
30	24	16	7	7	7	7	7	7	7	7
35	28	18	14	14	10	10	8	8	8	8
40	32	21	20	17	11	11	7	7	7	7
45	38	30	30	18	12	12	12	12	12	12
50	45	33	27	18	18	18	11	7	7	7

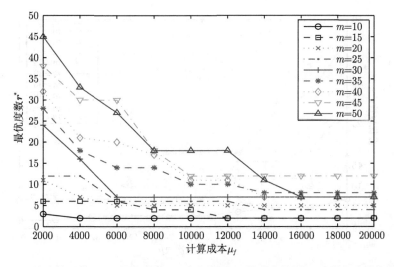

图 9.6　给定粒子数 m，最优度数 r^* 如何随着计算成本的增加而改变 (后附彩图)

从表 9.4和图 9.6中可以看出，对任何给定的 m，随着计算成本 μ_f 的增加，最优度数 r^* 非严格递减。例如，当 $m = 20$ 且 $\mu_f = 2000$ 时，最优度数为 $r^* = 11$; 而当 μ_f 增加到 20000 时，r^* 减小到 5。非常有趣的是，后一个结果与文献 [103] 报告的结果 (当计算成本为 1000 次迭代即 20000 次函数求值时，最优平均度为 5) 完全一致，而文献 [103] 测试了 1343 个随机拓扑。这说明基于正则拓扑框架的分析是 PSO 算法进行拓扑优化的有效策略。

同样，可以找出不同迭代次数 (进化代数)$\mu = \mu_f/m$ 对应的最优度数。例如，当 $m = 50$ 时，因为 20000 个函数值计算次数最多允许进化 400 代，因此可以记 $\mu = 40t, t = 1, \cdots, 10$，动态地考查对应的最优度数。表 9.5显示了不同粒子数 m 和迭代次数 μ 对应的最优度数，图 9.7显示了相应的变化曲线。可以再一次发现，无论粒子数 m 是多少，随着迭代次数 μ 的增加，最优度数 r^* 非严格递减。

表 9.5　不同粒子数 m 对应的最优度数 r^*

m	迭代次数 $\mu = \mu_f/m$									
	40	80	120	160	200	240	280	320	360	400
10	7	5	5	4	3	3	3	3	2	2
15	14	10	6	6	6	6	6	6	6	6
20	17	11	7	7	7	5	5	5	5	5
25	22	12	12	12	12	6	6	6	6	6
30	29	19	16	16	7	7	7	7	7	7
35	30	22	18	14	14	10	10	10	8	8
40	32	28	21	20	17	11	11	7	7	7
45	38	30	30	18	14	12	12	12	12	12
50	45	33	27	18	18	18	11	7	7	7

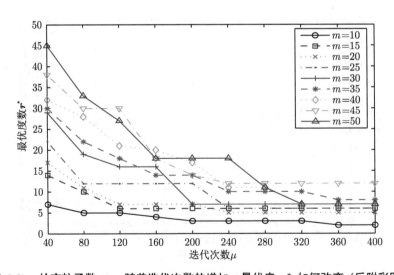

图 9.7　给定粒子数 m，随着迭代次数的增加，最优度 r^* 如何改变 (后附彩图)

从图 9.6和图 9.7中可以看到一个有趣的事实，即当 μ_f 或者 μ 较小时，较大 m 对应的最优度数 r^* 具有较大的振荡。这引导我们定义如下的标准最优度数 (standard optimal degree，SOD)：

$$\mathrm{SOD} = \frac{r^* - 2}{m - 3} \tag{9.15}$$

其中 $r^* \in [2, m-1]$。这种标准化意味着 $\mathrm{SOD} \in [0,1]$，且 $r^* = 2$ 时，$\mathrm{SOD} = 0$，$r^* = m-1$ 时，$\mathrm{SOD} = 1$。

图 9.8 显示了随着迭代次数 μ 的增加，标准最优度数 SOD 是如何变化的。图 9.8 中最重要和有趣的事实是，不同粒子数 m 对应的 SOD 以几乎相同的方式随迭代次数 μ 的增加而减少，这意味着在最优度数 r^* 和迭代次数 μ 之间存在某种联系。我们建议采用如下的函数来拟合这种联系：

$$\mathrm{SOD} = \frac{c_r}{\mu} \tag{9.16}$$

其中，c_r 是一个依赖于粒子数也依赖于测试问题的常数。结合式 (9.15) 和式 (9.16)，可得到公式

$$r^* = \mathrm{Int}\left(2 + \frac{c_r(m-3)}{\mu}\right) = \mathrm{Int}\left(2 + \frac{c_r(m-3)m}{\mu_f}\right) \tag{9.17}$$

其中，取整函数 $\mathrm{Int}(x)$ 的确定方式如下：当 m 为奇数时，$\mathrm{Int}(x)$ 为最接近 x 的偶数；当 m 为偶数时，$\mathrm{Int}(x)$ 为最接近 x 的奇数；当 $x < 2.5$ 时，取 $\mathrm{Int}(x)=2$。在我们的实验中，取 $c_r \in [40, 50]$ 很有效。

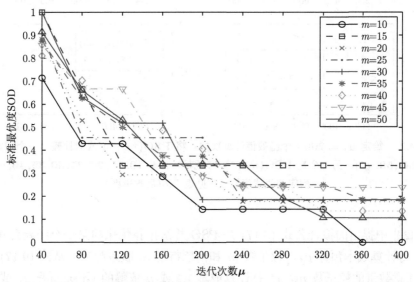

图 9.8　给定粒子数 m，标准最优度数如何随着迭代次数 μ 的增加而变化。可以看到，不同 m 的 SOD 以几乎同样的方式随 μ 的增加而减少 (后附彩图)

取整函数 Int 的确定方式主要来自以下三个理由。首先，当 m 为奇数时，只允许偶数度。其次，当 m 是偶数时，由于"奇捷径"的存在，奇数度往往比其最近的偶数度表现得

更好。最后，当 $x = 2 + c(m-3)/\mu$ 接近 2，即迭代次数 μ 足够多时，$\text{Int}(x)=2$ 是一个不错的选择。

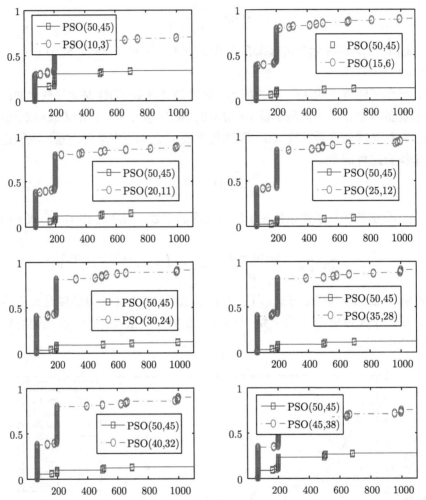

图 9.9　给定 $\mu_f = 2000$ 个函数值计算次数，将 $\text{PSO}(m, r^*)$ 成对比较，一个固定为 $\text{PSO}(50, r^*)$，另一个是 $\text{PSO}(m, r^*)$，分别为 $m = 10, 15, 20, 25, 30, 35, 40, 45$。相应的最优度数 r^* 见表 9.4(后附彩图)

文献 [29] 中提出的拟合公式 (9.17) 是 PSO 算法拓扑优化的第一个经验公式，它将最优度数 r^* 与计算成本预算 μ_f、粒子数 m 和问题特征 c_r 联系起来。从式 (9.17) 中可以看出，给定任意数量的粒子数 m，r^* 是计算成本 μ_f 或 μ 依赖的 (不会随着 μ_f 或者 μ 的增加而增加)，也是问题依赖的 (不同测试问题对应的 c_r 不同)。虽然拟合函数 (9.15) 或经验函数 (9.16) 可能不是最合适的，但它们仍具有很重要的价值。给定粒子数 m 和计算成本预算 μ_f，经验公式 (9.16) 可以给出最优度数 r^* 的合理估计值，这些估计值为自适应拓扑或分层拓扑的设计及其应用提供了很好的帮助。

9.3.4　最优粒子数

在给定粒子数 m 的情况下，9.3.3 节研究了随着计算成本预算 μ_f 的增加，最优度数 r^* 如何变化。本节将探讨随着计算成本预算 μ_f 的增加，最优粒子数 m^* 是如何变化的。我们的策略是采用 data profile 技术来比较 $\text{PSO}(m, r^*)$ 对不同的 m 和不同的 μ_f 的性能，其中 r^* 是给定 m 和 μ_f 的最优度数。

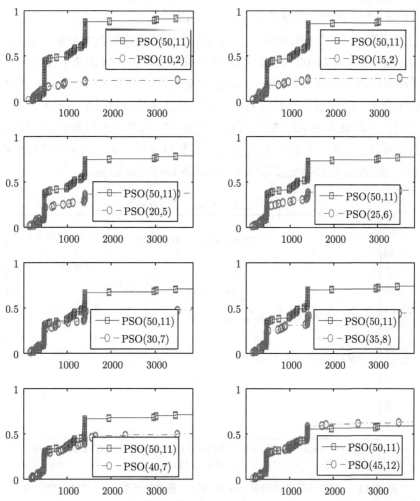

图 9.10　给定 $\mu_f = 14000$ 个函数值计算次数，对 $\text{PSO}(m, r^*)$ 进行成对比较，其中一个固定为 $\text{PSO}(50, r^*)$，另一个为 $\text{PSO}(m, r^*)$，其中，$m = 10, 15, 20, 25, 30, 35, 40, 45$，相应的最优度数 r^* 见表 9.4(后附彩图)

为了达到我们的目的，分别让 $\mu_f = 2000, 4000, \cdots, 20000$ 个函数值计算次数，然后对每个 μ_f 比较 $\text{PSO}(m, r^*)$ 的性能，其中 $m = 10, 15, 20, 25, 30, 35, 40, 45, 50$，$r^*$ 参见表 9.4。这样，我们就可以找到不同计算成本预算 μ_f 时的最优粒子数。图 9.9和图 9.10分别显示了 $\mu_f = 2000, 14000$ 的 data profile 比较结果，μ_f 取其他值的比较结果没有罗列出来以节省空间并避免混乱。

在图 9.9中，PSO(m, r^*) 成对地比较，其中 μ_f 为 2000 个函数值计算次数。在每个子图中都有两个 PSO 算法进行 data profile 比较，一个固定为 PSO($50, r^*$)，另一个为 PSO(m, r^*)，其中 $m = 10, 15, 20, 25, 30, 35, 40, 45$。相应的最优度数 r^* 在表 9.4的第 2 列中。比较结果显示 PSO($50, r^*$) 的性能比其他所有 PSO 都差，而 PSO($25, r^*$) 的性能最好。因此，当 $\mu_f = 2000$ 个函数值计算次数时，最优粒子数 $m^* = 25$。类似地，在图 9.10中，比较结果表明 PSO($50, r^*$) 和 PSO($45, r^*$) 的性能优于其他 PSO，而 PSO($50, r^*$) 的性能略差于 PSO($45, r^*$)。因此，最优粒子数 m^* 为 45。

图 9.11给出了 $\mu_f = 2000, 4000, \cdots, 20000$ 个函数值计算次数时的 PSO(m^*, r^*)。从中可以看到，除了 $\mu_f = 14000$ 以外，随着计算成本的增加，最优粒子数 $m*$ 非严格递增。如果我们重新考虑图 9.10所示的 data profile 比较结果，并对 PSO($45, r^*$) 和 PSO($50, r^*$) 之间的数值性能差异进行显著性检验的话，可以发现这种差异根本不显著。也就是说，当 $\mu_f = 14000$ 时，可以认为 PSO($45, r^*$) 和 PSO($50, r^*$) 的性能都是最好的，即 $m^* = 45$ 和 $m^* = 50$ 都是可以接受的。从这个意义上说，图 9.11显示了 m^* 的非严格递增趋势，这支持了命题 9.3。9.3.5 节将提供更多细节来考虑样本标准差的影响。

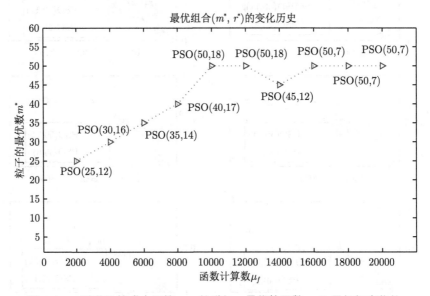

图 9.11　随着计算成本预算 μ_f 的增加，最优粒子数 m^* 是如何变化的

我们建议采用以下公式来拟合图 9.11中的数值结果

$$m^* = c_m \sqrt{\mu_f} \tag{9.18}$$

其中 c_m 是一个测试问题依赖的常数。对于本章的测试函数集，$c_m \in (0.4, 0.5)$ 似乎很有效。

据我们所知，拟合公式 (9.18) 是粒子群优化算法的第一个粒子数优化公式，它将最优粒子数 m^* 与计算成本预算 μ_f 和问题特征 c_m 联系起来。很明显，m^* 既依赖于计算成本预算，又与问题有关 (c_m 对于不同的测试问题是不同的)。

9.3.5　讨论

根据总体均值的统计推断理论[132]，如果一个算法的样本均值优于另一个算法，那么在考虑样本方差后，它要么仍然优于另一个算法，要么它们的性能没有显著差异。当后一种情况发生时，两个或多个不同的值可能同时最优。这种现象有时会使趋势变得有些混乱，有时却会使趋势更清晰 (例如，9.3.4 节中提到的例子)。然而，这种现象并没有改变本章提出的基本趋势。

9.4　结论

本章针对 PSO 算法的拓扑选择问题，提出了一系列新的分析方法，包括前最优分析法、data profile 技术和对大量基准函数的测试。这些都有助于更深入、更清晰地理解 PSO 算法的拓扑优化。

本章的主要贡献是得出了如下的结论，即 PSO 算法的最优拓扑不仅是问题依赖的，而且与计算成本预算相关。具体来说，最优粒子数随着计算成本预算的增加而非严格递增; 而对于任意给定的粒子数，最优度数随着计算成本预算的增加而非严格递减。这一结论需要的唯一条件是计算成本预算不能超过一个度量测试问题集难度的常数。

本章给出的大量数值实验支持了上述结论。根据数值结果，我们还推导出了两个经验公式来估计最优粒子数和最优度数。这些公式可用于设计更有效的动态拓扑和分层拓扑，有利于粒子群优化算法更容易和更广泛地应用于实际问题。

第 10 章
基于递归深度群体搜索的粒子群优化算法

本章将递归深度群体搜索技术 (RDSS) 应用到粒子群优化 (PSO) 上, 介绍其算法实现和数值实验。由于 PSO 算法是群体智能优化算法的主流代表, 本章的应用将表明, RDSS 技术有助于群体智能优化算法提升问题求解精度的能力, 从而可以缓解甚至消除群体智能优化算法中的渐近无效现象。

第 1 部分已经论证了全局最优化算法的渐近无效现象是一个普遍现象, 从表 2.1 和表 2.2 可以看到 PSO 算法在求解 Ackley 问题时渐近无效的具体例子。第 2 章提出的递归深度群体搜索技术已经成功应用到 DIRECT 算法中, 大幅缓解甚至消除了渐进无效现象的发生。受这一成功的鼓舞, 本章将递归深度群体搜索技术应用到 PSO 算法, 力图也能大幅缓解甚至消除渐近无效现象。

本章首先介绍基于递归深度群体搜索的智能优化算法框架, 然后分别介绍基于两水平搜索和三水平搜索 PSO 算法的具体实现及数值实验。本章的最后将给出全书的总结与展望。

10.1 算法框架

在第 2 章的 RDSS 算法 (见算法 2.5) 的基础上, 结合智能优化算法的实际, 得到基于 RDSS 技术的多水平智能优化算法, 记为 RDSSEC 算法。其算法框架如算法 10.1所示。该算法的调用格式为 $\text{RDSSEC}(L_{\max}, L_{\max})$, 其中 $0, 1, \cdots, L_{\max}$ 是算法中搜索层数的标号, $L_{\max}$ 表示最大层数。算法的初始种群自动生成, 后续递归调用本算法时则需要输入种群信息 POP。

算法 10.1 ($\text{RDSSEC}(L, L_{\max}, \text{POP})$)　% 算法框架

If $L = L_{\max}$

生成初始种群 P;

当停止条件不成立, 执行 RDSSEC 搜索 (算法 10.2)。

Else

$P = \text{POP}$;

执行 RDSSEC 搜索 (算法 10.2)。

End

RDSSEC 搜索是上述算法框架的核心，其本身不是独立的算法，具体描述见算法 10.2。

算法 10.2 (RDSSEC 搜索)　给定常数 N_1, N_2, N_3，执行以下搜索。

- 群体搜索 (前优化)：在第 L 层搜索区域上用种群 P 进行群体搜索，求解第 L 层优化问题，迭代 N_1 次并更新种群 P;
- 子群搜索 (粗优化)：
  - 当 $L = 1$ 时，构建子群 $\text{Sub}P_0$，用 $\text{Sub}P_0$ 进行子群搜索，求解第 0 层优化问题，迭代 N_2 次并更新 $\text{Sub}P_0$，用 $\text{Sub}P_0$ 更新 P;
  - 否则，构建子群 $\text{Sub}P$，用 $\text{RDSSEC}(L-1, L_{\max}, \text{Sub}P)$ 求解第 L 层优化问题并更新 $\text{Sub}P$，用 $\text{Sub}P$ 更新 P;
- 群体搜索 (后优化)：在第 L 层搜索区域上用种群 P 进行群体搜索，求解第 L 层优化问题，迭代 N_3 次并更新种群 P。

粗略来说，RDSSEC 搜索的每一次迭代由群体搜索 (前优化)、子群搜索、群体搜索 (后优化) 三部分组成。在子群搜索部分采用了对 RDSSEC 算法的递归调用，从而产生了深度 (多层次或多水平) 搜索。当粗优化取消时，算法 10.2就退化成了传统智能优化算法。因此，粗优化的存在是 RDSSEC 算法的关键。

在 RDSSEC 算法中，每一层搜索求解的是该层的优化问题，不同层的优化问题本质上是一样的。但是，由于子群构建的原因，每层子群搜索的区域有明显的侧重，越往 0 层越侧重于局部搜索，因此，相当于不同层有不同的搜索区域。从这个意义上，RDSSEC 算法是多粒度的。

在以上的算法框架中，有几个关键的技术细节没有明确：比如怎样从种群构建子群，怎样用更新后的子群对种群进行更新，每一层迭代次数怎么确定，算法停止条件的确定等。我们将在后续两节中结合 $L_{\max}$ 的具体取值，详细介绍这些关键细节的确定。基于实用程度，本章后面分别取 $L_{\max}$ 为 1 和 2，得到两层搜索和三层搜索的 PSO 算法。更多搜索层次的智能优化算法实现在做法上具有雷同之处，如果实践中有需要，可类似完成。图 10.1 显示了 $L_{\max}$ 分别取值为 1，2，3 时得到的两水平、三水平和四水平搜索框架。

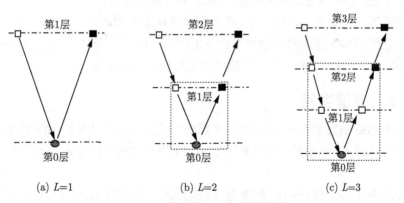

(a) L=1　　　　　　(b) L=2　　　　　　(c) L=3

图 10.1　多水平 V 循环搜索框架

□ 前优化; ■ 后优化; ● 粗优化

10.2 基于 RDSS 技术的两水平粒子群优化算法

当 $L_{\max} = 1$ 时，算法 10.2退化到两水平搜索的 PSO 算法，记为 RDSSPSO2 算法，其算法框架见算法 10.3。该算法可以没有输入变量，其搜索流程见图 10.1(a)。

算法 10.3 (RDSSPSO2)　生成初始种群 P; 给定常数 N_1, N_2, N_3。

当停止条件不成立，执行以下搜索

- 群体搜索 (前优化): 在第 1 层搜索区域上用种群 P 进行群体搜索，求解第 1 层优化问题，迭代 N_1 次并更新种群 P;
- 子群搜索: 构建子群 $\mathrm{Sub}P_0$，用 $\mathrm{Sub}P_0$ 进行子群搜索，求解第 0 层优化问题，迭代 N_2 次并更新 $\mathrm{Sub}P_0$，用 $\mathrm{Sub}P_0$ 更新 P;
- 群体搜索 (后优化): 在第 1 层搜索区域上用种群 P 进行群体搜索，求解第 1 层优化问题，迭代 N_3 次并更新种群 P。

10.2.1 算法实现与参数设置

算法 10.3中有待进一步落实的技术细节是子群构建，它涉及到两水平搜索空间中的信息交互。这里介绍可能的几种策略。一个自然的策略是，将当前 (历史) 适应值最好的部分粒子构建为子群。因为这些粒子代表了当前 (历史) 拥有的最好经验，对它们所在的区域进一步开发 (exploitation)，有望获得精度更好的解。这里面已经包含两种子策略，一种是用当前适应值最好，一种是用历史适应值最好。需要注意的是，按照这一策略得到的子群可能处于不同区域，比如多模问题中几个全局最优解所在的区域。由于子群规模小，每个区域可能只包含很少的粒子，对它们的进一步演化效果有时未必好。一种更精准的子群构建策略是，根据机器学习聚类或更高效的方法，构建物理上处于同一区域的子群，对这一子群的演化效果将更好。

为了说明 RDSS 技术的效果，我们简单地采用如下的策略及参数设置来定义两水平 PSO 算法:

- 子群构建: 采用当前适应值最好的 10% 粒子构建子群;
- 参数设置: $N_1 = N_2 = N_3 = 1$, 第 1 层种群规模为 100;
- 算法载体: PSO 算法的其他实现完全采用 SPSO2011 算法[36] 的实现方式。

下面报告这一两水平 PSO 算法的简单实现的数值实验效果。

10.2.2 数值实验

本节将 RDSSPSO2 算法与 SPSO2011 算法[36] 进行测试与比较。测试函数来自 Hedar 测试函数库[72] 中的 68 个函数，也可见附录 A。采用的数据分析技术是改进的 data profile 技术[157]。

图 10.2给出了 RDSSPSO2 算法与 SPSO2011 算法的 data profile 比较结果。从图 10.2可以看出，RDSSPSO2 算法对应的曲线在大多数时候都在 SPSO2011 曲线的上方，只有到了后期才实现重叠。这说明 RDSSPSO2 算法在大多数时候都有更好的求解性能 (在

相同的成本下求解出更多的问题)。后期的重叠现象的主要原因是，到了后期的时候，两个算法都找到了能求解的大多数测试问题的最优解 (也就是说，PSO 算法的性能已经被充分挖掘)。这一点可以从图 10.3 中的结果得到支撑。图 10.3 中结果所用的成本为 5000 次函数值计算次数，还有很多函数的最优解没有找到，从而两条曲线的差距较大。

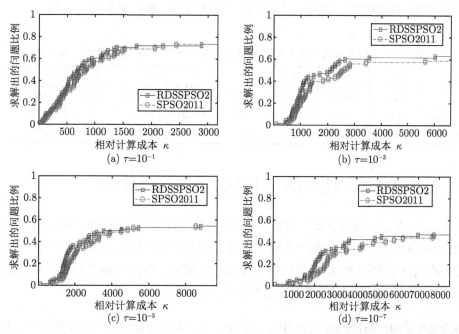

图 10.2　两水平 PSO 算法对 SPSO2011 的改进，20000 次函数值计算次数 (后附彩图)

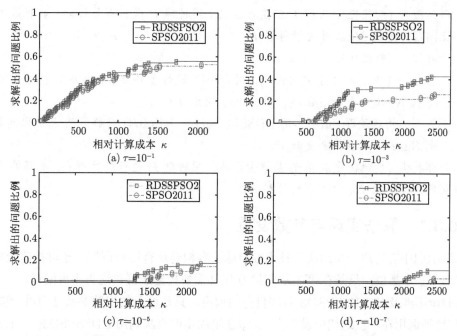

图 10.3　两水平 PSO 算法对 SPSO2011 的改进，计算成本为 5000 次函数值计算次数 (后附彩图)

表 10.1给出了 RDSSPSO2 算法求解 2 维 Ackley 问题的测试结果, 问题描述和成本设置详见 2.1 节。跟 SPSO2011(即表中的 PSO) 的结果相比, 虽然仍在 10^{-17} 的精度要求下出现了渐近无效现象, 但仍然表现出了缓解这类现象的良好性能。从表中可以看到, 在任何精度要求下, 都降低了约 20% 到 30% 的计算成本。如果考虑到这个算法的实现和参数设置没有进行任何优化, RDSS 技术对渐近无效现象的作用还是很显著的。

表 10.1   粒子群优化算法求解 2 维 Ackley 问题所需要的函数值计算次数

精度	10^{-1}	10^{-3}	10^{-5}	10^{-7}	10^{-9}	10^{-11}	10^{-13}	10^{-15}	10^{-17}
PSO	2215	5048	9513	12313	16504	19499	23441	25641	—
RDSSPSO2	1907	4069	7083	8980	11231	13541	15221	18161	—
RDSSPSO3	2346	4712	7511	10536	13461	16193	18041	20773	—

10.3   基于 RDSS 技术的三水平粒子群优化算法

当 $L_{\max} = 2$ 时, 得到三水平搜索的 PSO 算法 10.4, 记为 RDSSPSO3 算法。调用格式为 RDSSPSO3(2), 算法的每一次迭代从第 2 层前优化开始, 在递归作用下, 到第 1 层前优化, 再到第 0 层搜索; 然后返回第 1 层进行后优化, 再返回第 2 层进行后优化。算法层数搜索模式为 "2-1-0-1-2", 搜索流程参见图 10.1(b)。

> **算法 10.4** (RDSSPSO3(L, POP))   若 $L = 2$, 生成初始种群 P; 否则, $P =$ POP。
> 当停止条件不成立, 执行以下循环:
> - 群体搜索 (前优化): 在第 L 层搜索区域上用种群 P 进行群体搜索, 求解第 L 层优化问题, 迭代 N_1 次并更新种群 P;
> - 子群搜索 (粗优化):
>   - 当 $L = 1$ 时, 构建子群 $SubP_0$, 用 $SubP_0$ 进行子群搜索, 求解第 0 层优化问题, 迭代 N_2 次并更新 $SubP_0$, 用 $SubP_0$ 更新 P;
>   - 否则, 构建子群 $SubP$, 用 RDSSPSO3($L-1$, $SubP$) 求解第 L 层优化问题并更新 $SubP$, 用 $SubP$ 更新 P;
> - 群体搜索 (后优化): 在第 L 层搜索区域上用种群 P 进行群体搜索, 求解第 L 层优化问题, 迭代 N_3 次并更新种群 P。

10.3.1   算法实现与参数设置

算法 10.4中有待进一步落实的技术细节除了群构建还有递归调用。子群构建策略与两水平情形下基本类似, 只是在第 1 层和第 0 层都需要构建子群。这里不再阐释。

递归调用涉及对 RDSSPSO3 算法自身的调用, 只是输入的层数参数 L 不断递减。另外, 允许这种调用在一次迭代中发生两次, 即在粗优化中两次调用 RDSSPSO3($L-1$, $SubP$) 来求解第 L 层优化问题。得到的层数搜索模式为 "2-1-0-1-1-0-1-2", 类似于一个 "W" 形状，故称为 W 形搜索。参见图 10.4 并与图 10.1 进行比较，可更好地理解两种递归调用的区别与联系。

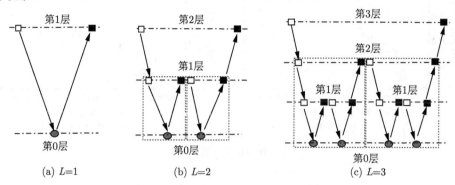

(a) $L=1$　　　　(b) $L=2$　　　　(c) $L=3$

图 10.4　多水平 W 循环搜索框架

□ 前优化；■ 后优化；● 粗优化

为了说明 RDSS 技术的效果，这里仍只是简单地采用如下的策略及参数设置来定义一个三水平 PSO 算法：

- 子群构建：从第 1 层到第 0 层时，采用当前适应值最好的 10% 粒子构建子群；从第 2 层到第 1 层时，采用当前适应值最好的 90% 粒子构建子群；
- 参数设置：$N_1 = N_2 = N_3 = 1$，第 2 层种群规模为 100；
- 算法载体：PSO 算法的其他实现完全采用 SPSO2011 算法[36] 的实现方式。

下面报告这一三水平 PSO 算法的简单实现的数值实验效果。

10.3.2　数值实验

本节将 RDSSPSO3 与 SPSO2011 和 RDSSPSO2 进行测试与比较。测试函数，计算成本与数据分析技术等均与本章前面介绍的一样。

图 10.5 给出了 RDSSPSO3 算法与 SPSO2011 算法的 data profile 比较结果。从图 10.5 可以看到与 RDSSPSO2 类似的比较结果，即 RDSSPSO3 算法对应的曲线在大多数时候都在 SPSO2011 曲线的上方，只有到了后期才实现重叠。这说明 RDSSPSO3 算法在大多数时候都有更好的求解性能。

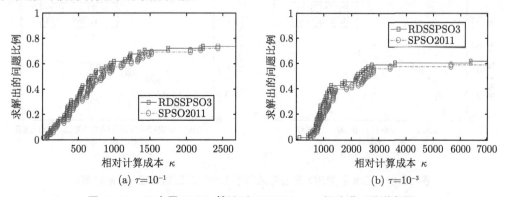

(a) $\tau=10^{-1}$　　　　(b) $\tau=10^{-3}$

图 10.5　三水平 PSO 算法对 SPSO2011 的改进 (后附彩图)

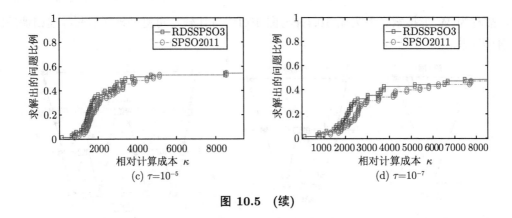

(c) $\tau=10^{-5}$

(d) $\tau=10^{-7}$

图 10.5 （续）

图 10.6给出了 RDSSPSO3 与 RDSSPSO2 的算法比较结果。从中可以发现，两个算法并没有明显差异，偶尔还有交叉。表 10.1的结果对比也能看到，在 Ackley 问题中，RDSSPSO3 算法并没有 RDSSPSO2 算法效果好。我们认为，随着层数 (深度) 的增加，不同层之间的子群规模参数设置具有较大影响。也就是说，如果能恰当设置不同层的子群规模，RDSSPSO3 是有望超越 RDSSPSO2 的。第 2 部分的实践已经表明了这一点，有兴趣的读者可以自行尝试。

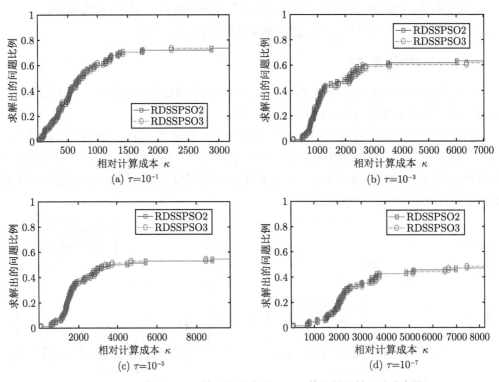

(a) $\tau=10^{-1}$

(b) $\tau=10^{-3}$

(c) $\tau=10^{-5}$

(d) $\tau=10^{-7}$

图 10.6 三水平 PSO 算法与两水平 PSO 算法的比较 (后附彩图)

10.4　结论与展望

本节对全书做总结与展望。

10.4.1　渐近无效现象的普遍性

本书的第一个重要内容是指出并论证了全局最优化算法普遍存在渐近无效现象，这也是作者近 10 年研究成果的一个重要原创性贡献。这一现象指的是，全局最优化算法往往能够快速定位到好的近似解的附近区域，但是，要在这些区域找到精度更高的解则比较困难，所需要付出的计算成本的上升速度超过精度提升速度。由于全局最优化问题在科学与工程实践及社会实践中的重要性，全局优化算法的渐近无效现象作为一个普遍性问题，其提出与论证均具有重要价值。

第 1 部分从多个角度分析了渐进无效现象的普遍性，并探讨了该现象与 NP-hard 类问题之间的一些关系。虽然有了这些探究，但是我们对于渐近无效现象的理解——特别是其形成原因的理解——仍然不够清晰。这制约了彻底解决这一现象的理论设计与分析。

10.4.2　递归深度群体搜索技术的作用

递归深度群搜索体 (RDSS) 技术是为了克服全局优化算法的渐近无效现象而提出来的。近年来，这一技术已经被成功应用于 DIRECT 算法和 PSO 算法，并显著缓解甚至在一定精度内克服了渐近无效现象。由于 DIRECT 算法和 PSO 算法分别代表了确定性和随机性全局最优化算法，因此，RDSS 技术有望应用于所有全局最优化算法。

RDSS 技术是一个算法理念，其三个关键词 (递归、深度、群体搜索) 中，"深度" 是这一技术的本质特征。该技术抛弃了在单一搜索空间中寻找解的传统理念，代之于在两个或多个搜索空间中，协同搜寻最优解。因此，这一技术是多水平的。这也是本书中经常将得到的算法称为多水平算法的原因。另一方面，在不同的搜索空间中，往往会用不同的规模或尺度来进行协同寻优，因此，这一技术也是多尺度或多粒度的。

RDSS 技术起源于数值计算中的多重网格方法，其作用机理是，通过在粗搜索空间中的低成本搜索，加强局部寻优能力，找到精度更高的解，并返回更细的搜索空间中引导整个种群的演化。因此，该技术的本质是 "直接加强局部寻优能力、间接增强全局搜索能力"。不同于采用其他局部优化算法来达到这个目的的算法，RDSS 算法通过 "构建子问题并调用全局优化算法本身求解子问题" 来加强局部搜索。这一策略的一大优势是，可以递归调用算法本身产生深度搜索，并提供灵活的方式来平衡全局搜索与局部搜索。

本书的理论论证与数值结果表明，RDSS 技术可以很好地缓解全局最优化算法的渐近无效现象，但目前并不能从理论上保证消除这一现象。我们只能说，如果渐近无效现象被缓解到给定精度条件下不会发生，从实践的角度也就相当于消除了这一现象。

10.4.3 未来的研究方向

考虑到全局最优化问题与算法的重要性，以及渐近无效现象的普遍性，从理论上更好地理解这一现象并从算法设计上消除这一问题具有重要价值和意义。因此，这里给出如下的未来研究问题与方向。

首先，从理论分析上，仍有许多工作要做。本书给出的渐近无效现象的定义很可能不是最合适的，它有哪些等价定义或者更合适的定义呢？这一现象是所有全局最优化算法都固有的吗？其普遍性有没有条件或约束？在理论方面，最重要的问题也许是渐近无效现象的本质究竟是什么？是什么导致了这一现象？

其次，从数值分析上，怎样定义渐近无效现象的严重程度？它与全局最优化算法的类型有何关系？与所求解的最优化问题有何依赖关系？怎么样优化 RDSS 技术的数值性能？能不能找到更合适的方式来确定搜索深度以及影响计算成本分配的参数？

最后，最重要的是怎么样彻底消除渐近无效现象。当然，这依赖于对这一现象本质的深入认知。作者目前认为最有可能的是，这一现象是固有的，无论如何是无法彻底消除的，正如 NP-hard 问题可能不存在多项式时间求解算法一样。如果确实如此，剩下的问题就是怎么样设计有效的算法机制，缓解渐近无效现象的发生。本书推荐的 RDSS 技术就是这一尝试的结果。当然，可能存在其他的算法机制，一样有效甚至更有效。这些机制的共同特征是什么？除了深度搜索还有更重要的共同特征吗？

第4部分

附　录

附录 A
带残差校正的多重网格法的收敛性分析

A.1 引言

在求解如下形式的超大规模线性方程组时

$$A_l u_l = b_l \tag{A.1}$$

多重网格法是目前所知的最好算法之一，详见文献 [158]-[163]。这类方程通常来自对偏微分方程的离散化，其中 A_l 通常是对称正定的，l 表示层数。收敛性分析以及收敛因子的上界估计一直是多重网格理论的重要研究课题，详见文献 [164]-[168]。文献 [168] 利用扰动两重网格法的思想对前后光滑对称进行的标准多重网格法的收敛性进行了分析，得到了一个多重网格法的收敛因子的上界估计，这一上界在现有文献中是最小的。

残差校正技术常用来加速多重网格法的收敛速度，参见文献 [169]-[174]。本附录的目的是利用扰动两重网格法的思想来估计带残差校正的多重网格法的收敛因子。具体来说，本附录估计下面的算法的收敛因子。

算法 A.1 (带残差校正的多重网格法)

步骤 0　若层数 $l = 0$(最粗一层)，则精确求解 $u_0 = A_0^{-1} b_0$，否则

步骤 1(前光滑)　用给定的初值和光滑子 R_l 对 $A_l u_l = b_l$ 进行 ν_l 次光滑，得到的近似值记为 v_l；

步骤 2(残差限制)　$d_{l-1} = p_l^T (b_l - A_l v_l)$；

步骤 3(残差校正)　$d_{l-1} := \alpha_l d_{l-1}$；

步骤 4(粗网求解)　以 0 为初值，利用本算法本身 γ 次递归求解 $A_{l-1} e_{l-1} = d_{l-1}$；

步骤 5(粗网校正)　$v_l := v_l + p_l e_{l-1}$；

步骤 6(后光滑)　用光滑子 R_l^T 对 $A_l u_l = b_l$ 进行 ν_l 次光滑。

在算法 A.1中，要求对所有层数 l，A_l 是 $n_l \times n_l$ 的对称正定矩阵。$p_l \in R^{n_l \times n_{l-1}}$ 是 l 层的延拓算子，$p_l^T \in R^{n_{l-1} \times n_l}$ 是 l 层的限制算子。$R_l \in R^{n_l \times n_l}$ 满足 $\rho(I - R_l A_l) < 1$，$\rho(\cdot)$ 表示谱半径。矩阵 A_{l-1} 可以是任意 $n_{l-1} \times n_{l-1}$ 的对称正定矩阵，而不需要是 Galerkin 型的。整数 ν_l 表示在 l 层前光滑和后光滑的次数。α_l 表示残差校正系数，本文中 α_l 是正的常数。

注 A.1 参数 γ 是循环次数，$\gamma = 1$ 对应多重网格的 V 循环，$\gamma = 2$ 对应 W 循环。

注 A.2 如果在算法 A.1中令 $\alpha_l = 1$ 对所有层数 l 成立，则算法 A.1退化成标准的无残差校正的多重网格法。

A.2 扰动两重网格方法

考查第 $l-1$ 层和第 l 层组成的两重网格法的迭代矩阵

$$T_{\text{TG}}^{(l)} = (I - R_l^T A_l)^{\nu_l}(I - p_l \alpha_l A_{l-1}^{-1} p_l^T A_l)(I - R_l A_l)^{\nu_l} \tag{A.2}$$

以及多重网格法的迭代矩阵

$$T_{\text{MG}}^{(l)} = (I - R_l^T A_l)^{\nu_l}(I - p_l \alpha_l (I - (T_{\text{MG}}^{(l-1)})^\gamma) A_{l-1}^{-1} p_l^T A_l)(I - R_l A_l)^{\nu_l} \tag{A.3}$$

的关系。可以看出，式 (A.3) 只是用 $\alpha_l(I - (T_{\text{MG}}^{(l-1)})^\gamma) A_{l-1}^{-1}$ 取代式 (A.2) 中的 $\alpha_l A_{l-1}^{-1}$，记

$$K_C = \alpha_l(I - (T_{\text{MG}}^{(l-1)})^\gamma) A_{l-1}^{-1}$$

如果把 K_C 看成是 $\alpha_l A_{l-1}^{-1}$ 的某种扰动，则可以把多重网格法看成是扰动的两重网格法，而多重网格法的迭代矩阵 $T_{\text{MG}}^{(l)}$ 就可以看成是扰动两重网格法的迭代矩阵。

两重网格法和多重网格法分别隐含定义了预处理子 $B_{\text{TG}}^{(l)}$ 和 $B_{\text{MG}}^{(l)}$，它们与迭代矩阵的关系如下：

$$I - (B_{\text{TG}}^{(l)})^{-1} A_l = T_{\text{TG}}^{(l)}, \quad I - (B_{\text{MG}}^{(l)})^{-1} A_l = T_{\text{MG}}^{(l)} \tag{A.4}$$

在分析收敛因子之前，首先来说明预处理子 $B_{\text{TG}}^{(l)}$ 和 $B_{\text{MG}}^{(l)}$ 都是正定矩阵。因为 $\rho(I - R_l A_l) < 1$，所以存在可逆矩阵 M_l 使得 $I - M_l^{-1} = (I - R_l A_l)^{\nu_l}$，且满足 $\rho(I - M_l^{-1} A_l) < 1$。这表明下式定义的矩阵

$$Q_l = M_l^{-T}(M_l + M_l^T - A_l) M_l^{-1}$$

是正定矩阵 (参见文献 [175-176])。定义对称正定矩阵如下：
$\hat{B}_{\text{TG}}^{(l)} =$

$$\begin{pmatrix} I_{n \times n} & 0 \\ -\sqrt{\alpha_l} p_l^T (I - A_l M_l^{-1}) & I_{n_c \times n_c} \end{pmatrix} \begin{pmatrix} Q_l^{-1} & 0 \\ 0 & A_{l-1} \end{pmatrix} \begin{pmatrix} I_{n_c \times n_c} & -\sqrt{\alpha_l}(I - M_l^{-T} A_l) p_l \\ 0 & I_{n \times n} \end{pmatrix}$$

则

$$\hat{B}_{\text{TG}}^{(l)} = \begin{pmatrix} Q_l^{-1} & -\sqrt{\alpha_l} Q_l^{-1}(I - M_l^{-T} A_l) p_l \\ -\sqrt{\alpha_l} p_l^T (I - A_l M_l^{-1}) Q^{-1} & A_{l-1} \end{pmatrix}$$

并且有

$$
(\hat{B}_{\mathrm{TG}}^{(l)})^{-1} = \begin{pmatrix} I_{n \times n} & \sqrt{\alpha_l}(I - M_l^{-T}A_l)p_l \\ 0 & I_{n_{l-1} \times n_{l-1}} \end{pmatrix} \begin{pmatrix} Q_l & 0 \\ 0 & A_{l-1}^{-1} \end{pmatrix} \cdot
$$

$$
\begin{pmatrix} I_{n \times n} & 0 \\ \sqrt{\alpha_l}p_l^T(I - A_lM_l^{-1}) & I_{n_{l-1} \times n_{l-1}} \end{pmatrix}
$$

$$
= \begin{pmatrix} Q_l + \alpha_l(I - M_l^{-T}A_l)p_lA_{l-1}^{-1}p_l^T(I - A_lM_l^{-1}) & \sqrt{\alpha_l}(I - M_l^{-T}A_l)p_lA_{l-1}^{-1} \\ \sqrt{\alpha_l}A_{l-1}^{-1}p_l^T(I - A_lM_l^{-1}) & A_{l-1}^{-1} \end{pmatrix}
$$

又因为

$$
\begin{aligned}
(B_{\mathrm{TG}}^{(l)})^{-1} &= A_l^{-1} - T_{\mathrm{TG}}^{(l)}A_l^{-1} \\
&= A_l^{-1} - (I - R_l^TA_l)^{\nu_l}(I - \alpha_lp_lA_{l-1}^{-1}p_l^TA_l)(I - R_lA_l)^{\nu_l}A_l^{-1} \\
&= A_l^{-1} - A_l^{-1}[(I - R_lA_l)^{\nu_l}]^TA_l(I - \alpha_lp_lA_{l-1}^{-1}p_l^TA_l)(I - R_lA_l)^{\nu_l}A_l^{-1} \\
&= A_l^{-1} - A_l^{-1}(I - A_lM_l^{-T})A_l(I - \alpha_lp_lA_{l-1}^{-1}p_l^TA_l)(I - M_l^{-1}A_l)A_l^{-1} \\
&= M_l^{-T}(M_l + M_l^T - A_l)M_l^{-1} + \alpha_l(I - M_l^{-T}A_l)p_lA_{l-1}^{-1}p_l^T(I - A_lM_l^{-1}) \\
&= Q_l + \alpha_l(I - M_l^{-T}A_l)p_lA_{l-1}^{-1}p_l^T(I - A_lM_l^{-1})
\end{aligned}
$$

所以

$$
(\hat{B}_{\mathrm{TG}}^{(l)})^{-1} = \begin{pmatrix} (B_{\mathrm{TG}}^{(l)})^{-1} & \sqrt{\alpha_l}(I - M_l^{-T}A_l)p_lA_{l-1}^{-1} \\ \sqrt{\alpha_l}A_{l-1}^{-1}p_l^T(I - A_lM_l^{-1}) & A_{l-1}^{-1} \end{pmatrix}
$$

由于 $(\hat{B}_{\mathrm{TG}}^{(l)})^{-1}$ 是对称正定的, 故 $B_{TG}^{(l)}$ 也是对称正定的。类似地, 在以上分析中用 K_C 代替 A_{l-1}^{-1} 可得到 $B_{\mathrm{MG}}^{(l)}$ 也是对称正定矩阵。

这样, $B_{\mathrm{TG}}^{(l)}, B_{\mathrm{MG}}^{(l)}, A_l$ $(l = 0, 1, 2, \cdots, L)$ 都是对称正定的, 所以 $(B_{\mathrm{TG}}^{(l)})^{-1}A_l$ 和 $(B_{\mathrm{MG}}^{(l)})^{-1}A_l$ 的特征值都是实数。则多重网格法和两重网格法的收敛因子可以表示为

$$
\sigma_{\mathrm{MG}}^{(l)} = \rho(T_{\mathrm{MG}}^{(l)}) = \max\{\lambda_{\max}(B_{\mathrm{MG}}^{-1}A) - 1, 1 - \lambda_{\min}(B_{\mathrm{MG}}^{-1}A)\} \tag{A.5}
$$

$$
\sigma_{\mathrm{TG}}^{(l)} = \rho(T_{\mathrm{TG}}^{(l)}) = \max\{\lambda_{\max}(B_{\mathrm{TG}}^{-1}A) - 1, 1 - \lambda_{\min}(B_{\mathrm{TG}}^{-1}A)\} \tag{A.6}
$$

其中 $\lambda_{\max}(\cdot)$ 和 $\lambda_{\min}(\cdot)$ 表示最大和最小特征值。

下面的引理引自文献 [168] 中的定理 2.2。

引理 A.1 $B_{\mathrm{TG}}, B_{\mathrm{MG}}$ 分别是两重网格法和多重网格法 (即扰动两重网格法) 所定义的预处理子 (见式 (A.4)), 则有下面两个不等式成立:

$$
\lambda_{\max}(B_{\mathrm{MG}}^{-1}A) \leqslant \lambda_{\max}(B_{\mathrm{TG}}^{-1}A) \cdot \max\{1, \lambda_{\max}(K_CA_C)\}
$$
$$
\lambda_{\min}(B_{\mathrm{MG}}^{-1}A) \geqslant \lambda_{\min}(B_{\mathrm{TG}}^{-1}A) \cdot \min\{1, \lambda_{\min}(K_CA_C)\}
$$

其中 A_C 是两重网格法的粗网矩阵; K_C 是扰动两重网格法中取代 A_C 的逆矩阵的部分。

根据引理 A.1，将 $K_C = \alpha_l(I - (T_{\mathrm{MG}}^{(l-1)})^\gamma)A_{l-1}^{-1}$ 以及 $A_C = \alpha_l^{-1}A_{l-1}$ 代入上面的不等式，可以得到

$$\lambda_{\max}(B_{\mathrm{MG}}^{-1}A) \leqslant \lambda_{\max}(B_{\mathrm{TG}}^{-1}A) \cdot \max\{1, \lambda_{\max}(I - (T_{\mathrm{MG}}^{(l-1)})^\gamma)\} \tag{A.7}$$

$$\lambda_{\min}(B_{\mathrm{MG}}^{-1}A) \geqslant \lambda_{\min}(B_{\mathrm{TG}}^{-1}A) \cdot \min\{1, \lambda_{\min}(I - (T_{\mathrm{MG}}^{(l-1)})^\gamma)\} \tag{A.8}$$

利用这两个不等式，可以对带残差扰动的多重网格法的收敛性进行分析，得到收敛因子的上界的估计式。

A.3　带残差校正的多重网格法的收敛性分析

根据式 (A.7) 和式 (A.8) 可得

$\lambda_{\max}(B_{\mathrm{MG}}^{-1}A) - 1 \leqslant$

$$\begin{cases} \lambda_{\max}(B_{\mathrm{TG}}^{-1}A)((1 + (\sigma_{\mathrm{MG}}^{(l-1)})^\gamma) - 1, & \gamma \text{是奇数且} T_{\mathrm{MG}}^{(l-1)} \text{有负的特征值} \\ \lambda_{\max}(B_{\mathrm{TG}}^{-1}A) - 1, & \text{其他} \end{cases}$$

以及

$$1 - \lambda_{\min}(B_{\mathrm{MG}}^{-1}A) \leqslant 1 - \lambda_{\min}(B_{\mathrm{TG}}^{-1}A)(1 - (\sigma_{\mathrm{MG}}^{(l-1)})^\gamma)$$

结合式 (A.5) 和式 (A.6) 可得，当 γ 是偶数或者对所有的 l 成立 $\lambda_{\max}((B_{\mathrm{TG}}^{(l)})^{-1}A) \leqslant 1$ (就像在 Galerkin 粗网矩阵的情形中一样) 时，有 $\sigma_{\mathrm{MG}}^{(l)} \leqslant 1 - \lambda_{\min}(B_{\mathrm{TG}}^{-1}A)(1 - (\sigma_{\mathrm{MG}}^{(l-1)})^\gamma)$，即

$$\sigma_{\mathrm{MG}}^{(l)} \leqslant 1 - (1 - \sigma_{\mathrm{TG}}^{(l)})(1 - (\sigma_{\mathrm{MG}}^{(l-1)})^\gamma) \leqslant 1 \tag{A.9}$$

如果最粗一层的粗网矩阵 A_0 能被精确求解，那么 $\sigma_{\mathrm{MG}}^{(1)} = \sigma_{\mathrm{TG}}^{(1)}$，则式 (A.9) 就递归定义了多重网格法在每一层的收敛因子的上界。

对于 V 循环 ($\gamma = 1$)，式 (A.9) 意味着

$$\sigma_{\mathrm{MG}}^{(l)} \leqslant 1 - (1 - \sigma_{\mathrm{TG}}^{(l)})^l, \quad l \geqslant 2 \tag{A.10}$$

这表明已知两重网格法的收敛因子就可以估计多重网格法的收敛因子的上界，比如在 $l = 4$ 时，若 $\sigma_{\mathrm{TG}}^{(l)} \leqslant 0.1$，则可以估计出 $\sigma_{\mathrm{MG}}^{(l)} \leqslant 0.344$。另一方面，式 (A.10) 表明对于 V 循环其收敛因子的上界与层数有关。

对于 W 循环 ($\gamma = 2$)，以下定理表明存在与层数无关的一致的上界。

定理 A.1　考虑带残差校正的多重网格法的 W 循环，其迭代矩阵定义如下：

$$T_{\mathrm{MG}}^{(l)} = \begin{cases} 0, & l = 0 \\ (I - R_l^T A_l)^{\nu_l}(I - p_l\alpha_l(I - (T_{MG}^{(l-1)})^2)A_{l-1}^{-1}p_l^T A_l)(I - R_l A_l)^{\nu_l}, & 1 \leqslant l \leqslant L \end{cases}$$

假设 $A_l(l = 0, 1, 2, \cdots, L)$ 是对称正定矩阵，$R_l(l = 0, 1, 2, \cdots, L)$ 满足 $\rho(I - R_l A_l) < 1$。则如果由 $l - 1$ 和 l 层组成的两重网格法的收敛因子存在与层数无关的上界 $\sigma(0 < \sigma < 0.5)$，那么多重网格法的收敛因子也存在与层数无关的上界 $\sigma/(1 - \sigma)$。

证明　在式 (A.9) 中令 $\gamma = 2$，则

$$\sigma_{\text{MG}}^{(l)} \leqslant \sigma_{\text{TG}}^{(l)} + (1 - \sigma_{\text{TG}}^{(l)})(\sigma_{\text{MG}}^{(l-1)})^2$$

如果 $0 < \sigma < 0.5$，且 $\sigma_{\text{TG}}^{(l)} \leqslant \sigma$，$\sigma_{\text{MG}}^{(l-1)} \leqslant \dfrac{\sigma}{1-\sigma}$ 成立，则

$$
\begin{aligned}
\sigma_{\text{MG}}^{(l)} &\leqslant \sigma_{\text{TG}}^{(l)} + (1 - \sigma_{\text{TG}}^{(l)})\left(\frac{\sigma}{1-\sigma}\right)^2 \\
&= \frac{1-2\sigma}{(1-\sigma)^2}\sigma_{\text{TG}}^{(l)} + \frac{\sigma^2}{(1-\sigma)^2} \\
&\leqslant \frac{1-2\sigma}{(1-\sigma)^2}\sigma + \frac{\sigma^2}{(1-\sigma)^2} \\
&= \frac{\sigma}{1-\sigma}
\end{aligned}
$$

这表明只要 $\sigma_{\text{TG}}^{(l)} \leqslant \sigma$ 和 $\sigma_{\text{MG}}^{(l-1)} \leqslant \dfrac{\sigma}{1-\sigma}$ $(0 < \sigma < 0.5)$ 成立，则有 $\sigma_{\text{MG}}^{(l)} \leqslant \dfrac{\sigma}{1-\sigma}$ 成立。

因为最粗一层的子问题是被精确求解的 (即 $T_{\text{MG}}^{(0)} = 0$)，所以 $\sigma_{\text{MG}}^{(1)} = \sigma_{\text{TG}}^{(1)}$。故只要对每一层 $\sigma_{\text{TG}}^{(l)} \leqslant \sigma$ 成立，则对每一层有 $\sigma_{\text{MG}}^{(l)} \leqslant \dfrac{\sigma}{1-\sigma}$。　□

定理 A.1 表明，当 $0 < \sigma < 0.5$ 时，两重网格法的收敛因子与多重网格法的收敛因子有如下关系：

$$\sigma_{\text{TG}}^{(1)} \leqslant \sigma \longrightarrow \sigma_{\text{MG}}^{(1)} \leqslant \frac{\sigma}{1-\sigma} \xrightarrow{\sigma_{\text{TG}}^{(2)} \leqslant \sigma} \sigma_{\text{MG}}^{(2)} \leqslant \frac{\sigma}{1-\sigma} \xrightarrow{\sigma_{\text{TG}}^{(3)} \leqslant \sigma} \cdots \xrightarrow{\sigma_{\text{TG}}^{(L)} \leqslant \sigma} \sigma_{\text{MG}}^{(L)} \leqslant \frac{\sigma}{1-\sigma}$$

也就是说，只要最粗两层构成的两重网格法的收敛因子 $\sigma_{\text{TG}}^{(1)} \leqslant \sigma$，就有多重网格法的收敛因子 $\sigma_{\text{MG}}^{(1)} \leqslant \dfrac{\sigma}{1-\sigma}$，再加上 $\sigma_{\text{TG}}^{(2)} \leqslant \sigma$，又可以得到 $\sigma_{\text{MG}}^{(2)} \leqslant \dfrac{\sigma}{1-\sigma}$，$\cdots$，加上 $\sigma_{\text{TG}}^{(L)} \leqslant \sigma$，就可以得到 $\sigma_{\text{MG}}^{(L)} \leqslant \dfrac{\sigma}{1-\sigma}$。这样，定理 A.1 从理论上验证了多重网格计算中的一个长期观察：只要两重网格法收敛得足够快，多重网格法 W 循环就收敛得快，且这一结果在残差校正条件下仍然成立。

注 A.3　当所有层数上的残差校正系数 $\alpha_l = 1$ 即不使用残差校正技术时，定理 A.1 就变成了文献 [168] 中的定理 3.1。

A.3.1　在最细一层进行残差校正的收敛性分析

多重网格法的加速技术中，不少文献使用了最细一层的加速技术，如文献 [174] 使用了最细一层的最小残差校正 (MRS) 加速技术，文献 [171] 使用了最细一层的步长最优化技术，等等。利用前面的结果，可以来分析这类技术的收敛性。

如果只在最细一层进行残差校正，而在其他层不校正，则由 $l-1$ 和 l 层组成的两重网

格法的迭代矩阵为

$$
T_{\text{TG}}^{(l)} = \begin{cases} 0, & l = 0 \\ (I - R_l^T A_l)^{\nu_l}(I - p_l A_{l-1}^{-1} p_l^T A_l)(I - R_l A_l)^{\nu_l}, & 1 \leqslant l < L \\ (I - R_l^T A_l)^{\nu_l}(I - p_l \alpha_l A_{l-1}^{-1} p_l^T A_l)(I - R_l A_l)^{\nu_l}, & l = L \end{cases} \quad (\text{A.11})
$$

类似地，多重网格法的 W 循环的迭代矩阵为

$$
T_{\text{MG}}^{(l)} = \begin{cases} 0, & l = 0 \\ (I - R_l^T A_l)^{\nu_l}\{I - p_l[I - (T_{\text{MG}}^{(l-1)})^2]A_{l-1}^{-1}p_l^T A_l\}(I - R_l A_l)^{\nu_l}, & 1 \leqslant l < L \\ (I - R_l^T A_l)^{\nu_l}\{I - p_l \alpha_l[I - (T_{\text{MG}}^{(l-1)})^2]A_{l-1}^{-1}p_l^T A_l\}(I - R_l A_l)^{\nu_l}, & l = L \end{cases}
$$
$$(\text{A.12})$$

定理 A.2 对于只在最细一层进行残差校正的多重网格法的 W 循环，其迭代矩阵由式 (A.12) 定义，由 $l-1$ 层和 l 层组成的两重网格法的迭代矩阵由式 (A.11) 定义。假设 $A_l(l = 0, 1, 2, \cdots, L)$ 都是对称正定矩阵，而且 $R_l(l = 0, 1, 2, \cdots, L)$ 满足 $\rho(I - R_l A_l) < 1$。如果两重网格法的收敛因子存在与层数无关的上界 $\sigma(0 < \sigma < 0.5)$，那么多重网格法的收敛因子也存在与层数无关的上界 $\sigma/(1-\sigma)$。

证明 当 $1 \leqslant l \leqslant L-1$ 时，根据文献 [168] 的分析，如果

$$
\sigma_{\text{TG}}^{(l)} \leqslant \sigma, \qquad \sigma_{\text{MG}}^{(l-1)} \leqslant \sigma/(1-\sigma), \qquad 0 < \sigma < 0.5
$$

成立，则

$$
\sigma_{\text{MG}}^{(l)} \leqslant \sigma/(1-\sigma)
$$

成立。另一方面，当 $l = L$ 时，式 (A.2) 和式 (A.3) 成立，根据定理 A.1，如果

$$
\sigma_{\text{TG}}^{(L)} \leqslant \sigma, \qquad \sigma_{\text{MG}}^{(L-1)} \leqslant \sigma/(1-\sigma), \qquad 0 < \sigma < 0.5
$$

成立，则

$$
\sigma_{\text{MG}}^{(L)} \leqslant \sigma/(1-\sigma)
$$

成立。这表明，对于所有的层数，只要 $\sigma_{\text{TG}}^{(l)} \leqslant \sigma$ 和 $\sigma_{\text{MG}}^{(l-1)} \leqslant \sigma/(1-\sigma)(0 < \sigma < 0.5)$ 成立，那么 $\sigma_{\text{MG}}^{(l)} \leqslant \sigma/(1-\sigma)$ 就成立。因为 $\sigma_{\text{MG}}^{(0)} = 0$，所以只要 $\sigma_{\text{TG}}^{(l)} \leqslant \sigma$，就有 $\sigma_{\text{MG}}^{(l)} \leqslant \sigma/(1-\sigma)$ 成立。 □

A.3.2　在任意 $k(1 \leqslant k \leqslant L)$ 层进行残差校正的收敛性分析

不失一般性，假设在 $L, L-1, \cdots, L-k+1$ $(1 \leqslant k \leqslant L)$ 层进行残差校正，而在其他层不校正，则多重网格法的 W 循环的收敛性有以下定理。

定理 A.3 如果多重网格法的 W 循环的残差校正只在 $L, L-1, \cdots, L-k+1$ $(1 \leqslant k \leqslant L)$ 层进行，其迭代矩阵由下式定义：

$$T_{\mathrm{MG}}^{(l)} = \begin{cases} 0, & l = 0 \\ (I - R_l^T A_l)^{\nu_l} \{I - p_l[I - (T_{\mathrm{MG}}^{(l-1)})^2]A_{l-1}^{-1}p_l^T A_l\}(I - R_l A_l)^{\nu_l}, & 1 \leqslant l \leqslant L-k \\ (I - R_l^T A_l)^{\nu_l} \{I - p_l\alpha_l[I - (T_{\mathrm{MG}}^{(l-1)})^2]A_{l-1}^{-1}p_l^T A_l\}(I - R_l \Lambda_l)^{\nu_l}, & L-k+1 \leqslant l \leqslant L \end{cases}$$

由 $l-1$ 和 l 层组成的两重网格法的迭代矩阵定义如下：

$$T_{\mathrm{TG}}^{(l)} = \begin{cases} 0, & l = 0 \\ (I - R_l^T A_l)^{\nu_l}(I - p_l A_{l-1}^{-1}p_l^T A_l)(I - R_l A_l)^{\nu_l}, & 1 \leqslant l \leqslant L-k \\ (I - R_l^T A_l)^{\nu_l}(I - p_l\alpha_l A_{l-1}^{-1}p_l^T A_l)(I - R_l A_l)^{\nu_l}, & L-k+1 \leqslant l \leqslant L \end{cases}$$

假设 $A_l(l = 0, 1, 2, \cdots, L)$ 都是对称正定矩阵，而且 $R_l(l = 0, 1, 2, \cdots, L)$ 满足 $\rho(I - R_l A_l) < 1$。如果两重网格法的收敛因子存在与层数无关的一致的上界 $\sigma(0 < \sigma < 0.5)$，那么多重网格法的收敛因子也存在与层数无关的一致的上界 $\sigma/(1-\sigma)$。

证明 当 $1 \leqslant l \leqslant L-k$ 时，根据文献 [168] 的分析，如果

$$\sigma_{\mathrm{TG}}^{(l)} \leqslant \sigma, \qquad \sigma_{\mathrm{MG}}^{(l-1)} \leqslant \sigma/(1-\sigma), \qquad 0 < \sigma < 0.5$$

成立，则

$$\sigma_{\mathrm{MG}}^{(l)} \leqslant \sigma/(1-\sigma)$$

成立。另一方面，当 $L-k+1 \leqslant l \leqslant L$ 时，式 (A.2) 和式 (A.3) 成立，根据定理 A.1，如果

$$\sigma_{\mathrm{TG}}^{(L)} \leqslant \sigma, \qquad \sigma_{\mathrm{MG}}^{(L-1)} \leqslant \sigma/(1-\sigma), \qquad 0 < \sigma < 0.5$$

成立，则

$$\sigma_{\mathrm{MG}}^{(L)} \leqslant \sigma/(1-\sigma)$$

成立。因为 $\sigma_{\mathrm{MG}}^{(0)} = 0$，所以只要对所有的层数，有 $\sigma_{\mathrm{TG}}^{(l)} \leqslant \sigma$ $(0 < \sigma < 0.5)$ 成立，就有 $\sigma_{\mathrm{MG}}^{(l)} \leqslant \sigma/(1-\sigma)$ 成立。 $\square$

显然，定理 A.1和定理 A.2是定理 A.3在 $k = L$ 和 $k = 1$ 时的特例。这三个定理的结论表明，无论残差校正发生在最细一层、任意的局部几层还是在所有的层，只要两重网格法的收敛因子存在一致的上界 $\sigma(0 < \sigma < 0.5)$，带残差校正的多重网格法的 W 循环的收敛因子就存在相同的一致的上界 $\sigma/(1-\sigma)$。

A.3.3 $\gamma > 2$ 时的收敛性分析

对于多重网格法，循环系数 $\gamma > 2$ 在实践中很少用。因为 $\gamma > 2$ 对改善收敛率的帮助不大，却产生了非常多的计算量[70]。然而，这只有在两重网格法的收敛因子 ($\sigma_{\mathrm{TG}}^{(l)}$) 比较小 (实际情况通常如此) 的情况下才是对的。本文的结果表明，当 $\sigma_{\mathrm{TG}}^{(l)}$ 比较大时，多重网格法 W 循环的收敛因子可能因为失去一致的上界而变得收敛很慢。例如，当 $\sigma_{\mathrm{TG}}^{(l)} \leqslant 0.45$ 时，$\sigma_{\mathrm{MG}}^{(l)} \leqslant 0.82$，这个一致的上界变得很大了；更糟糕的是，如果 $\sigma_{\mathrm{TG}}^{(l)} \geqslant 0.5$，一致的上界将失去，收敛变得更慢。

当 $\sigma_{\mathrm{TG}}^{(l)}$ 比较大时，让 $\gamma > 2$ 也许是一个有用的方法，这样做可以保证多重网格法的收敛因子出现与层数无关的一致上界，从而加速多重网格法的收敛。下面提供一个理论的证明。

引理 A.2 对所有的层数 l，当 $\sigma_{\mathrm{TG}}^{(l)} \leqslant \sigma, \sigma \in (0,1)$ 时，带残差校正的多重网格法的收敛因子的一致上界是下列方程的根：

$$x = \sigma + (1-\sigma)x^\gamma, \quad \gamma > 2 \tag{A.13}$$

证明 设带残差校正的多重网格法的收敛因子存在一个一致上界 x，即对所有的层数 $l = 1,2,\cdots,L$，有 $\sigma_{\mathrm{MG}}^{(l)} \leqslant x$。根据式 (A.9)，当 $\sigma_{\mathrm{TG}}^{(l)} \leqslant \sigma$，$\sigma \in (0,1)$ 成立时，可得

$$
\begin{aligned}
\sigma_{\mathrm{MG}}^{(l)} &\leqslant \sigma_{\mathrm{TG}}^{(l)} + (1 - \sigma_{\mathrm{TG}}^{(l)})x^\gamma \\
&= (1 - x^\gamma)\sigma_{\mathrm{TG}}^{(l)} + x^\gamma \\
&\leqslant (1 - x^\gamma)\sigma + x^\gamma \\
&= \sigma + (1-\sigma)x^\gamma
\end{aligned}
$$

即带残差校正的多重网格法的收敛因子的一致上界是方程 (A.13) 的根。 $\qquad\square$

引理 A.3 方程 $x = \sigma + (1-\sigma)x^n, (\sigma \in (0,1), n > 2)$ 有以下性质：

(1) $x = 1$ 是它的一个根；

(2) 当 $x \neq 1$ 时，该方程等价于 $x^{n-1} + x^{n-2} + \cdots + x = \dfrac{\sigma}{1-\sigma}$；

(3) 当 $0 < \sigma < \dfrac{n-1}{n}$ 时，该方程在区间 $(0,1)$ 内有唯一正根，且该正根小于 $\dfrac{\sigma}{1-\sigma}$。

证明 (1) 该结论显然成立。

(2) 因为 $x - x^n = \sigma(1 - x^n)$，即 $x(1-x)(1+x+\cdots+x^{n-2}) = \sigma(1-x)(1+x+\cdots+x^{n-1})$。当 $x \neq 1$ 时，后一个方程变成 $(1-\sigma)(x+x^2+\cdots+x^{n-1}) = \sigma$。所以，当 $x \neq 1$ 时，方程 $x = \sigma + (1-\sigma)x^n$ 等价于 $x^{n-1} + x^{n-2} + \cdots + x = \dfrac{\sigma}{1-\sigma}$。

(3) 若 $0 < \sigma < \dfrac{n-1}{n}$，则 $0 < \dfrac{\sigma}{1-\sigma} < n-1$。令 $f(x) = x^{n-1} + x^{n-2} + \cdots + x - \dfrac{\sigma}{1-\sigma}$，则 $f(x)$ 在 [0,1] 上连续且单调递增，又因为 $f(0) = -\dfrac{\sigma}{1-\sigma} < 0, f(1) = n-1-\dfrac{\sigma}{1-\sigma} > 0$。故存在唯一的 $x_0 \in (0,1)$ 使得 $f(x_0) = 0$ 成立，且显然有 $x_0 < \dfrac{\sigma}{1-\sigma}$。

根据 (2) 的结论，x_0 也是方程 $x = \sigma + (1-\sigma)x^n, (\sigma \in (0,1), n > 2)$ 在区间 (0,1) 内的唯一实根，且有 $x_0 < \dfrac{\sigma}{1-\sigma}$。 $\qquad\square$

定理 A.4　假设由任意两层网格组成的两重网格法的收敛因子 $\sigma_{\text{TG}}^{(l)} \leqslant \sigma$，$\sigma \in (0,1)$，则通过适当选取循环参数 γ，带残差校正的多重网格法的收敛因子总存在一个一致的上界，且该上界小于 $\dfrac{\sigma}{1-\sigma}$。

证明　根据引理 A.2，带残差校正的多重网格法的收敛因子的一致上界是方程 (A.13) 的根。选取循环参数 γ 使得 $\gamma > \dfrac{1}{1-\sigma}$，或者等价地 $\sigma < \dfrac{\gamma-1}{\gamma}$，则根据引理 A.3 的 (3)，方程 (A.13) 在区间 (0,1) 内有唯一的正根，且该正根小于 $\dfrac{\sigma}{1-\sigma}$。　　　□

例如，当 $\gamma = 3$ 时，可以得到一个一致上界

$$\sigma_{\text{MG}}^{(l)} \leqslant \left(\sqrt{\frac{1+3\sigma}{1-\sigma}} - 1 \right) \bigg/ 2$$

该上界只要求 $0 < \sigma < 2/3$。这表明，即使 $\sigma_{\text{TG}}^{(l)}$ 大于 0.5，只要它不超过 2/3，让 $\gamma = 3$ 也可以使得多重网格法的收敛因子保持一致的上界。比如，当 $\sigma_{\text{TG}}^{(l)} \leqslant 0.45$，那么 $\sigma_{\text{MG}}^{(l)} \leqslant 0.53$，这比 $\gamma = 2$ 时的 0.82 的界好很多；即使 $\sigma_{\text{TG}}^{(l)} \leqslant 0.55$，那么 $\sigma_{\text{MG}}^{(l)} \leqslant 0.71$ 也不算太差。这说明，大的 γ 值确实加速了多重网格法的收敛。

类似地，当 $\gamma = 4$ 时可得到下面的一致上界

$$\sigma_{\text{MG}}^{(l-1)} \leqslant -\frac{1}{3} + \sqrt[3]{-\frac{q}{2} - \sqrt{\frac{8}{729} + \left(\frac{q}{2}\right)^2}} + \sqrt[3]{-\frac{q}{2} + \sqrt{\frac{8}{729} + \left(\frac{q}{2}\right)^2}}$$

$$q = -\frac{7}{27} - \frac{\sigma}{1-\sigma}$$

该上界只要求 $0 < \sigma < 3/4$，即只要 $\sigma_{\text{TG}}^{(l)}$ 不超过 0.75，$\gamma = 4$ 就可以保证多重网格法的收敛因子保持一致的上界。

定理 A.4 表明，即时两重网格法的收敛因子比较大时，通过增加循环参数 γ 的值仍然可以保证收敛因子出现与层数无关的一致上界。

A.4　数值实验

本节报告一个数值算例，一方面用于说明残差校正技术对标准多重网格法的加速作用；另一方面通过比较算例中的收敛率，验证"只要两重网格法收敛得快，多重网格法就收敛得快"这一观察。

本节使用的多重网格法程序是 Armando Fortuna 编写的 MGSOR(用 Fortran 77 编写)，该程序可以从 http://www.mgnet.org/mgnet-codes.html 下载到。本节的算例是用 MGSOR 求解如下的非齐次二维 Laplace-Dirichlet 问题：

$$\begin{cases} \dfrac{\partial^2 u}{\partial x^2} + \dfrac{\partial^2 u}{\partial y^2} = 0, & (x,y) \in \Omega = (0,10) \times (0,10) \\ u = g, & (x,y) \in \partial\Omega \end{cases} \tag{A.14}$$

其中，函数 g 是如下的分段函数：

$$g = \begin{cases} 100, & y = 0 \\ 0, & y \neq 0 \end{cases}$$

问题的定义域用方形网格离散化，h 表示方形网格的大小 (边长)，相邻层的网格大小之比为 $1:2$。方程用 5 点格式离散化。

本节的程序全部在 Genuine Intel(R) CPU (T1350@1.86GHz) 和 504 M 内存的台式机运行。一共测试了以下 4 种方法：标准的 V 循环、标准的 W 循环、在最细一层进行残差校正的 V 循环、在第 2 细的一层进行残差校正的 W 循环。对后面两个程序，残差校正系数 $\alpha = 1.1$ (我们测试了多个 α 值，发现 $\alpha = 1.1$ 时数值结果最好，即对收敛加速效果最明显)。

图 A.1 显示了用 4 种方法分别求解 (A.14) 的离散化问题时得到的残差范数的收敛性，其中最细一层的网格大小为 $h = 10/128$，即最大的网格为 129×129。可以看到，标准的 V 循环需要 12 次迭代才能把残差的范数降低到 10^{-5}，而在最细一层进行残差校正的 V 循环只需要 11 次迭代。对于 W 循环，残差校正后没有带来迭代次数的下降，但是残差的范数在几乎每一步迭代上都比标准 W 循环产生的残差范数小。

图 A.2 显示了最细一层的网格大小为 $h = 10/512$(即最大的网格为 513×513) 时得到的残差范数的收敛历史。类似地，残差校正导致了 V 循环的迭代次数的下降，而 W 循环虽然没有迭代次数的下降但仍然使得几乎每次迭代的残差范数下降。

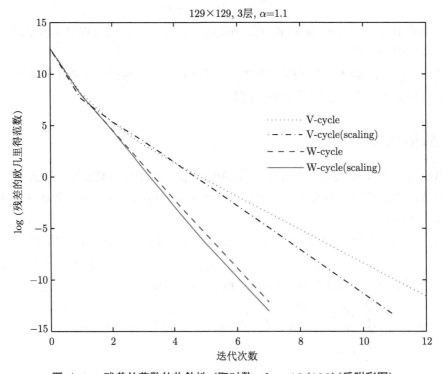

图 A.1　残差的范数的收敛性 (取对数，$h = 10/128$)(后附彩图)

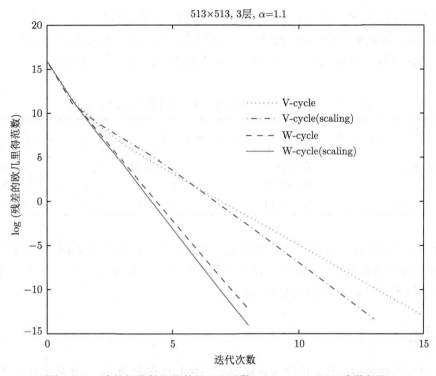

图 A.2 残差的范数的收敛性 (取对数，$h = 10/512$)(后附彩图)

下面比较多重网格法和对应的两重网格法的收敛性能。因为收敛因子难以精确计算，特别是对于大规模问题，所以下面用收敛率来度量多重网格法和两重网格法的收敛性能。

表 A.1和表 A.2描述了 4 种方法求解问题 (A.14) 的离散化问题得到的收敛率数据，其中表 A.1对应 129×129 的最细层网格，表 A.2对应 513×513 的最细层网格。MG 表示由 3 层网格组成的多重网格法，TG_{1-2} 表示由最细的 2 层组成的两重网格法，TG_{2-3} 表示由最粗的 2 层组成的两重网格法。V-cycle 表示标准的 V 循环，V-cycle (scaling) 表示在最细层进行残差校正的 V 循环。类似地，W-cycle 表示标准的 W 循环，W-cycle (scaling) 表示在第 2 细的一层进行残差校正的 W 循环。

表 A.1 收敛率数据 (最细层网格的大小为 $h = 10/128$)

收敛率	TG_{1-2}	TG_{2-3}	MG
V-cycle	0.146166	0.117661	0.134613
V-cycle(scaling)	0.090753	0.117661	0.094635
W-cycle	0.146166	0.117661	0.029637
W-cycle(scaling)	0.146166	0.083997	0.026171

比较表 A.1的 V-cycle 和 V-cycle (scaling) 两行数据，可以看出，由于在最细层上有残差校正，V-cycle (scaling) 的 TG_{1-2} 的收敛率比 V-cycle 的要小，即收敛的更快。这导致 V-cycle (scaling) 的多网格循环的收敛率也比 V-cycle 的更小，即前者收敛得更快。比

较表 A.1的 W-cycle 和 W-cycle (scaling) 两行数据，也可以看出，由于在第 2 细的一层上有残差校正，W-cycle (scaling) 的 TG_{2-3} 的收敛率比 W-cycle 的要小，这导致 W-cycle (scaling) 的多网格循环的收敛率也比 W-cycle 的更小，即前者收敛得更快。

表 A.2　收敛率数据 (最细层网格的大小为 $h = 10/512$)

收敛率	TG_{1-2}	TG_{2-3}	MG
V-cycle	0.152349	0.149163	0.145322
V-cycle(scaling)	0.099515	0.149163	0.105355
W-cycle	0.152349	0.149163	0.029626
W-cycle(scaling)	0.152349	0.095743	0.023504

分析表 A.2的数据可以得到类似的结论。因此，表 A.1和表 A.2的收敛率数据验证了"只要两重网格法收敛得快，多重网格法就收敛得快"这一观察，同时，也从另一个角度表明残差校正技术可以加速多重网格法的收敛。

A.5　小结

本章研究带残差校正技术的多重网格法 (算法 A.1) 的收敛性，其中残差校正系数 $\alpha_l \geqslant 0$ 是与层数有关的正的常数。我们把多重网格方法看成是一种扰动的两重网格方法，并得到一个描述多重网格方法的收敛因子与两重网格的收敛因子的不等式 (见式 (A.7))。该不等式表明，对于带残差校正的多重网格法 W 循环，存在收敛因子的一个与网格层数无关的一致上界 $\sigma/(1 - \sigma)$，其中 $\sigma < 0.5$ 是两重网格法的收敛因子的上界。我们证明无论残差校正发生在哪些层上，$\sigma/(1 - \sigma)$ 始终是带残差校正的多重网格 W 循环的收敛因子的一致上界。同时我们还证明，当 $0.5 < \sigma < 1$ 时，只要适当选取循环系数，带残差校正的多重网格法的收敛因子总存在一个与层数无关的一致上界，且该上界总小于 W 循环的上界 $\sigma/(1 - \sigma)$。这一结果表明，即使两重网格法收敛得不是很好，只要适当选取循环次数，多重网格的总体收敛因子仍存在较小的与层数无关的一致上界。所做的数值实验验证了适当的残差校正对多重网格法的收敛加速，并验证了两重网格法收敛得更快时多重网格法也收敛得更快。

由于全局优化问题缺乏合适的数学最优性条件，一般只能通过数值实验来验证全局优化算法的有效性。数值实验通常包含以下步骤: ① 选择合适的算法和测试函数; ② 用算法去求解测试函数，记录过程数据; ③ 对记录的数据进行统计分析。附录 B 分别从测试函数 (库) 和统计比较方法两大方面来介绍怎么开展全局优化算法的数值比较。其独立于本书前面的内容，可供有兴趣或需要的读者单独阅读。

B.1　全局优化测试函数库简介

根据优化算法的类型选择合适的测试函数是比较优化算法的第一步。在全局优化算法的比较中，一般按照有无约束、规模大小和目标个数来划分类型。另外，如果测试函数只包含有界约束的话，通常也被认为是无约束的。下面主要介绍作者经常用到的几个测试函数库。在介绍时将主要侧重无约束测试函数库的介绍，其他部分则略带而过。但会提供详细的参考文献或网页链接，有兴趣的读者可自行学习。

B.1.1　Hedar 测试函数库

Hedar 测试函数库由 Abdel-Rahman Hedar 提出，可通过如下链接查看定义及下载 Matlab 代码:

http://www-optima.amp.i.kyoto-u.ac.jp/member/student/hedar/Hedar_files/
TestGO.htm。

Hedar 函数库提供了无约束和有约束两类测试函数。其中，无约束部分包含 27 个不同名称的测试函数，由于部分函数提供了不同的维数选择，所以一共有 68 个测试函数，最大的维数是 48。而约束部分包含 16 个不同名称的测试函数。

表 B.1给出了 Hedar 无约束部分的测试函数的主要信息。注意,部分函数 (Bohachevsky, Griewank, Matyas, Rastrigin, Sphere, Sum square) 的最优解位于可行域的中心位置，某些算法 (如 DIRECT 算法) 可以马上找到。所以为了公平比较，其搜索区域通常要改写，一般的做法是下界乘 0.8，而上界则乘 1.25。

表 B.1　无约束 Hedar 测试函数库的关键信息

问题	n	Ω	$f(x^*)$
Ackley	2,5,10,20	$[-15, 30]^n$	0
Beale	2	$[-4.5, 4.5]^2$	0
Bohachevsky 1	2	$[-80, 125]^2$	0
Bohachevsky 2	2	$[-80, 125]^2$	0
Bohachevsky 3	2	$[-80, 125]^2$	0
Booth	2	$[-100, 100]^2$	0
Branin	2	$[-5, 10] * [0, 15]$	0.397887357729739
Colville	4	$[-10, 10]^4$	0
Dixson Price	2,5,10,20	$[-10, 10]^n$	0
Easom	2	$[-100, 100]^2$	-1
Goldstein and Price	2	$[-2, 2]^2$	3
Griewank	2,5,10,20	$[-480, 750]^n$	0
Hartman 3	3	$[0, 1]^3$	-3.86278214782076
Hartman 6	6	$[0, 1]^6$	-3.32236801141551
Hump	2	$[-5, 5]^2$	0
Levy	2,5,10,20	$[-10, 10]^n$	0
Matyas	2	$[-8, 12.5]^2$	0
Michalewics	2	$[0, \pi]^2$	-1.80130341008983
Michalewics	5	$[0, \pi]^5$	-4.687658179
Michalewics	10	$[0, \pi]^{10}$	-9.66015
Perm	4	$[-4, 4]^4$	0
Powell	4,12,24,48	$[-4, 5]^n$	0
Power sum	4	$[0, 4]^4$	0
Rastrigin	2,5,10,20	$[-4.1, 6.4]^n$	0
Rosenbrock	2,5,10,20	$[-5, 10]^n$	0
Schwefel	2,5,10,20	$[-500, 500]^n$	0
Shekel 5	4	$[0, 10]^4$	-10.1531996790582
Shekel 7	4	$[0, 10]^4$	-10.4029405668187
Schkel 10	4	$[0, 10]^4$	-10.5364098166920
Shubert	2	$[-10, 10]^2$	-186.730908831024
Sphere	2,5,10,20	$[-4.1, 6.4]^n$	0
Sum squares	2,5,10,20	$[-8, 12.5]^n$	0
Trid	6	$[-36, 36]^6$	-50
Trid	10	$[-100, 100]^{10}$	-200
Zakharov	2,5,10,20	$[-5, 10]^n$	0

B.1.2　GKLS 测试函数库

GKLS 测试函数库于 2003 年由 Gaviano M., Kvasov D.E., Lera D. 和 Sergeyev Ya. D. 四人在文献 [75]-[76] 中提出，里面都是有界约束问题。GKLS 分别是四位作者的姓的首字母，其 C 代码可从下面的网页链接中下载得到: http://si.deis.unical.it/~yaro/GKLS.html。

与 Hedar 库不同，GKLS 本质上是一个测试函数生成器，它可以生成三种不同类型的测试函数各 100 个: 连续可微型 (D 型)，二阶连续可微型 (D2 型) 以及不可微型 (ND 型)。随着提供的参数不同，这三种类型的各 100 个函数也会不同。这些用户提供的参数包括:

- 问题的维数;
- 局部最小点 (含全局最小点) 的个数;
- 全局最小值;
- 抛物面顶点到全局最小点的距离;
- 全局最小点吸收区域的大小。

在以上参数给定后，程序会产生一个 2 维凸二次函数 (抛物面)，然后在抛物面上随机选择一些部分，用多项式代替这些部分的函数表达式以产生局部最小点。所有其他参数都由程序随机生成 (根据函数类型和 1~100 的函数标号)。

图 B.1 给出了一个典型的 GKLS 测试函数的 3 维图形 (图 (a)) 及其等值线 (图 (b))。从图中可以看到它有 10 个局部最小值点，每个都处于某个抛物面的底部。粗略来看，GKLS 生成的测试函数有点像溶洞中的钟乳石，多个钟乳石挤在一起，每个钟乳石的底部都是一个局部最小点 (其中一个是全局最小点)。

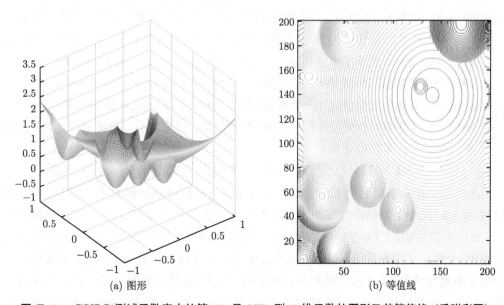

(a) 图形　　　　(b) 等值线

图 B.1　GKLS 测试函数库中的第 10 号 ND 型 2 维函数的图形及其等值线 (后附彩图)

B.1.3　CEC 测试函数库系列

这里 CEC 是 IEEE 进化计算会议 (Conference on Evolutionary Computation) 的简称。这是一个 IEEE 旗下的年度国际会议，是进化计算领域的国际顶级会议。从 2005 年开始，该会议每年有特别会议 (special session) 专门开展进化计算领域 (可以看成是全局优化的一个特殊分支) 的算法竞赛。为了竞赛的需要，每年推出一个或几个针对某类全局优化问题的测试函数库。本书的很多算法都在 CEC 的函数库中测试过。

关于 CEC 测试函数库系列的详细信息可参见 http://www.ntu.edu.sg/home/EPNSugan/。从 "EA Benchmarks/CEC Competitions" 栏目进去，可以看到历年比赛的信息。也可以参阅梁静教授的团队主页 http://www5.zzu.edu.cn/cilab/Benchmark.htm 中提供的丰富信息。下面列出每年比赛的大致类型：

- 2005 年：进化优化，实参数，单目标优化；
- 2006 年：进化约束优化，实参数，单目标优化；
- 2007 年：多目标进化算法，实参数；
- 2008 年：大规模单目标全局优化，有界约束；
- 2009 年：动态优化；多目标进化算法，实参数；
- 2010 年：大规模单目标全局优化，有界约束；进化约束优化，实参单目标；Niching 优化；
- 2011 年：进化算法，现实世界中的优化问题；
- 2012 年：缺失；
- 2013 年：实参单目标优化；
- 2014 年：实参单目标优化，加入了计算昂贵的测试函数；动态多目标进化算法；
- 2015 年：实参单目标优化 (三个赛场：昂贵问题，学习为基础的单目标优化，Niching)；
- 2016 年：实参单目标优化 (四个赛场：昂贵问题，学习为基础的单目标优化，Niching，基于范例的单参数算子集 (single parameter-operator set based case))；
- 2017 年：实参单目标优化 (三个赛场：有界约束，约束优化，昂贵问题)；
- 2018 年：实参单目标优化 (三个赛场：有界约束，约束优化，昂贵问题)；
- 2019 年：实参单目标优化 (五个赛场：有界约束，约束优化，昂贵问题，100 位精度单目标优化，多目标优化)；
- 2020 年：实参单目标优化 (三个赛场：有界约束，多目标优化，现实问题)。

下面简单介绍本书用到的 CEC-2014 无约束优化问题的测试函数库，以下简称 CEC-2014 库或 CEC-2014 测试函数库。表 B.2 给出了它的一些重要信息，其中 n 是问题的维数。从表中可以看到，CEC-2014 库有 3 个单模函数 (只有一个局部最小点，它也是全局最小点)，13 个简单多模函数 (具有多个局部最小点)，6 个混合函数 (多个基本函数扭曲之后的和)，8 个复合函数 (多个基本函数的加权平移之和)。这些问题的最优解等于 100 乘以该问题的标号，比如，问题 F1 的最优解为 100，而 F30 的最优解为 3000。函数的详细定义参见文献 [80]。

表 B.2　CEC-2014 测试函数库的一些重要信息

函数类型	No.	n	$f(x^*)$	函数 (Functions)
单模函数	F1	2,10	100	Rotated High Conditioned Elliptic Function
	F2	2,10	200	Rotated Bent Cigar Function
	F3	2,10	300	Rotated Discus Function
简单多模函数	F4	2,10	400	Shifted and Rotated Rosenbrock's Function
	F5	2,10	500	Shifted and Rotated Ackley's Function
	F6	2,10	600	Shifted and Rotated Weierstrass Function
	F7	2,10	700	Shifted and Rotated Griewank's Function
	F8	2,10	800	Shifted Rastrigin's Function
	F9	2,10	900	Shifted and Rotated Rastrigin's Function
	F10	2,10	1000	Shifted Schwefel's Function
	F11	2,10	1100	Shifted and Rotated Schwefel's Function
	F12	2,10	1200	Shifted and Rotated Katsuura Function
	F13	2,10	1300	Shifted and Rotated HappyCat Function
	F14	2,10	1400	Shifted and Rotated HGBat Function
	F15	2,10	1500	Shifted and Rotated Expanded Griewank's plus Rosenbrock's Function
	F16	2,10	1600	Shifted and Rotated Expanded Scaffer's F6 Function
混合函数	F17	10	1700	Hybrid Function 1
	F18	10	1800	Hybrid Function 2
	F19	10	1900	Hybrid Function 3
	F20	10	2000	Hybrid Function 4
	F21	10	2100	Hybrid Function 5
	F22	10	2200	Hybrid Function 6
复合函数	F23	2,10	2300	Composition Function 1
	F24	2,10	2400	Composition Function 2
	F25	2,10	2500	Composition Function 3
	F26	2,10	2600	Composition Function 4
	F27	2,10	2700	Composition Function 5
	F28	2,10	2800	Composition Function 6
	F29	10	2900	Composition Function 7
	F30	10	3000	Composition Function 8
搜索区域			$[-100, 100]^n$	

B.1.4　BBOB 测试函数库系列

BBOB 是黑箱优化基准 (Black-Box-Optimization-Benchmarking) 的简称，顾名思义是用于比较黑箱优化问题的测试函数库。从 2009 年开始在 GECCO(The Genetic and Evolutionary Computation Conference) 会议有专门的 workshop 开展算法竞赛，正如 CEC 的

算法竞赛。而且从 2015 年开始，BBOB 算法竞赛也在 CEC 会议上开展。BBOB 的算法竞赛都在 COCO(COmparing Continuous Optimisers) 平台上进行，该平台除了提供测试函数库外，还提供易于并行处理的实验模板 (experimentation templates) 以及可用于处理数据和数据可视化的工具。详细内容请参阅网页 http://coco.gforge.inria.fr/。

BBOB-2015 测试函数库提供了 24 个无噪声测试函数和 30 个噪声测试函数两个库，详细定义请参阅文献 [177]-[178]。

B.1.5 更多测试函数库

鉴于测试函数的设计与构建在全局优化问题的数值比较中占有重要地位，不少研究人员精心开发了各类有代表性的测试函数库。除了本附录介绍的测试函数库外，建议有兴趣的读者查阅郑州大学梁静教授的研究团队开发或收集的测试函数库，详见链接 http://www5.zzu.edu.cn/cilab/Benchmark.htm。里面包含了无约束、有约束、多目标、多模态、离散优化、大规模优化、动态优化、稀疏优化等各类有代表性的测试函数库。

B.2 全局优化算法的比较方法

选好了合适的测试函数 (库) 后，就可以用全局优化算法去求解它们了。求解的过程将得到大量的数据，以下数据通常都很有价值: ① 算法停止时的状态数据，如找到的最好位置及其函数值，花费的函数值计算次数、迭代次数和 CPU 时间等; ② 过程数据，如每次迭代找到的最好位置及其函数值。怎样从这些数据提取出有效的信息是比较算法优劣的关键步骤。下面介绍 4 种常用的方法。

B.2.1 用表格呈现数据

这种方法指的是把测试得到的重要数据直接用表格等形式呈现出来。这种方法通常呈现的是算法停止时的状态数据，特别是函数值计算次数，以及最好函数值或者是它们的平均值或标准差。

这种方法的好处是: 提供了原始数据，有利于其他研究人员进行验证以及用于跟其他算法的比较。但是，这种方法的缺陷也是很明显的。下面列出主要的两条:

- 由于对每个问题和每个算法都需要给出一组这种数据，因此，当测试函数比较多时 (如 GKLS 函数库，CEC 或 BBOB 函数库等)，原始数据太多，需要用很大或很多的表格才能直接呈现出来。
- 更重要的是不同的算法往往对一些函数测试效果好，而对另一些函数测试效果差，如何比较综合的效果呢? 随着需要比较的算法数量的增加，这个问题会更加严重。

目前，仍有许多研究论文采用这种方法来比较全局优化算法。此时，往往用一些假设检验的方法来检验两个算法在每个测试函数上的数值表现的优劣，然后进行计数得到每个算法在多少个测试函数上表现更优。这样可以获得算法的一种排序。

B.2.2　L 型曲线法

L 型曲线方法为每个算法和每个测试函数的组合画一条曲线, 横轴通常是函数值计算次数, 纵轴是最好函数值 (一般取对数)。这条曲线描述随着函数值计算次数的增加, 找到的最好函数值是怎样下降的 (对最小化问题)。因此, 这种方法需要用到过程数据。由于这种曲线通常是 L 型的: 最初的少量函数值计算可以使得函数值下降很多, 而后期的大量函数值计算只产生了较少的下降量, 所以这种方法叫做 L 型曲线方法。

L 型曲线方法的好处是, 直观地呈现了求解过程中, 算法是怎么越来越接近全局最优解或其估计值的。由于全局优化问题通常非常困难, 很难找到真正的最优解。因此在许多场合下, 当花费掉给定的计算成本 (函数值计算次数) 后, 算法就退出。这样, 下降快的 L 型曲线对应的算法就有优势。L 型曲线给用户提供了直观的比较效果, 便于用户找出给定成本下的 "好" 算法。

然而, L 型曲线方法对每个测试函数都需要一个图形来呈现曲线 (所有算法的曲线都画在一幅图中), 当需要测试大量函数的时候, 这种方法也不方便。此时一样难于从众多的图形中提炼出算法的综合排序。

以上介绍的两种方法都没有很好地解决以下问题: 当测试函数很多时, 怎样得到不同算法的综合排序? 显然, 要解决这个问题需要利用一定的统计方法。下面介绍的两种方法很好地解决了这个问题。

B.2.3　performance profile 技术

2002 年, Jorge J Moré 等人提出了 performance profile 技术 [74]。2008 年, 又提出了更适合于比较直接搜索 (无导数) 算法的 data profile 方法 [73]。这两种方法可以在一幅图中直观地比较多个算法求解多个测试函数的综合效果。在文献 [74] 中, 用 S 表示多个算法的集合, 用 P 表示多个测试函数的集合。对 S 中的任意算法 s 以及 P 中的任意测试函数 p, 用 $t_{p,s}$ 表示用算法 s 求解函数 p 的成本, 该成本可以是函数值计算次数或者 CPU 时间, 也可以是任意的其他度量标准。定义

$$r_{p,s} = \frac{t_{p,s}}{\min\{t_{p,\hat{s}} : \hat{s} \in S\}}$$

为性能比, 它描述算法 s 在求解函数 p 时产生的成本对最小成本的比例。

算法 $s \in S$ 的 performance profile 被定义为 $r_{p,s}$ 的 "经验分布函数"

$$\rho_s(\alpha) = \frac{1}{|P|} |\{p \in P : r_{p,s} \leqslant \alpha\}|$$

其中, $|\cdot|$ 表示集合的元素个数。显然, 给定 α, $\rho_s(\alpha)$ 越大, 表示算法 s 能求解 (成本在 α 内) 的函数越多, 从而算法 s 越好。值得指出的是, $\rho_s(1)$ 表示算法 s 能最有效求解 (在 S 的所有算法中, s 最快求出) 的测试函数的比例。当 α 充分大时, $\rho_s(\alpha)$ 表示算法 s 能求解的测试函数的比例, 这个值可能小于 1, 它度量了算法 s 的稳健性 (reliability)。

求出所有 $\rho_s(\alpha), s \in S$，并把它们放在同一幅图中就得到了 performance profile 的曲线图。图 2.3 和图 3.2 都是 performance profile 的曲线图。在图中，越靠近左边界和上边界的曲线对应的算法越好。

B.2.4　data profile 技术

在文献 [73] 中，作者 Jorge Moré 和 Stefen Wild 反复强调，对于直接搜索 (无导数) 算法来说，用户更关心的是: 函数值计算次数不超过 κ 的前提下，能够求解 (在一定的精度范围内) 的问题的比例。这个比例越高算法就越好。也就是说，用户可以牺牲一些精度，但是需要控制成本。因为使用直接搜索算法的用户一般没有目标函数的解析表达式，每个函数值的计算都是通过各种模拟得到的，所以成本主要体现在函数值计算次数上，函数值计算次数越少成本就越低。

鉴于此，文献 [73] 强调了测试问题的维数的重要性，并放宽了精度的要求。该文献的作者建议在直接搜索 (无导数) 算法中，用下面的条件作为停止准则:

$$f(x) \leqslant f_L + \tau(f(x_0) - f_L) \tag{B.1}$$

其中，x_0 是初始迭代点；τ 是反映精度的参数。在算法比较中一般取 $\tau = 10^{-1}, 10^{-3}, 10^{-5}$ 和 10^{-7}，τ 越小精度要求越高。f_L 是在给定的函数值计算次数 μ_f 内所有算法求解问题 p 时得到的最小函数值，因此每个问题 p 都对应着一个 f_L。

得到了每个算法求解各个测试问题在 μ_f 个函数值计算次数内的函数值数据后，定义算法 $s \in S$ 的 data profile 为

$$d_s(\alpha) = \frac{1}{|P|} \left| \left\{ p \in P : \frac{t_{p,s}}{n_p + 1} \leqslant \alpha \right\} \right|$$

其中 n_p 表示函数 p 的维数。注意到，$n_p + 1$ 恰好是构造一个单纯形梯度估计需要的最小函数值计算次数，所以 $\dfrac{t_{p,s}}{n_p + 1}$ 度量了单纯形梯度的个数。这样，data profile 就描述了在 α 个单纯形梯度内算法 s 能够求解的问题比例。这个比例越高，算法 s 就越好。

求出所有 $d_s(\alpha), s \in S$，并把它们放在同一幅图中就得到了 data profile 的曲线图。图 2.2 和图 3.1 都是 data profile 的曲线图。在图中，越靠近左边界和上边界的曲线对应的算法越好。

比较 data profile 和 performance profile 的定义可以发现，两者的图形都与集合 S 中的算法有关，算法集合改变以后，原有的任何单个算法的 data profile 和 performance profile 都不再有用。比如，算法 A 在与算法 B 比较时得到的 data profile 和 performance profile 都不能用于算法 A 与其他算法的比较。

如果把 μ_f 个函数值计算次数内得到的函数值数据分别用来生成 data profile 和 performance profile，则它们有以下关系[73]:

$$d_s(\hat{\kappa}) = \lim_{\alpha \to \infty} \rho_s(\alpha) \tag{B.2}$$

其中，$\hat{\kappa}$ 是 μ_f 次函数值计算次数内单纯形梯度的最大数量。这个等式表明，data profile 可以度量算法的稳健性。因此，给定任何计算成本，这两种技术得到的曲线图在右端具有相同的高度。

另一方面，这两个技术有重要区别。performance profile 技术描述了不同性能比下算法能求解的问题比例，特别地，$\rho_s(1)$ 描述了算法 s 能以最快的速度求解出的问题比例，这一指标具有重要意义，特别是在计算成本昂贵的情形下。而 data profile 技术给出的是具体的计算成本 (除以维数加 1) 下算法能求解的问题比例，它呈现了更多的原始信息。这两种技术的结合很适用于无导数优化和全局优化算法的比较[73]。近来，这两项技术已经被推广到比较随机优化算法的场合[179]。

参 考 文 献

[1] 《运筹学》教材编写组. 运筹学 [M]. 4 版. 北京: 清华大学出版社, 2012.

[2] 胡运权, 郭耀煌. 运筹学教程 [M]. 3 版. 北京: 清华大学出版社, 2007.

[3] 袁亚湘, 孙文瑜. 最优化理论与方法 [M]. 北京: 科学出版社, 1997.

[4] 李董辉, 童小娇, 万中. 数值最优化算法与理论 [M]. 2 版. 北京: 科学出版社, 2010.

[5] Wright J N S. Numerical optimization[M]. Heidelberg: Springer Science & Business Media, 2006.

[6] Sundaram R K. A first course in optimization theory[M]. Cambridge: Cambridge University Press, 1996.

[7] Kolda T G, Lewis R M, Torczon V. Optimization by direct search: New perspectives on some classical and modern methods[J]. SIAM Review, 45:385-482, 2003.

[8] Vandenberghe S B L. Convex Optimization[M]. Cambridge: Cambridge University Press, 2004.

[9] Jones D R, Perttunen C D, Stuckman B E. Lipschitzian optimization without the lipschitz constant[J]. Journal of Optimization Theory and Application, 79(1):157-181, 1993.

[10] Gambardella M D L M. Ant colony system: A cooperative learning approach to the traveling salesman problem[J]. IEEE Transactions on Evolutionary Computation, 1:53-66, 1997.

[11] Holland J H. Genetic algorithms and the optimal allocation of trials[J]. SIAM Journal on Computing, 2:88-105, 1973.

[12] Kennedy J, Eberhart R. Particle swarm optimization[C]. In Proceedings of ICNN'95-International Conference on Neural Networks, 4: 1995, 2002.

[13] Shi Y H. Brain storm optimization algorithm[C]. In International conference in swarm intelligence, pages 303-309, 2011.

[14] van Leeuwen J. Handbook of Theoretical Computer Science[M]. Amsterdam: Elsevier, 1998.

[15] Crescenzi P, Kann V, Halldórsson M. A compendium of NP optimization problems[J], 1995.

[16] Pardalos C A. State of the art in global optimization: computational methods and applications[M]. Dordrecht Kluwer academic publishers, 1996.

[17] Sultanova N. A class of increasing positively homogeneous functions for which global optimization problem is NP-hard[J]. Dynamics of Continuous, Discrete and Impulsive Systems, Series B: Applications & Algorithms, 17:723-739, 2010.

[18] Little J D C, Murty K G, Sweeney D W, et al. An algorithm for the traveling salesman problem[J]. Operations Research, 11(6):972-989, 1963.

[19] Androulakis I P, Maranas C D, Floudas C A. αbb: A global optimization method for general constrained nonconvex problems[J]. Journal of Global Optimization, 7(4):337-363, 1995.

[20] Tuy R H H. Global Optimization: Deterministic Approaches[M]. Heidelberg: Springer, 1996.

[21] Neumaier A. Complete search in continuous global optimization and constraint satisfaction[J]. Acta numerica, 13(1):271-369, 2004.

[22] Sahinidis N V. A polyhedral branch-and-cut approach to global optimization[J]. Mathematical Programming, 103(2):225-249, 2005.

[23] Ugray Z, Lasdon L, Plummer J, et al. Scatter search and local nlp solvers: A multistart framework for global optimization[J]. INFORMS Journal on Computing, 19(3):328-340, 2007.

[24] Holland J H. Adaption in nature and artificial systems. 2nd ed. Cambridge: MIT Press, 1992.

[25] Moscato P. Stagnation analysis in particle swarm optimization or what happens when nothing happens[R]. Technical report, Caltech concurrent computation program, C3P Report, 1989.

[26] Reynolds R G. Cultural algorithms: Theory and applications[C]. In New ideas in optimization, pages 367-378, 1999.

[27] Kennedy R C. A new optimizer using particle swarm theory[C]. In MHS' 95. Proceedings of the Sixth International Symposium on Micro Machine and Human Science, pages, 39-43, 1995.

[28] Liu Q F. Order-2 stability analysis of particle swarm optimization[J]. Evolutionary Computation, 23:187-216, 2015.

[29] Liu Q F, Wei W H. Yuan H Q, et al. Topology selection for particle swarm optimization[J]. Information Sciences, 363:254-173, 2016.

[30] Ong Y S, Lim M H, Chen X. Memetic computation—past, present & future [research frontier][J]. IEEE Computational Intelligence Magazine, 5(2):24-31, 2010.

[31] Gupta A, Ong Y S, Feng L. Multifactorial evolution: toward evolutionary multitasking[J]. IEEE Transactions on Evolutionary Computation, 20(3):343-357, 2016.

[32] Reynolds R G. An introduction to cultural algorithms[J]. pages 131-139, 1994.

[33] Higham N J. Optimization by direct search in matrix computions[J]. SIAM Journal on Matrix Analysis and Application, 14(2):317-333, 1993.

[34] Neumaier W H A. Global optimization by multilevel coordinate search[J]. Journal of Global Optimization, 14(4):331-355, 1999.

[35] Price K V. Differential evolution: A simple and efficient adaptive scheme for global optimization over continuous space[J]. Journal of global optimization, 11(4):341-359, 1997.

[36] Clerc M. Standard particle swarm optimization: from 2006 to 2011[J/OL]. Website, 2011. http://clerc.maurice.free.fr/pso/.

[37] 现代应用数学手册编委会. 现代应用数学手册: 计算与数值分析卷 [M]. 北京: 清华大学出版社, 2005.

[38] Brandt A. Multi-level adaptive solutions to boundary value problems[J]. Mathematics of Computation, 31:333-390, 1977.

[39] Briggs W L, Henson V E, McCormick S F. A multigrid tutorial[M]. 北京: 清华大学出版社, 2011.

[40] Xu J C. An introduction to multilevel methods[M]. Oxford: Oxford university press, 1997.

[41] Xu J C, Zikatanov L T. Algebraic multigrid methods[J]. Acta Numerica, 26:591-721, 2016.

[42] Liu Q F, Cheng W Y. A modified direct algorithm with bilevel partition[J]. Journal of Global Optimization, 60(3):483-499, 2014.

[43] Liu Q F, Zeng J P, Yang G. Mrdirect: A multilevel robust direct algorithm for global optimization problems[J]. Journal of Global Optimization, 62(2):205-227, 2015.

[44] Liu Q F, Yang G, Zhang Z Z, et al. Improving the convergence rate of the direct global optimization algorithm[J]. Journal of Global Optimization, 67(4):851-872, 2017.

[45] Liu Q F. Linear scaling and the direct algorithm[J]. Journal of Global Optimization, 56(3):1233-1245, 2013.

[46] Liu Q F, Zeng J P. Global optimization by multilevel partition[J]. Journal of Global Optimization, 61(1):47-69, 2015.

[47] 刘群锋, 陈景周, 徐钦桂. 多水平直接搜索全局优化算法 [J]. 数值计算与计算机应用, 38(4):297-311, 2017.

[48] Liu Q F, Zeng J P. Convergence analysis of multigrid methods with residual scaling techniques[J]. Journal of Computational and Applied Mathematics, 234:2932-2942, 2010.

[49] Jones D R. Direct global optimization algorithm[M]. New York: Springer US, 2001.

[50] Liuzzi G, Lucidi S, Piccialli V. A direct-based approach exploiting local minimizations for the solution of large-scale global optimization problems[J]. Computational Optimization and Applications, 45(2):353-375, 2010.

[51] Paulavičius R, Sergeyev Y D, Kvasov D E, et al. Globally-biased disimpl algorithm for expensive global optimization[J]. Journal of Global Optimization, 59:545-567, 2014.

[52] Pošík P. Bbob-benchmarking the direct global optimization algorithm[C]. In Proceedings of the 11th Annual Conference Companion on Genetic and Evolutionary Computation Conference: Late Breaking Papers, pages 2315-2320, 2009.

[53] Gablonsky J M. Modifications of the DIRECT algorithm[D]. PhD thesis, North Carolina State University, 2001.

[54] Finkel D E, Kelley K T. Convergence analysis of the direct algorithm[R]. Technical report, North Carolina State University. Center for Research in Scientific Computation, 2004.

[55] Finkel D E. Global optimization with the DIRECT algorithm[D]. PhD thesis, North Carolina State University, 2005.

[56] Holmström K. The tomlab optimization environment in matlab[J]. Advanced Modeling and Optimization, 1(1):47-69, 1999.

[57] Björkman M, Holmström K. Global optimization using the direct algorithm in matlab[J]. Advanced Modeling and Optimization, 1:17-37, 1999.

[58] Finkel D E. Direct optimization algorithm user guide[R]. Technical report, North Carolina State University. Center for Research in Scientific Computation, 2003.

[59] Donald R J, Joaquim R R A, Martin S. The direct algorithm: 25 years later[J]. Journal of Global Optimization, 79: 521-566, 2021.

[60] Gablonsky J M, Kelley C T. A locally-biased form of the direct algorithm[J]. Journal of Global Optimization, 21:27-37, 2001.

[61] He J, Watson L T, Ramakrishnan N, et al. Dynamic data structures for a direct search algorithm[J]. Computational Optimization and Applications, 23(1):5-25, 2002.

[62] Liuzzi G, Lucidi S, Piccialli V. A partion-based global optimization algorithm[J]. Journal of Global Optimization, 48:113-128, 2010.

[63] Liuzzi G, Lucidi S, Piccialli V. Exploiting derivative-free local searches in direct-type algorithms for global optimization[J]. Computational Optimization and Applications, 65(2):449-475, 2016.

[64] Pardalos P M, Schoen F. Recent advances and trends in global optimization: deterministic and stochastic methods[C]. In Proceedings of the Sixth International Conference on Foundations of Computer-Aided Process Design, pages 119-131, 2004.

[65] Sergeyev Y D, Kvasov D E. Global search based on efficient diagonal partitions and a set of lipschitz constants[J]. SIAM Journal on Optimization, 16(3):910-937, 2006.

[66] Rios L M, Sahinidis N V. Derivative-free optimization: a review of algorithms and comparison of software implementations[J]. Journal of Global Optimization, 56(3):1247-1293, 2013.

[67] Elsakov S M, Shiryaev V I. Homogeneous algorithms for multiextremal optimization[J]. Computational Mathematics and Mathematical Physics, 50(10):1642-1654, 2010.

[68] Žilinskas A. On strong homogeneity of two global optimization algorithms based on statistical models of multimodal objective functions[J]. Applied Mathematics and Computation, 218(16):8131-8136, 2012.

[69] Finkel D E, Kelley C T. Additive scaling and the direct algorithm[J]. Journal of Global Optimization, 36:597-608, 2006.

[70] Hackbush W. Iterative Solution of Large Sparse Systems of Equations[M]. Heidelberg: Springer-Verlag, 1994.

[71] 刘群锋. 最优化问题的几种网格型算法 [D]. 长沙: 湖南大学, 2011.

[72] A. Hedar. Hedar test set[C/OL]. Website. http://www-optima.amp.i.kyoto-u.ac.jp/member/student/hedar/Hedar_files/TestGO.html.

[73] Moré J J, Wild S M. Benchmarking derivative-free optimization algorithms[J]. SIAM Journal on Optimization, 20(1):172-191, 2009.

[74] Dolan E D, Moré J J. Benchmarking optimization software with performance profiles. Mathematical Programming, 91:201-213, 2002.

[75] Knuth D. Art of computer programming, volume 2: Seminumerical algorithms. Addison-Wesley Professional, 2014.

[76] Gaviano M, Kvasov D E, Lera D, et al. Algorithm 829: Software for generation of classes of test functions with known local and global minima for global optimization[J]. ACM Transactions on Mathematical Software, 9(4):460-480, 2003.

[77] Kirkpatrick S, Gelatt Jr C D, Vecchi M P. Optimization by simulated annealing[J]. Science, 220(4598):671-680, 1983.

[78] Ljungberg K, Holmgren S. Simultaneous search for multiple qtl using the global optimization algorithm direct[J]. Bioinformatics, 20(12):1887-1895, 2004.

[79] Gaviano M, Lera D. Test functions with variable attraction regions for global optimization problems[J]. Journal of Global Optimization, 13(2):207-223, 1998.

[80] Liang J J, Qu B Y, Suganthan P N, et al. Problem definitions and evaluation criteria for the cec 2013 special session and competition on real-parameter optimization[R]. Technical report.

[81] Liang J J. Novel Particle Swarm Optimizers with Hybrid, Dynamic & Adaptive Neighborhood Structures[D]. Singapore: Nanyang Technological University, 2008.

[82] Hinton G E, Salakhutdinov R R. Reducing the dimensionality of data with neural networks[J]. Science, 313(5786):504-507, 2006.

[83] Hinton G E, Osindero S, Teh Y. A fast learning algorithm for deep belief nets[J]. Neural Computation, 18:1527-1554, 2006.

[84] LeCun Y, Bengio Y, Hinton G E. Deep learning[J]. Nature, 521:436-444, 2015.

[85] Yang X S. Firefly Algorithm, pages 221-230. 2010.

[86] Fister Jr I, Perc M, Kamal S M, et al. A review of chaos-based firefly algorithms: perspectives and research challenges[J]. Applied Mathematics and Computation, 252:155-165, 2015.

[87] Tan Y, Zhu Y. Fireworks algorithm for optimization[C]. In International conference in swarm intelligence, pages 355-364, 2010.

[88] Poli R, Kennedy J, Blackwell T. Particle swarm optimization: an overview[J]. Swarm Intelligence, 1:33-57, 2007.

[89] Shi Y H, Eberhart R C. A modified particle swarm optimizer[C]. In 1998 IEEE international conference on evolutionary computation proceedings. IEEE world congress on computational intelligence (Cat. No. 98TH8360), pages 69-73, 1998.

[90] Babahajyani P, Habibi F, Bevrani H. An on-line pso-based fuzzy logic tuning approach: Microgrid frequency control case study[J]. Handbook of Research on Novel Soft Computin Intelligent Algorithms: Theory and Practical Applications, 2:589-616, 2013.

[91] Poli R. Analysis of the publications on the applications of particle swarm optimisation[J]. Journal of Artificial Evolution and Applications, 2008.

[92] Fister Jr I, Perc M, Ljubič K, et al. Particle swarm optimization for automatic creation of complex graphic characters[J]. Chaos, Solitons & Fractals, 73:29-35, 2015.

[93] Schegner D N V P. An improved particle swarm optimization for optimal power flow[J]. In Meta-heuristics optimization algorithms in engineering, business, economics, and finance, pages 1-40. IGI Global, 2013.

[94] Vora M, Mirnalinee T T. From optimization to clustering: A swarm intelligence approach[J]. In Handbook of research on artificial intelligence techniques and algorithms, pages 594-619. IGI Global, 2015.

[95] Zhang J, Zhang C, Chu T, et al. Resolution of the stochastic strategy spatial prisoner's dilemma by means of particle swarm optimization[J]. PloS one, 6(7):e21787, 2011.

[96] Chen W N, Zhang J, Lin Y, et al. Particle swarm optimization with an aging leader and challengers[J]. IEEE Transactions on Evolutionary Computation, 17:241-258, 2013.

[97] Turkey M, Poli R. A model for analysing the collective dynamic behaviour and characterising the exploitation of populationbased algorithms[J]. Evolutionary Computation, 22:159-188, 2014.

[98] Clerc M, Kennedy J. The particle swarm - explosion, stability and convergence in a multidimensional complex space[J]. IEEE Transanctions on Evolutionary Computation, 6:58-73, 2002.

[99] Eberhart R C, Shi Y H. Comparing inertia weights and constriction factors in particle swarm optimization[C]. In IEEE congress on evolutionary computation (CEC), pages 84-88, 2000.

[100] Huang H, Qin H, Hao Z, et al. Example-based learning particle swarm optimization for continuous optimization[J]. Information Sciences, 182:125-138, 2012.

[101] Kennedy J. Bare bones particle swarms[C]. In Proceedings of the 2003 IEEE Swarm Intelligence Symposium. SIS'03 (Cat. No. 03EX706), pages 80-87, 2003.

[102] Kennedy J, Eberhart R C. A discrete binary version of the particle swarm algorithm[C]. In 1997 IEEE International conference on systems, man, and cybernetics. Computational cybernetics and simulation, volume 5, pages 4104-4108, 1997.

[103] Kennedy J, Mendes R. opulation structure and particle swarmperformance[C]. In Proceedings of the 2002 Congress on Evolutionary Computation. CEC'02 (Cat. No. 02TH8600), volume 2, pages 1671-1676, 2002.

[104] Li Y H, Zhan Z H, Lin S J, et al. Competitive and cooperative particle swarm optimization with information sharing mechanism for global optimization problems[J]. Information Sciences, 293:370-382, 2015.

[105] Liang J J, Qin A K, Suganthan P N, et al. Comprehensive learning particle swarm optimizer for global optimization of 39 multimodal functions[J]. IEEE Transactions on Evolutional Computation, 10:281-295, 2006.

[106] Mendes R, Kennedy J, Neves J. Watch thy neighbor or how the swarm can learn from its environment[C]. In Proceedings of the 2003 IEEE Swarm Intelligence Symposium. SIS' 03 (Cat. No. 03EX706), pages 88-94, 2003.

[107] Zhan Z H, Zhang J, Li Y, et al. Adaptive particle swarm optimization[J]. IEEE Transactions on System, Man, and Cybernetics - Part B: Cybernetics, 39:1362-1381, 2009.

[108] Bonyadi M R, Michalewicz Z. Particle swarm optimization for single objective continuous space problems: A review[J]. Evolutionary Computation, 25:1-54, 2017.

[109] Kennedy J. Small worlds and meta-minds: effects of neighborhood topology on particle swarm performance[C]. In Proceedings of the 1999 congress on evolutionary computation-CEC99 (Cat. No. 99TH8406), volume 3, pages 1931-1938, 1999.

[110] Mendes R. Population topologies and their influence in particle swarm performance[D]. PhD thesis, Departamento de Informatica, Escola de Engenharia, Universidade do Minho, 2004.

[111] Ozcan E, Mohan C K. Analysis of a simple particle swarm optimization system[J]. Intelligent Engineering Systems Through Artificial Neural Networks, 8:253-258, 1998.

[112] Ozcan E, Mohan C K. Particle swarm optimization: surfing the waves[C]. Proceedings of the IEEE Congress On Evolutionary Computer(CEC), 3:1939-1944, 1999.

[113] van den Bergh F. An analysis of particle swarm optimizers[D]. PhD thesis, Department of Computer Science, University of Pretoria, 2002.

[114] Blackwell T M. Particle swarms and population diversity i: Analysis[C]. In Proceedings of the bird of a feather workshops of the genetic and evolutionary computation conference (GECCO), pages 103-107, 2003.

[115] Blackwell T M . Particle swarms and population diversity ii: Experiments[C]. In Proceedings of the bird of a feather workshops of the genetic and evolutionary computation conference (GECCO), pages 108-112, 2003.

[116] Blackwell T M. Particle swarms and population diversity[J]. Soft Computing, 9:793-802, 2005.

[117] Campana E F, Fasano G, Pinto A. Dynamic system analysis and initial particles position in particle swarm optimization[J]. Swarm Intelligence, 2006.

[118] Campana E F, Fasano G, Peri D, et al. Particle swarm optimization: Efficient globally convergent modifications[C]. In Proceedings of the European conference on computational mechanics, solids, structures and coupled problems in engineering Ⅲ, pages 5-8, 2003.

[119] Clerc M. Stagnation analysis in particle swarm optimization or what happens when nothing happens[R]. Technical Report CSM-460, Department of Computer Science, University of Essex, August 2006.

[120] Poli R. On the moments of the sampling distribution of particle swarm optimisers[C]. In Proceedings of the 9th annual conference companion on Genetic and evolutionary computation, pages 2907-2914, 2007.

[121] Poli R, Broomhead D. Exact analysis of the sampling distribution for the canonical particle swarm optimiser and its convergence during stagnation[C]. In Proceedings of the 9th annual conference on Genetic and evolutionary computation, pages 134-141, 2007.

[122] Cleghorn C W, Engelbrecht A P. Particle swarm stability: a theoretical extension using the non-stagnate distribution assumption[J]. Swarm Intelligence, 12(1):1-22, 2018.

[123] Blackwell T M, Bratton D. Examination of particle tails[J]. Journal of Artificial Evolution and Application, 2008.

[124] Blackwell T M. A study of collapse in bare bones particle swarm optimization[J]. IEEE Transactions on Evolutionary Computation, 16:354-372, 2012.

[125] Gazi V. Stochastic stability analysis of the particle dynamics in the pso algorithm[C]. In IEEE International Symposium on Intelligent Control (ISIC), part of 2012 IEEE Multi-Conference on Symstems and Control, pages 708-713, 2012.

[126] Jiang M, Luo Y P, Yang S Y. Stochastic convergence analysis and parameter selection of the standard particle swarm optimization algorithm[J]. Information Processing Letters, 102:8-16, 2007.

[127] Kadirkamanathan V, Selvarajah K, Fleming P J. Stability analysis of the particle dynamics in particle swarm optimizer[J]. IEEE Transactions on Evolutionary Computation, 10:245-255, 2006.

[128] Fernández Martínez J L, García Gonzalo E. The generalized pso: a new door to pso evolution[J]. Journal of Artificial Evolution and Application, 2008.

[129] Poli R. Mean and variance of the sampling distribution of particle swarm optimizers during stagnation[J]. IEEE Transactios on Evolutionary Computation, 13:712-721, 2009.

[130] Trelea I C. The particle swarm optimization algorithm: convergence analysis and parameter selection[J]. Information Processing Letters, 85:317-325, 2003.

[131] van den Bergh F, Engelbrecht A P. A study of particle swarm optimization particle trajectories[J]. Information Science, 176:937-971, 2006.

[132] Taboga M. Lectures on probability theory and mathematical statistics (2nd. edition)[M]. 2012, Amazon CreateSpace.

[133] Evers G I. An automatic regrouping mechanism to deal with stagnation in particle swarm optimization[D]. Edinburg: University of Texas-Pan American, 2009.

[134] Cleghorn C W, Engelbrecht A P. Particle swarm variants: standardized convergence analysis[J]. Swarm Intelligence, 9:177-203, 2015.

[135] Harrison K R, Engelbrecht A P, Ombuki-Berman B M. Self-adaptive particle swarm optimization: a review and analysis of convergence[J]. Swarm Intelligence, 12:187-226, 2018.

[136] Cleghorn C W, Engelbrecht A. Particle swarm optimizer: The impact of unstable particles on performance[C]. In 2016 IEEE Symposium Series on Computational Intelligence (SSCI), pages 1-7, 2016.

[137] Bonyadi M R, Michalewicz Z. Stability analysis of the particle swarm optimization without stagnation assumption[J]. IEEE Transactions on Evolutionary Computation, 20:814-819, 2016.

[138] Dong W Y, Zhang R R. Order-3 stability analysis of particle swarm optimization[J]. Information Sciences, 503:508-520, 2019.

[139] Zhang C G, Yi Z. Scale-free fully informed particle swarm optimization algorithm[J]. Information Sciences, 181:4550-4568, 2011.

[140] Gong Y J, Zhang J. Small-world particle swarm optimization with topology adaptation[C]. In 2013 Genetic and Evolutionary Computation Conference, pages 25-32, 2013.

[141] Li F, Guo J. Topology optimization of particle swarm optimization[C]. In International Conference in Swarm Intelligence, pages 142-149, 2014.

[142] Kennedy J. Stereotyping: Improving particle swarm performance with cluster analysis[C]. In Proceedings of the 2000 Congress on Evolutionary Computation. CEC00 (Cat. No. 00TH8512), volume 2, pages 1931-1938, 2000.

[143] Lim W H, Isa N A M. An adaptive two-layer particle swarm optimization with elitist learning strategy[J]. Information Sciences, 273:49-72, 2014.

[144] Mohais A, Ward C, Posthoff C. Randomized directed neighborhoods with edge migration in particle swarm optimization[C]. In Proceedings of the 2004 Congress on Evolutionary Computation (IEEE Cat. No. 04TH8753), volume 1, pages 548-555, 2014.

[145] Mohais A, Mendes R, Ward C, et al. Neighborhood re-structuring in particles swarm optimization[C]. In Australasian Joint Conference on Artificial Intelligence, pages 776-785, 2005.

[146] Suganthan P N. Particle swarm optimiser with neighborhood operator[C]. In Proceedings of the 1999 Congress on Evolutionary Computation-CEC99 (Cat. No. 99TH8406), volume 3, pages 1958-1962, 1999.

[147] Duvigneau R. A multi-level particle swarm optimization strategy for aerodynamic shape optimization[C]. EUROGEN 2007, Evolutionary Methods for Design, Optimization and Control, 2007.

[148] Janson S, Middendorf M. A hierarchical particle swarm optimizer and its adaptive variant[J]. IEEE Transactions on Systems, Man and Cybernetics, Part B: Cybernetics, 35:1272-1282, 2005.

[149] Janson S, Middendorf M. hierarchical particle swarm optimizer for noisy and dynamic environments[J]. Genetic Programming and Evolvable Machines, 7:329-354, 2006.

[150] Juang C F, Hsiao C M, Hsu C H. Hierarchical clusterbased multispecies particleswarm optimization for fuzzy-system optimization[J]. IEEE Transactions on Fuzzy Systems, 18:14-26, 2010.

[151] Liang J J, Suganthan P N. Dynamic multiswarm particle swarm optimizer (dmspso)[J]. pages 124-129, 2005.

[152] Lim W H, Isa N A M. Particle swarm optimization with increasing topology connectivity[J]. Engineering Applications of Artificial Intelligence, 27:88-102, 2014.

[153] Ratnaweera A, Halgamuge S K, Watson H C. Selforganizing hierarchical particle swarm optimizer with time-varying acceleration coefficients[J]. IEEE Transactions on Evolutionary Computation, 8:240-255, 2004.

[154] Wang L, Yang B, Chen Y H. Improving particle swarm optimization using multilayer searching strategy[J]. Information Sciences, 274:70-94, 2014.

[155] Chen W K. Graph theory and its engineering applications[J]. World Scientific, 671-698, 1997.

[156] Diouane Y, Gratton S, Vicente L N. Globally convergent evolution strategies[J]. Mathematical Programming, 152(1):467-490, 2015.

[157] 严圆, 刘群锋. 基于优化算法竞赛场景的改进 data profile 技术 [J]. 东莞理工学报, 28(1), 31-37, 2021.

[158] Brezina M, Cleary A J, Falgout R D, et al. Algebraic multigrid based on element interpolation (amge)[J]. SIAM Journal on Scientific Computing, 22(5):1064-8275, 2000.

[159] Chartier T, Falgout R D, Henson V E, et al. Spectral amge (ρamge)[J]. SIAM Journal on Scientific Computing, 25:1-26, 2003.

[160] Brezina M, Falgout R, MacLachlan S, et al. Adaptive algebraic multigrid[J]. SIAM Journal on Scientific Computing, 27(4):1261-1280, 2006.

[161] Stuben K. A review of algebraic multigrid[J]. Journal of Computational and Applied Mathematics, 128:281-309, 2001.

[162] Cleary A J, Falgout R D, Henson V E, et al. Robustness and scalability of algebraic multigrid[J]. SIAM Journal on Scientific Computing, 21:1886-1908, 2000.

[163] MacLachlan S P. Improving robustness in multiscale methods[D]. PhD thesis, University of Colorado, 2004.

[164] Falgout R D, Vassilevski P S, Zikatanov L T. On two-grid convergence estimates[J]. Numerical Linear Algebra with Applications, 12:471-494, 2005.

[165] Xu J C. Iterative methods by space decomposition and subspace correction[J]. SIAM Review, 34:581-613, 1992.

[166] Chang Q, Huang Z. Efficient algebraic multigird algorithms and their convergence[J]. SIAM Journal on Scitific Computing, 24:597-618, 2002.

[167] Yserentant H. Old and new convergence proofs for multigrid methods[J]. Acta Numerica, 2:285-326, 1993.

[168] Notay Y. Convergence analysis of perturbed two-grid and multigrid methods[J]. SIAM Journal on Numerical Analysis, 45(3):1035-1044, 2007.

[169] Brandt A, Yavneh I. On multigrid solution of high-reynolds recirculating flows[J]. Journal of Computational Physics, 101(1):151-164, 1992.

[170] Mika S, Vaněk P. A modification of the two-level algorithm with over-correction[J]. Applications of Mathematics, 37:13-28, 1992.

[171] Reusken A. Steplength optimization and linear multigrid methods[J]. Numerishe Mathematik, 58:819-838, 1991.

[172] Zhang J. Residual scaling techniques in multigrid, 1: equivalence proof[J]. Applied Mathematics and Computation, 86(2-3):283-303, 1997.

[173] Zhang J. Multigrid acceleration techniques and applications to the numberical solution of partial differential equations[D]. PhD thesis, The George Washington University, 1997.

[174] Zhang J. Multi-level minimal residual smoothing: a family of general purpose multigrid acceleration techniques[J]. Journal of Computational and Applied Mathematics, 100:41-51, 1998.

[175] Falgout R D, Vassileviski P S. On generaling the algebraic multigrid framework[J]. SIAM Journal on Numerical Analysis, 42:1669-1693, 2004.

[176] Notay Y. Algebraic multigrid and algebraic multilevel methods: A theoretical comparison[J]. Numerical Linear Algebra with Applications, 12:419-451, 2005.

[177] Hansen N, Finck S, Ros R, et al. Real-parameter black-box optimization benchmarking 2010: noiseless functions definitions[R]. Technical Report RR-6829, INRIA research report, 2014.

[178] Hansen N, Finck S, Ros R, et al. Real-parameter black-box optimization benchmarking 2010: noisy functions definitions[R]. Technical Report RR-6829, INRIA research report, 2014.

[179] Liu Q F, Chen W N, Deng J D, et al. Benchmarking stochastic algorithms for global optimization problems by visualizing confidence intervals[J]. IEEE Transactions on Cybernetics, 47:2924 - 2937, 2017.

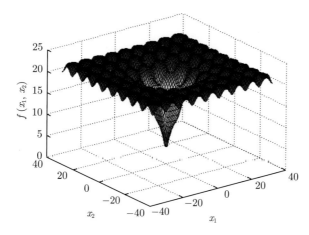

图 2.1　2 维 Ackley 函数图像

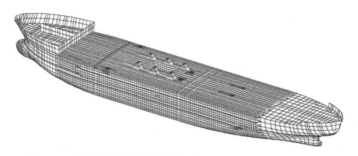

图 2.2　用于离散化产生线性方程组的船体网格模型示意图

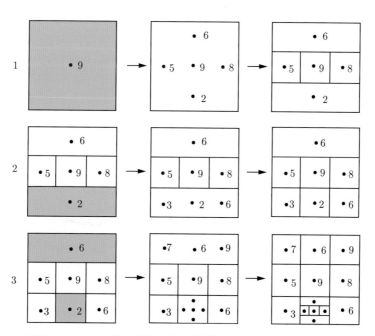

图 3.6　DIRECT 的 2 维分割示意图（抽样出黑点，旁边的数字是其函数值）

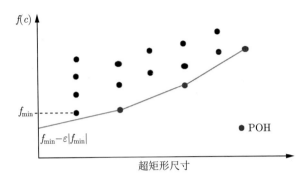

图 3.7　DIRECT 算法选择 POH 的图形方法

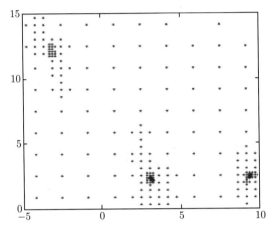

图 3.8　DIRECT 算法抽样的点，测试函数为 Branin 函数，函数值计算次数为 290 次

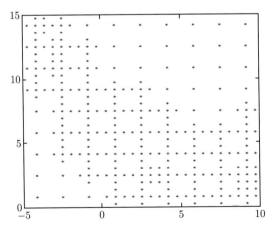

图 3.9　DIRECT 算法抽样的点，测试函数为线性校正的 Branin 函数（$a = 10, b = -10^7$），函数值计算次数为 290 次。对比图 3.8 可以发现，目标函数的线性校正对 DIRECT 算法的数值表现影响很大

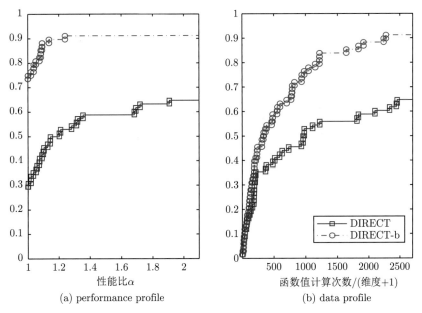

(a) performance profile   (b) data profile

图 4.1 两水平深度搜索对原始 DIRECT 算法的改进 ($\tau = 10^{-7}$)

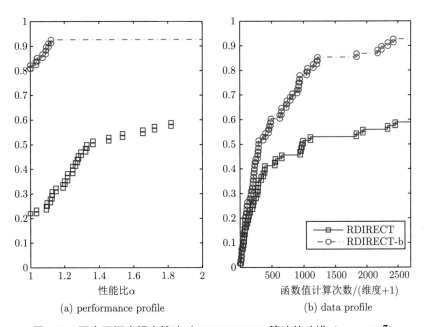

(a) performance profile   (b) data profile

图 4.2 两水平深度搜索算法对 RDIRECT 算法的改进 ($\tau = 10^{-7}$)

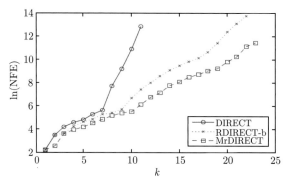

图 4.5　3 个算法求解问题（4.1）时找出第 k 层 SOH 的速度比较

纵轴是函数值计算次数的自然对数

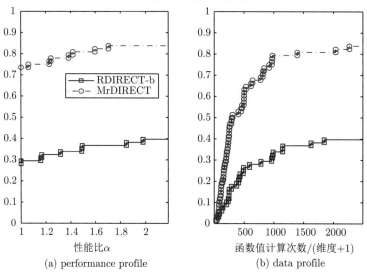

(a) performance profile　　　　　(b) data profile

图 4.6　MrDIRECT 算法对 RDIRECT-b 算法的改进

（Hedar 函数库的测试结果, $\tau = 10^{-7}$）

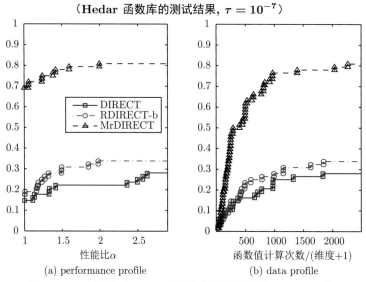

(a) performance profile　　　　　(b) data profile

图 4.7　3 个算法对 Hedar 函数库的测试结果 ($\tau = 10^{-7}$)

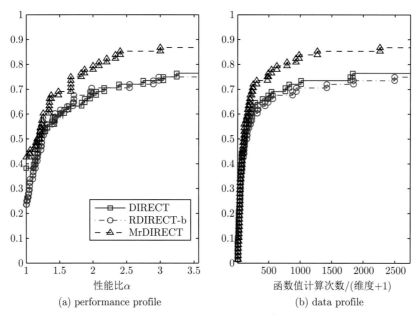

(a) performance profile (b) data profile

图 4.8 对 Hedar 函数库的测试结果（低精度情形，$\tau = 10^{-3}$）

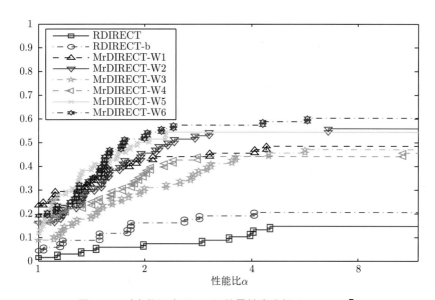

图 4.9 对参数组合 (r, r_0) 的灵敏度分析（$\tau = 10^{-7}$）

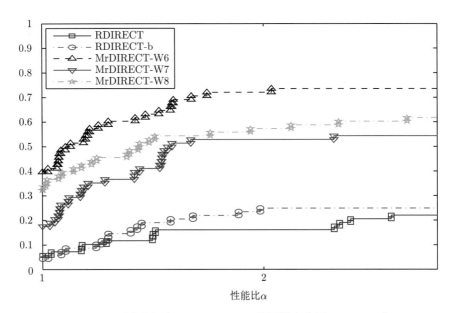

图 4.10　对参数组合 (N_1, N_2, N_3) 的灵敏度分析 $(\tau = 10^{-7})$

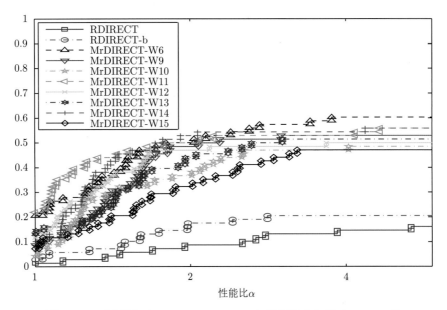

图 4.11　对参数组合 (N_1, N_2, N_3, r, r_0) 的灵敏度分析 $(\tau = 10^{-7})$

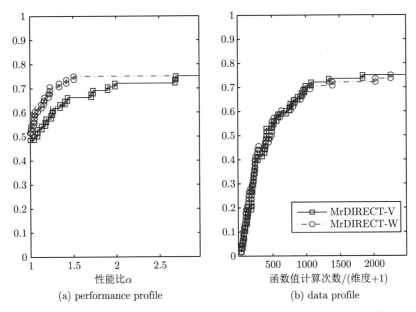

(a) performance profile　　　　(b) data profile

图 4.12　MrDIRECT 算法 V 循环和 W 循环的比较 ($\tau = 10^{-7}$)

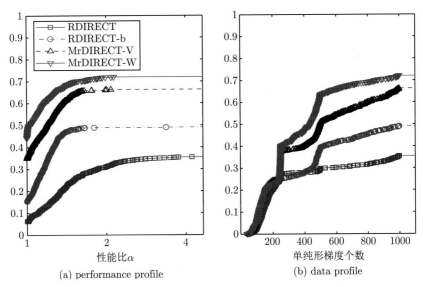

(a) performance profile　　　　(b) data profile

图 4.13　在 GKLS 集上的测试结果 ($\tau = 10^{-7}$)

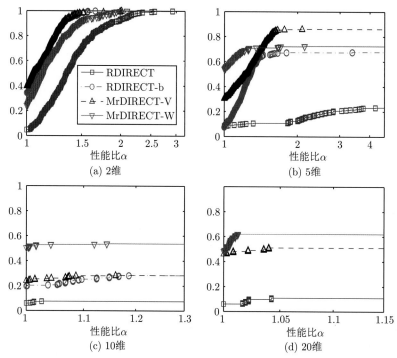

图 4.14 在 GKLS 集上不同维数对数值性能的影响。"维数诅咒"很明显，但对 **MrDIRECT** 算法的影响最小

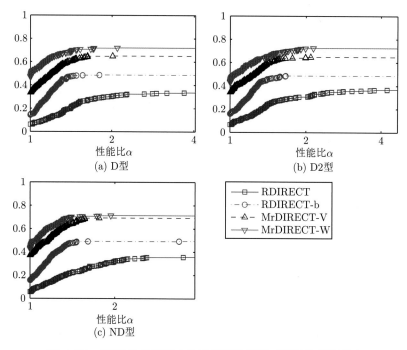

图 4.15 **GKLS** 测试集上的不同函数类型对算法性能的影响

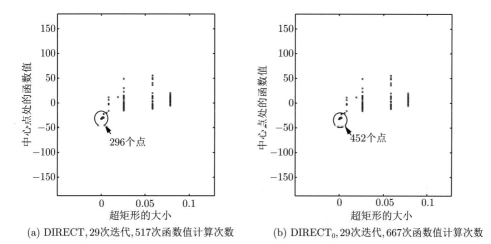

(a) DIRECT, 29次迭代, 517次函数值计算次数　　　(b) DIRECT$_0$, 29次迭代, 667次函数值计算次数

图 5.2　DIRECT 和 DIRECT$_0$ 在 Shubert 测试函数上迭代 29 次后的分割状态图

红点表示包含最优解的超矩形

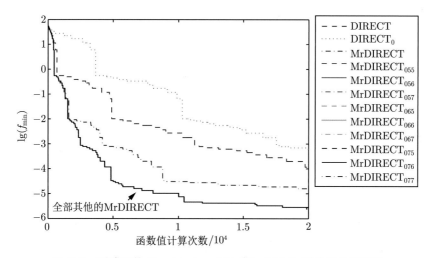

图 5.6　测试函数 Rastrigin （10 维）上的 L 型曲线分析结果

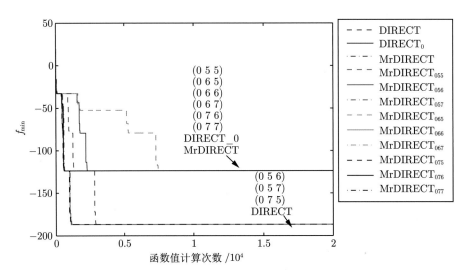

图 5.7　测试函数 Shubert（2 维）上的 L 型曲线分析结果

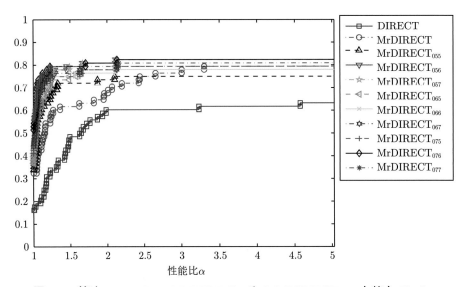

图 5.8　算法 DIRECT, MrDIRECT 和 MrDIRECT$_{0ab}$ 在整个 Hedar
测试集上的比较结果（$\tau = 10^{-6}$）

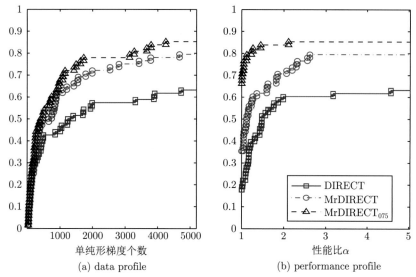

(a) data profile

(b) performance profile

图 5.9 算法 DIRECT, MrDIRECT 和 MrDIRECT$_{075}$

在整个 Hedar 测试集上的数值比较 ($\tau = 10^{-6}$)

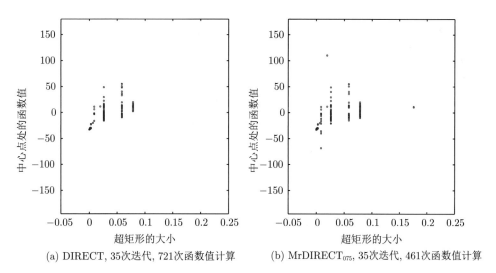

(a) DIRECT, 35次迭代, 721次函数值计算

(b) MrDIRECT$_{075}$, 35次迭代, 461次函数值计算

图 5.10 算法 DIRECT 和 MrDIRECT$_{075}$ 在 Shubert 问题中的分割状态图

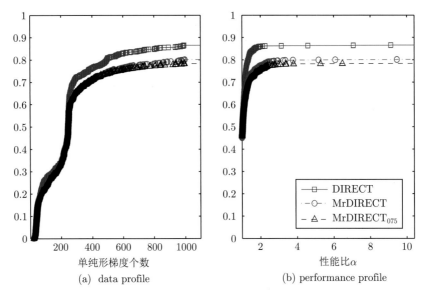

(a) data profile   (b) performance profile

图 5.11 在 GKLS 测试集上的数值比较结果 ($\tau = 10^{-4}$)

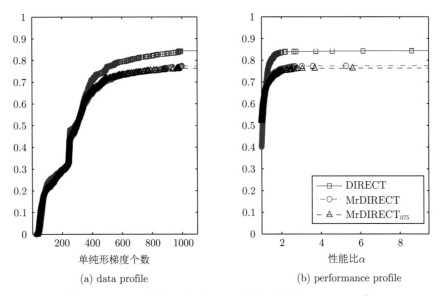

(a) data profile   (b) performance profile

图 5.12 在 GKLS 测试集上的数值比较结果 ($\tau = 10^{-5}$)

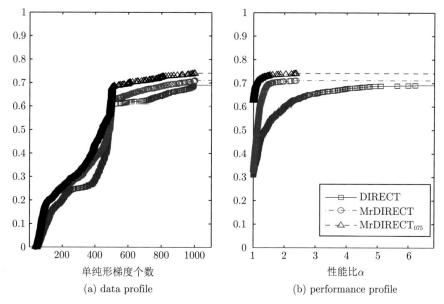

(a) data profile   (b) performance profile

图 **5.13** 在 **GKLS** 测试集上的数值比较结果 $(\tau = 10^{-6})$

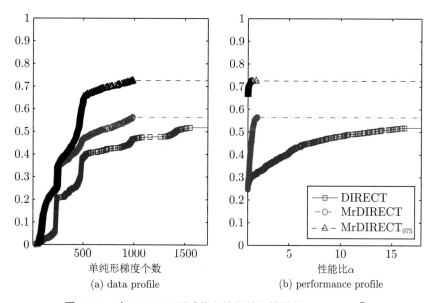

(a) data profile   (b) performance profile

图 **5.14** 在 **GKLS** 测试集上的数值比较结果 $(\tau = 10^{-7})$

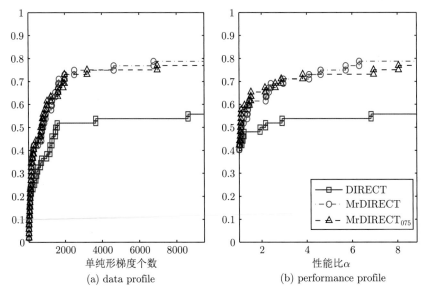

(a) data profile   (b) performance profile

图 5.15 在 CEC 2014 测试集上的数值比较结果 ($\tau = 10^{-4}$)

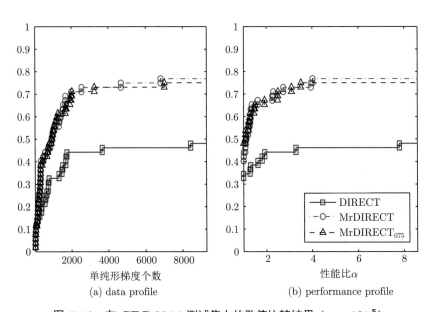

(a) data profile   (b) performance profile

图 5.16 在 CEC 2014 测试集上的数值比较结果 ($\tau = 10^{-5}$)

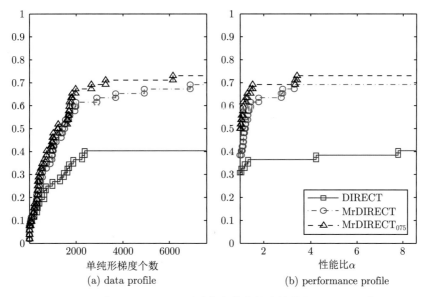

(a) data profile

(b) performance profile

图 5.17　在 CEC 2014 测试集上的数值比较结果 $(\tau = 10^{-6})$

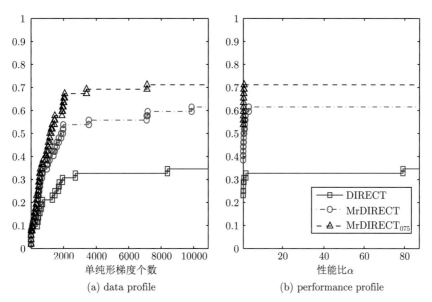

(a) data profile

(b) performance profile

图 5.18　在 CEC 2014 测试集上的数值比较结果 $(\tau = 10^{-7})$

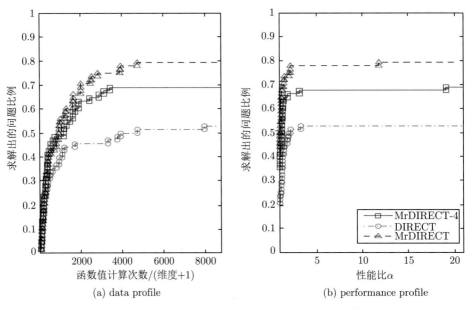

(a) data profile   (b) performance profile

图 6.6 对 Hedar 函数库的测试结果 $(\tau = 10^{-7})$

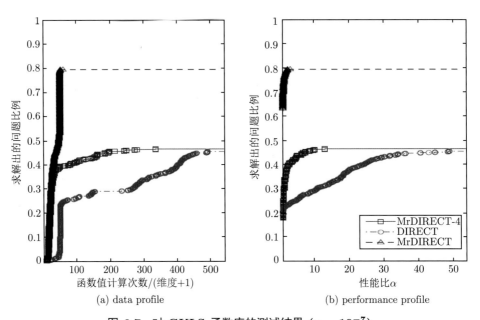

(a) data profile   (b) performance profile

图 6.7 对 GKLS 函数库的测试结果 $(\tau = 10^{-7})$

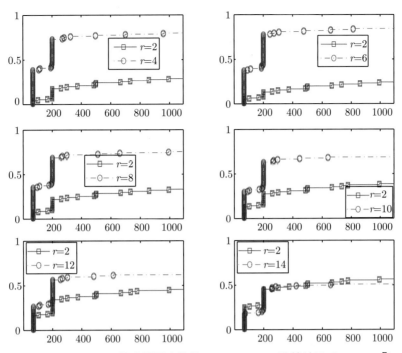

图 9.4 PSO(15,r) 算法不同度数的 data profile 比较结果 ($\tau = 10^{-7}$)，计算成本是 **2000** 个函数值计算次数。从图中可以发现最优度数 $r^* = 6$

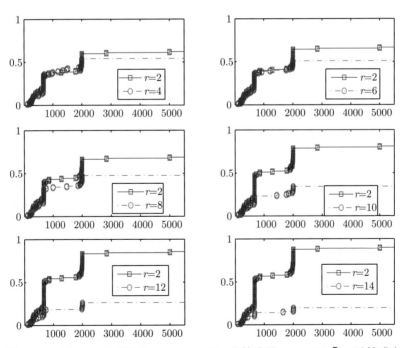

图 9.5 PSO(15,r) 算法的 data profile 比较结果 ($\tau = 10^{-7}$)，计算成本是 **20000** 个函数值计算次数。从图中可以发现最优度数 $r^* = 2$

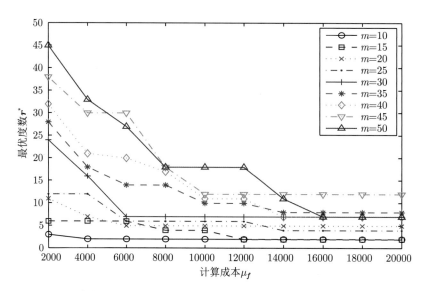

图 9.6 给定粒子数 m，最优度数 r^* 如何随着计算成本的增加而改变

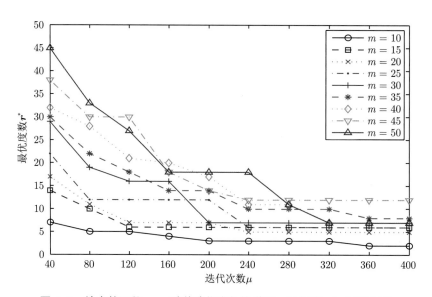

图 9.7 给定粒子数 m，随着迭代次数的增加，最优度 r^* 如何改变

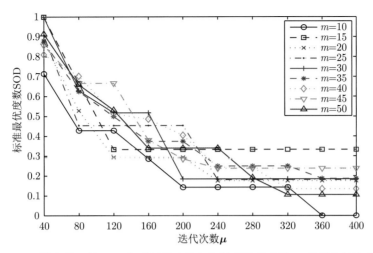

图 9.8 给定粒子数 m，标准最优度数如何随着迭代次数 μ 的增加而变化。可以看到，不同 m 的 **SOD** 以几乎同样的方式随 μ 的增加而减少

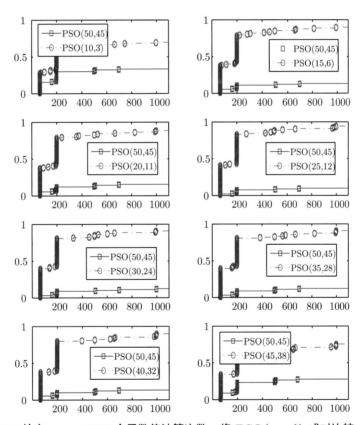

图 9.9 给定 $\mu_f = 2000$ 个函数值计算次数，将 $\mathbf{PSO}(m, r^*)$ 成对比较，一个固定为 $\mathbf{PSO}(50, r^*)$，另一个是 $\mathbf{PSO}(m, r^*)$，分别为 $m = 10, 15, 20, 25, 30, 35, 40, 45$。相应的最优度数 r^* 见表 **9.4**

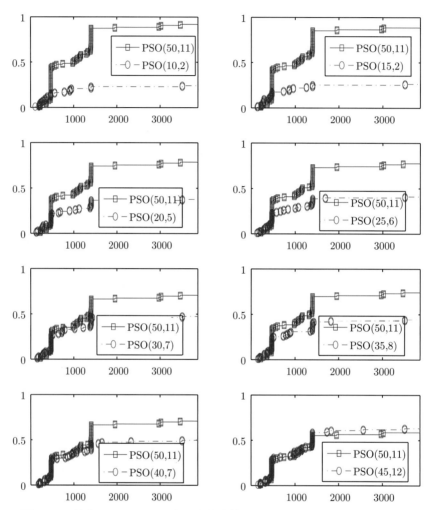

图 9.10　给定 $\mu_f = 14000$ 个函数值计算次数，对 $\mathrm{PSO}(m, r^*)$ 进行成对
比较，其中一个固定为 $\mathrm{PSO}(50, r^*)$，另一个为 $\mathrm{PSO}(m, r^*)$，其中，
$m = 10, 15, 20, 25, 30, 35, 40, 45$，相应的最优度数 r^* 见表 9.4

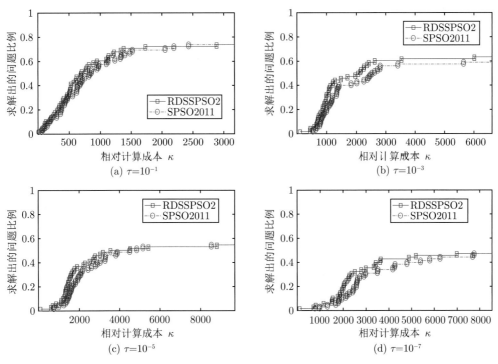

图 10.2 两水平 PSO 算法对 SPSO2011 的改进, 20000 次函数值计算次数

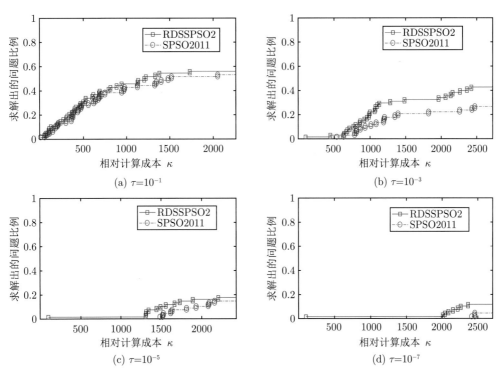

图 10.3 两水平 PSO 算法对 SPSO2011 的改进,
计算成本为 5000 次函数值计算次数

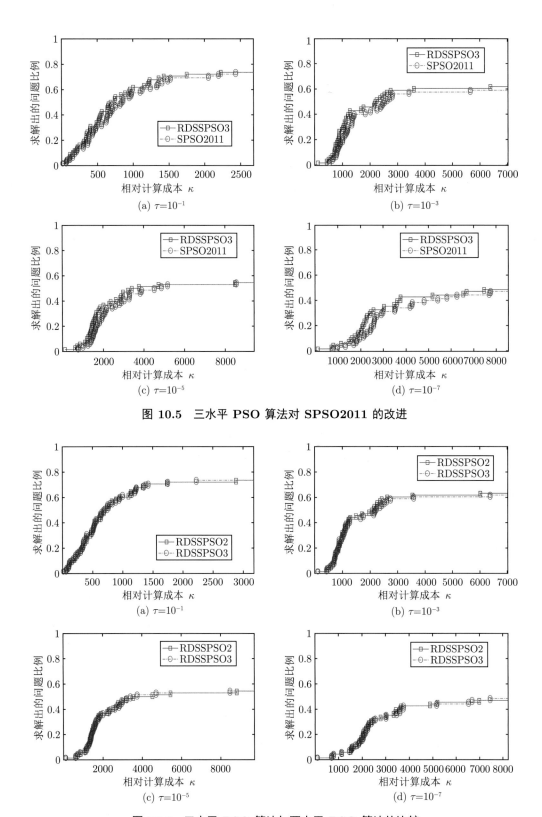

图 10.5　三水平 PSO 算法对 SPSO2011 的改进

图 10.6　三水平 PSO 算法与两水平 PSO 算法的比较